U0191123

暖通空调节能技术与工程应用

刘秋新　著

机械工业出版社

本书以工程案例与理论知识相结合为特点，融入作者多年的暖通空调教学、科研和工程实践经验。

全书共 8 章，内容涉及热泵技术与应用、蓄冷空调技术与应用、负荷匹配与控制技术、可再生能源技术与应用、自然冷源技术与应用、典型工程节能示范分析、空调新技术对碳排放量影响的探讨等。通过研究和分析地源热泵、能源塔、低温送风、蓄冷空调、辐射供冷、辐射供暖、温湿度独立控制、全热回收、空气源热泵三联供等节能技术在湖北省某图书馆、某勘察设计院综合楼、某医院、某大剧院等 10 余个项目的应用，充分显示了这些技术的节能优势。

书中工程案例丰富，可作为热泵、能源塔、低温送风、蓄冷空调、辐射供冷、辐射供暖、温湿度独立控制、全热回收、空气源热泵三联供等节能技术在中央空调系统工程应用的实施指南，并对现有空调系统的改造以及新建工程的空调系统设计有重要参考价值。

本书对暖通空调工程技术人员在工程设计、施工、运行管理等方面有很好的指导作用，并可作为高校建筑环境与能源应用工程专业实践环节的教材。

图书在版编目（CIP）数据

暖通空调节能技术与工程应用/刘秋新著 . —北京：机械工业出版社，2016.10

ISBN 978-7-111-55045-7

Ⅰ.①暖… Ⅱ.①刘… Ⅲ.①房屋建筑设备－采暖设备－节能设计②房屋建筑设备－通风设备－节能设计③房屋建筑设备－空气调节设备－节能设计 Ⅳ.①TU83

中国版本图书馆 CIP 数据核字（2016）第 239217 号

机械工业出版社（北京市百万庄大街 22 号 邮政编码 100037）
策划编辑：刘 涛 责任编辑：刘 涛 臧程程
责任校对：张晓蓉 封面设计：路恩中
责任印制：常天培
北京机工印刷厂印刷（三河市南杨庄国丰装订厂装订）
2016 年 11 月第 1 版第 1 次印刷
184mm×260mm · 13.75 印张 · 332 千字
标准书号：ISBN 978-7-111-55045-7
定价：46.00 元

凡购本书，如有缺页、倒页、脱页，由本社发行部调换
电话服务　　　　　　　　　网络服务
服务咨询热线：010-88379833　机工官网：www.cmpbook.com
读者购书热线：010-88379649　机工官博：weibo.com/cmp1952
　　　　　　　　　　　　　　教育服务网：www.cmpedu.com
封面无防伪标均为盗版　　金 书 网：www.golden-book.com

前　言

　　本人从事暖通空调相关专业的科研、教学及工程实践工作 30 余年，《暖通空调节能技术与工程应用》一书，是根据本人多年来对太阳能空调、地源热泵、蓄冷空调、低温送风、辐射供冷供暖、温湿度独立控制以及全热和部分热回收等节能技术研究的成果及其在工程实践中的应用所著。本书结合工程案例对相关节能技术和这些节能技术应用于实际工程带来的经济及社会效益做了详细的分析，并提出了这些节能技术在工程应用中的指导意见。这些节能技术在不同阶段的研究成果多次获得湖北省、武汉市、华夏建设科技进步奖等奖项。本书最大的特点是所有内容均结合实际工程案例，对于暖通空调行业工程技术人员的设计、施工、运行管理以及暖通空调相关专业高校师生的学习有很好的指导作用和参考价值。

　　本书大力推广空调领域相关节能技术，以期为解决我国能源及环境问题尽绵薄之力。

　　本书的编著得到了湖北华洋机电工程有限公司的鼎力支持，在项目研究与节能示范工程实施期间，湖北华洋机电工程有限公司积极配合研究和项目的施工，在此表示衷心的感谢。本人的研究生蔡美元、陈芬、向金童、吴炯、丁照球、李森生、石文、白明强、佘明威、叶小宁、余法文、包阔、黄倞、薛娜、王能、王心慰、潘华阳等人为本书的编著做出了较大的贡献，在此一并表示感谢。

　　因时间限制以及本人水平有限，书中难免有不妥之处，敬请广大读者不吝赐教，提出宝贵意见。

武汉科技大学　刘秋新
2016 年于武汉

目 录

第 1 章
绪论

纵观当前国内外形势，能源问题越来越成为各国政府的重要问题。当前我国"节能减排"政策的提出，让国人不得不更加重视资源紧缺的紧迫性。回顾我国的发展历程，经济的快速增长在很大程度上是建立在对资源、能源的高消耗上，我国单位 GDP 的资源消耗远远高于世界平均值，与发达国家相比能源利用效率十分低下，这种传统发展模式造成的自然生态恶化和环境污染触目惊心，联合国公布的不适宜人类居住的约 20 个城市中，16 个在中国，可见我国能源生产和消费面临经济发展需求和环境质量改善的双重压力。在社会总能耗中，建筑能耗的比例较大，为了人类社会、环境资源的可持续发展，改善和调整能源结构，提高能源利用率，开发利用自然能源和可再生能源具有十分重要的意义。在满足人们健康、舒适要求的前提下，合理利用自然资源和可再生能源，减少能耗，保护环境，已成为暖通空调行业共同面对的重要问题。

太阳能空调、地源热泵、蓄冷空调、低温送风、辐射供冷供暖、温湿度独立控制以及全热回收等技术都是非常重要的节能技术，也是目前应用较为广泛的技术，许多学者也对此展开了研究，从各个角度挖掘其更大的节能潜力，将如此众多的技术，如低温送风、冰蓄冷、水蓄冷、蓄热、地源热泵集成到中央空调系统中，是一件很有意义的事情。这些技术的耦合不仅与本身进展有关，还与能源的结构与供应、环境保护与可持续发展密不可分；基于太阳能的辐射供冷供暖与温湿度独立控制系统集成技术不仅很大限度地利用了太阳能这种可再生的清洁能源，只需辅以少量的电能就能达到很好的制冷效果，而且耦合了辐射供冷供暖和温湿度独立控制等节能技术，辐射供冷供暖具有节能、舒适性强、污染小等优点，而温湿度独立控制使得机组效率增加，提高了控制精度、舒适性和空气品质；多工况主机的热回收平衡技术，能适应机组在不同工况下对冷凝热的回收，提供免费的生活热水，实现余热的利用，还能减少排放造成的污染。

当前，耦合这些节能技术的中央空调系统的工程应用较少，而且普遍缺乏此类工程的实施指南。为此，需要研究有关低温送风、蓄冷空调、辐射供冷供暖、温湿度独立控制以及全热回收的地源热泵系统技术耦合空调技术，积极推广使用这些新型的节能技术的中央空调系统，以达到提高系统能效和节能减排的目的，为我国的节能减排做出重要贡献。

第 2 章

热泵技术与应用

热泵（Heat Pump）是一种将低位热源的热能转移到高位热源的装置，也是全世界备受关注的新能源技术。热泵通常是先从自然界的空气、水或土壤中获取低品位热能，经过电力做功，然后再向人们提供可被利用的高品位热能。

2.1 地源热泵系统

地源热泵是热泵的一种，是以大地或水为冷热源对建筑物进行冬暖夏凉的空调技术，地源热泵只是在大地和室内之间"转移"能量。利用极小的电力来维持室内所需要的温度。在冬天，1kW 的电力，将土壤或水源中 4 ~5kW 的热量送入室内。在夏天，过程相反，室内的热量被热泵转移到土壤或水中，使室内得到凉爽的空气。而地下获得的能量将在冬季得到利用。如此周而复始，将建筑空间和大自然联成一体，以最小的代价获取了最舒适的生活环境。

2.1.1 地源热泵地埋管换热

如今地源热泵系统在工程上的应用日益广泛，为了研究系统的可行性、系统形式等重要问题，就必须先弄清地埋管换热器的换热性能的一个重要指标：单位井深的换热量。为了阐明这个问题，以湖北省的某医院工程为例，通过实际测量，同时进行理论计算，将其结果进行比较分析，得出地源热泵地埋管换热量的一些结论。

1. 研究对象

研究对象为一新建医院大楼空调项目，在三个不同位置分别钻取试验井三口并分别进行地埋管换热性能测试。试验井均为直径 165mm、有效埋深 100m 的双 U 形地埋管。当地地质情况为地下 0 ~ 30m 为含有少量地下水的黏土层，再往下为均匀的红砂岩。工程位于 E 113°50′，N31°50′，属北亚热带气候，北部山区地形复杂，具有小气候的特点，年平均气温 15.5℃，年均降水 990mm，地源热泵测试井具体分布如图 2-1 所示。

2. 试验系统

试验中所用的设备、仪器及材料见表2-1。

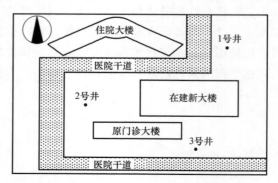

图 2-1　测试井分布示意图

表 2-1　所用的设备、仪器及材料

种类	设备	仪器	材料
名称	保温桶、离心泵、电加热器、小拖车	万用表、二级标准温度计、流量计、管道钳、工具箱、热熔连接器	PPR 管、纯铜管、制冷剂、生料带、塑料软管、钢丝、管道连接件

利用表 2-1 所列的设备、仪器及材料，组成如图 2-2 所示的试验系统。

3. 测试结果

（1）测试数据　在测试过程中，测试小组共对三口测试井进行了四次有效测试，具体为：对 1 号井先后进行了冬季和夏季工况测试，对 2 号井进行了冬季工况的测试，对 3 号井进行了夏季工况的测试，按标准工况将管内流速设定为 0.6m/s。表 2-2 所示为其中一次实测数据。其中，1 号井冬季工况温差曲线如图 2-3 所示。

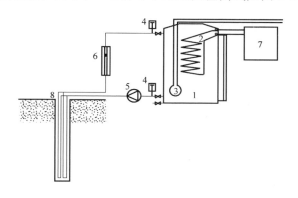

图 2-2　试验系统原理图
1—保温桶　2—蒸发器　3—电加热器　4—温度计
5—水泵　6—流量计　7—风冷冷凝机组　8—地埋管

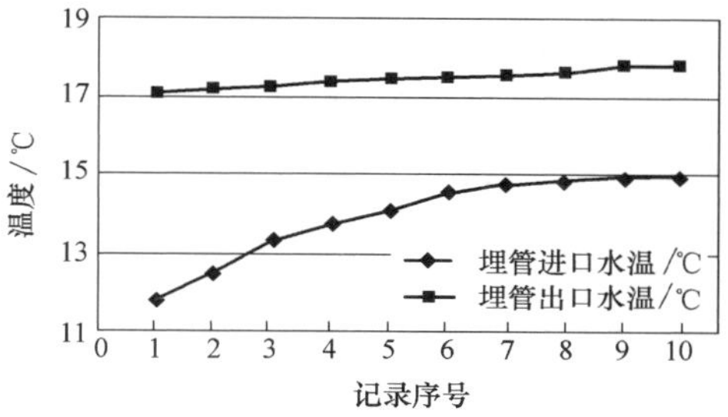

图 2-3　1 号井冬季工况温差曲线

表 2-2　1 号井冬季工况试验数据记录

记录序号	1	2	3	4	5	6	7	8	9	10
埋管进口水温/℃	11.80	12.50	13.30	13.70	14.00	14.50	14.70	14.80	14.90	14.95
埋管出口水温/℃	17.10	17.19	17.25	17.38	17.46	17.50	17.55	17.62	17.80	17.80
温差/℃	5.30	4.69	3.95	3.68	3.46	3.00	2.85	2.82	2.90	2.85
换热效率/kW	10.72	9.49	7.99	7.45	7.00	6.07	5.77	5.71	5.87	5.77
每米井换热量/(W/m)	107.20	94.90	79.93	74.46	70.01	60.70	57.67	57.06	58.68	57.67

（2）数据计算　在以上数据的基础上，进行计算，得到每米井深换热量 Q：

$$Q = \frac{c(t_0 - t_1)V\rho1000}{3600h} \tag{2-1}$$

式中　Q——单位井深换热量（W/m）；

　　　c——水在常温下的比热容，取 4.2kJ/(kg·℃)；

　　　t_0、t_1——地埋管的进、出水温度（℃）；

　　　V——地埋管单管水流量（m³/h）；

ρ——水的密度，取 $1000\text{kg}/\text{m}^3$；

h——地埋管的有效埋深，测试中均为 100m。

经计算，三口试验井的换热效果见表 2-3。

表 2-3　初步计算结果

测试井编号	单位井深换热量/（W/m）	
	冬季工况	夏季工况
1	52.90	45.22
2	61.35	—
3	—	66.80
平均	57.13	56.01

4. 换热量理论计算

（1）热阻计算　根据地源热泵竖直地埋管换热器的设计计算理论[1]，首先对该换热过程的各项热阻进行计算。

首先，根据实际地质状况，将该工程所在地层分为两层：地表到地下 30m 处为轻质黏土，地下 30m 到地下 100m 处为红砂岩。以轻质黏土层为例：

1）管内流水与地埋管之间的对流换热热阻 R_f（m·K/W）：

$$R_f = \frac{1}{\pi d_i \lambda_f} \tag{2-2}$$

式中　d_i——地埋管内径（m）；

λ_f——地埋管内壁表面传热系数 $[\text{W}/(\text{m}^2 \cdot \text{K})]$。

2）U 形管管壁热阻 R_{ppr}（m·K/W）：

$$R_{ppr} = \frac{1}{2\pi\lambda_{ppr}}\ln\frac{d_e}{d_e - (d_o - d_i)} \tag{2-3}$$

式中　d_o——地埋管外径（m）；

d_e——U 形管当量外径（m），$d_e = 2d_o$（双 U）；

λ_{ppr}——地埋管（PPR 管）传热系数 $[\text{W}/(\text{m}^2 \cdot \text{K})]$。

3）钻井回填材料热阻 R_b（m·K/W）：

$$R_b = \frac{1}{2\pi\lambda_b}\ln\frac{d_b}{d_e} \tag{2-4}$$

式中　d_b——钻井直径（m）；

λ_b——回填材料传热系数 $[\text{W}/(\text{m}^2 \cdot \text{K})]$。

4）地层热阻 R_s（m·K/W）：

$$R_s = \frac{1}{2\pi\lambda_s}I\left(\frac{r_b}{2\sqrt{\alpha\tau}}\right) \tag{2-5}$$

式中　r_b——钻井半径（m）；

λ_s——地层平均传热系数 $[\text{W}/(\text{m}^2 \cdot \text{K})]$；

α——岩土体的热扩散率（m²/s）；

τ——运行时间（s）；

I——指数积分函数，$I(x) = \dfrac{1}{2}\displaystyle\int_x^\infty \dfrac{e^{-s}}{s}\mathrm{d}s$。

（2）换热量计算　同理可得地下 30m 到 100m 处红砂岩地层的各项传热热阻，最终整个井的理论换热量见表 2-4。

表 2-4　理论计算每米换热量

类别	夏季		冬季	
底层	岩石层	黏土层	岩石层	黏土层
总热阻/(m·K/W)	0.1499	0.2051	0.1499	0.2051
底层深度/m	70	30	70	30
理论计算温差/℃	8.27	8.27	7.62	7.62
总换热量/W	3858.41	1209.15	3554.97	1114.06
理论换热量/(W/m)	50.68		46.69	

5. 数据分析

（1）试验中热量损失计算　在实际测量中，由于存在设备、系统、人员等因素造成的误差，故根据测量数据得到的换热量与真实值存在偏差，其中有些是不可避免的，比如读数误差等，但是人工冷热源与地埋管之间的连接管由于未保温而产生的热（冷）损失是对试验结果产生影响最大的一个因素，并且是可以计算的。

该传热过程的热阻计算过程中，液体与管内壁之间的表面换热热阻，以及管子的传热热阻计算方法与之前的计算相同，而管外壁与空气之间的表面换热热阻则考虑为空气外掠单圆管的对流换热，其热阻为 R_a（m·K/W）：

$$R_a = \frac{1}{\pi d_o h} \tag{2-6}$$

式中　d_o——连接用管的外径（m）；

h——管外壁与空气间的表面换热系数 W/(m²·K)，$h = \dfrac{1}{d_o}\lambda_a CRe^n Pr_a^{0.37}\left(\dfrac{Pr_a}{Pr_w}\right)^{0.25}$；

Re——雷诺数，经计算 $Re = 1060$，对应的常数 $C = 0.26$，$n = 0.6$；

Pr——普朗特数。

故在地埋管之外的管道换热量为 $Q = \dfrac{1}{\sum R}L\Delta t$，其中管长经测约为 10.2m；夏季工况 $\Delta t = 10.56$℃；冬季工况 $\Delta t = 15.50$℃。因此，在试验中冬季和夏季工况的热量损失分别可算。

最终得到修正后的换热量值，具体数据见表 2-5。

表 2-5　经误差修正后的换热量

项目	夏季工况	冬季工况
连接管 R/(m·K/W)	0.1866	5.3587
计算温差/℃	10.56	15.50
连接管长度/m	10.2	
总热损失/W	577.20	847.22
实测换热量/(W/m)	56.10	57.13
修正后换热量(W/m)	50.33	48.66

（2）试验数据与理论计算结果对比分析 将得到的实测换热量与理论计算换热量进行比较，并以理论结算为标准，对试验数据进行误差分析，得到表2-6。

表2-6 理论与实测换热量对比

项目	夏季	冬季
理论计算换热量/（W/m）	50.67	46.69
修正后实测换热量/（W/m）	50.33	48.66
误差率	0.34%	1.97%

可以看出，实际测量得到的换热量值与理论计算值大致吻合，但是仍然存在一定的偏差，这有可能是多方面原因造成的，比如还有其他误差未予计算，地层分段不够详细等。但这也说明地源热泵系统工程技术规范推荐的理论值作为工程前期的计算值还是可行的。

6. 结论

1）通过现场测试和理论计算结果的对比，再综合考虑，发现试验所得到的数据具有很高的可信度。其数值与众多既建工程所积累的经验数据较为相近。

2）表明工程能够很好地使用地源热泵这一绿色节能的空调冷热源方式。

3）同时也说明，试验所用的设备、材料及其组成的测试系统科学可行，经过进一步的优化之后可以广泛推广使用。

4）经过试验数据与理论计算结果对比分析，理论计算结果在很好地验证了实测内容的同时，也证明了计算方法自身的实用性。

2.1.2 地源热泵系统中地下热堆积问题及解决方案

地埋管地源热泵系统近年来在国内得到了广泛的应用，其热堆积问题也开始引起人们的关注，但具体的研究很少。不少地埋管换热系统在使用多年后就出现了运行状况不良甚至瘫痪的情况，其中大多数情况都是由地下热堆积效应引起的。通常情况下，换热系统在制冷工况下的排热量是远大于制热工况下的取热量的，如果按照实际的排热量排入地下，地下土壤平均温度会上升很多，尤其是在管群集中的中心区域，在排热阶段，地下土壤温度如果高于冷却水温度，冷却水将不会与地下土壤换热，从而导致机组停机，影响整个设备运行。因此，必须减小排热量。工程上常用增加辅助冷却塔的方法来承担过多的热负荷，冷却塔的选定直接关系到地埋换热系统的设计。下面以一个工程实例来探讨冷却塔的选定方法。

1. 工程概况

该工程为某铁路中型站房的空调设计，站房主体二层，站房总建筑面积6000㎡，站房的通信、信息、电力系统的设备用房根据工艺要求设置工艺性空调，集散厅、候车室、售票厅、售票室、贵宾候车室、办公等设置舒适性空调。站房集散厅、旅客候车厅及售票厅等公共区设集中空调系统，冷热源采用土壤源热泵机组。

2. 负荷分析

全年的空调负荷是一个动态变化过程，地埋换热系统的排热量实际上就是冷负荷的累加，而取热量就是热负荷的累加，为了准确把握取放热量，选定DeST[7]软件计算负荷。

每年的制冷期设定为5月18日至9月28日，共计3216h，冷负荷峰值为670.8kW，出现在7月19日19时。供暖期定为11月至1月，共计2904h，热负荷峰值为352.6kW，出现在 1 月 25 日 7 时。其他时间为过渡季节，冷水机组不开，基本靠自然通风来满足室内温湿度要求。通过对全年各个月份逐时负荷的累加，可以得到全年的动态负荷，见表 2-7。

表 2-7　全年动态负荷计算

月份	冷负荷/(kW·h)	热负荷/(kW·h)
1 月	0	111312
2 月	0	87764
3 月	0	48150
4 月	0	0
5 月	55708	0
6 月	162923	0
7 月	261179	0
8 月	242084	0
9 月	123847	0
10 月	0	0
11 月	0	17994
12 月	0	88681

3. 设备的设计选型

（1）热泵机组的选型　系统的设计冷负荷为 670.8kW，装机负荷为 $670.8kW \times 1.1 = 738kW$，选择 WPS210.1B 水源热泵机组一台，标准工况下制冷量为 749kW，输入功率为 132.9kW，蒸发器流量为 35.8L/s，冷凝器流量为 42.2L/s，能效比为 5.6。制热量为 788kW，输入功率为 181.7kW，蒸发器流量为 29.0L/s，冷凝器流量为 37.7kW，能效比为 4.3。

（2）室外钻孔个数的确定　室外地埋管的数量按照冬季设计负荷计算，在夏季制冷工况下多余的热量由冷却塔承担。系统设计热负荷为 352.6kW，则冬季土壤所承担的吸热量为 $352.6kW \times 1.2 \times (1 - 1/4.3) = 324.7kW$，冬季地埋管系统内流量是按夏季冷却水流量设定的，而夏季冷却水是按定流量设计的，则流量恒定为水源热泵冷凝水流量 42.2L/s = $42.2 \times 3.6m^3/h = 152m^3/h$。垂直换热器采用单 U 形地埋管同程式连接，选择 DN32（管内径为 25mm）的 PE 管，忽略水平管段的换热，并保证管内流速不低于 0.6m/s，则室外最多的钻孔数为 $152/(3600 \times 0.6 \times 3.14 \times 0.0125 \times 0.0125)$ 个 = 143 个，钻孔考虑 10% 的富余量，则室外的钻孔个数为 143 个 × 1.1 = 157 个。

（3）室外钻孔深度的确定

1）测试试验。某专业勘测公司于 2009 年 3 月 12 日调配一台 XY - 100 钻机进场施工，至 2009 年 3 月 17 日完成外业施工任务，共施工钻孔 2 个，孔深为 70m，计进尺 140m。

① 1 号井，单 U，打井深度为 71m，有效埋管深度为 70m。1 号井，双 U，打井深度为 71m，有效埋管深度为 70m。

② 高密度聚乙烯管，外径 32mm，内径 25mm，承压 1.6MPa。

③ 回填材料：采用水泥砂浆结合原浆作为回填材料。

④ 水平管连接保温采用橡塑保温，地埋管内循环液采用水为介质。

⑤ 钻孔孔径：130mm。

⑥ 下管：机械钻杆下带埋管或自然下管。

⑦ 回填方式：加压返浆回填，保证回填效果。

⑧ 测温点：每个测试井中在地下 10m、40m、60m 中分别设置 3 个温度传感器。

2）测试结果。用综合传热系数法可大大简化地埋管的换热计算。由放热试验测定的埋管换热量来推算该地埋管换热器的综合传热系数，其计算公式为：$K = q/(t_f - t)$，其中 K 为换热器的综合传热系数，q 为换热器每延米的换热量，t_f 为换热管内流体的平均温度，t 为土壤的初始温度。其物理意义为每延米井深换热器中流体介质的平均温度与周围土壤初始温度相差 1℃时，通过每延米井深单位时间内传递的热量。

地源热泵机组夏季工况埋管进出水平均温度 32.5℃，散热试验实测平均水温 33.72℃、33.345℃。水源热泵机组冬季蒸发器进出水温度为 10℃/5℃，设定取热系统埋管进出水平均温度为 7.5℃，土壤的初始温度为 17.2℃，计算结果见表 2-8。

表 2-8　综合导热系数及取热量计算

井号	管内流体平均温度/℃		土壤初始温度/℃	散热量/[W/m(井深)]	综合导热系数/[W/(m·K)]	取热量/[W/m(井深)]
	夏季	冬季				
1 号	33.720	7.5	17.2	62.20	3.77	36.52
2 号	33.345	7.5	17.2	75.34	4.67	45.26

本地区钻孔情况较好，且不受埋管区域面积限制，建议采用单 U 形埋管。井深为 324.7/(143×0.03652)m = 62m，取 63m。

4. 冷却塔的选型

由表 2-7 可得出全年的冷负荷累加值为 845741kW·h，热负荷累加值为 353901kW·h。因此夏季往地下的排热量远远大于冬季从地下的取热量，该地源热泵系统运行若干年后会使地下产生热堆积，多余的热量若耗散不出去便会使地下温度上升。如果按照实际的排热量排入地下，地下土壤平均温度会上升很多，尤其是在管群集中的中心区域，在排热阶段，地下土壤温度如果高于冷却水温度，冷却水将不会与地下土壤换热，从而导致机组停机，影响整个设备运行。因此，必须减小排热量，增加辅助冷却设备来承担多余的热负荷，一般将排热量与取热量定为 1:1。

若按照夏季冷负荷设计地埋换热器，则钻孔数量为 670.8×1.2×(1 + 1/5.6)/(62×0.0622)个 = 246 个，取排热量与取热量的比值为 1:1，则冷却塔所承担的热量为（246 - 143）×62×0.0622kW = 397.2kW，冷却水的供回水温度取为 37℃/32℃，冷却塔的流量为 397.2/(1.163×5)m³/h = 68.3m³/h，选型流量为 68.3×1.1m³/h = 75.1m³/h，冷却塔选择 FGND-80-5 型，冷却水流量为 80m³/h，功率为 2.2kW。

5. 控制策略

混合式地源热泵可以由以下方法进行控制：①控制地埋管出口水温；②以地埋管出口水温与室外环境大气湿球温度差来控制，以充分利用室外环境；③控制冷却塔运行时间段。这 3 种控制方法中，方法 1 的控制比较明确，可以控制地埋管冬、夏季的换热平衡。方法 2 的控制可以充分利用室外环境温度，对制冷机组效率的提高明显，但是这种方法受环境影响大，可控制性差，一般不易控制地源热泵主机夏季向地埋管周围岩土的排热量，也就是无法很好地控制地埋管冬、夏季换热的平衡；方法 3 的控制性好，但是需要配置较大的冷却塔，在中小型工程和夏季冷负荷受室外环境温度影响不大的以人员负荷为主的场合不适用。方法 1 的控制策略从可控制性和平衡冬、夏季地埋管换热平衡上看是比较好的。

6. 结论

在建筑物全年冷热负荷相差较大的地区，应采用合理的混合式土壤源热泵系统，并采用良好的控制策略，这样才能更大限度地发挥地源热泵系统高效、节能、环保的优点，从而延长系统的使用寿命。

2.1.3　地源热泵负荷耦合与节能

建筑环境是由室外气候条件、室内各种热源的发热状况以及室内外通风状况所决定的。建筑环境控制系统的运行状况也必须随着建筑环境状况的变化而不断进行相应的调节，以实现满足舒适性。由于建筑环境变化是由众多因素所决定的一个复杂过程，但可以通过计算机模拟计算的方法有效地预测建筑环境，例如室内温湿度随时间的变化、供暖空调系统的逐时能耗以及建筑物全年环境控制所需要的能耗等，因此针对预测环境，可以在环境控制系统中有效节能地运行系统。

武汉地区地下水温较低，而且比较稳定，水温一般在 18～19℃。实际上全年的空调负荷是变化的，在满足室内温湿度的要求下，需要对热泵机组的制冷量进行调节，或是直接使用地下水循环于空调机组，只要调节与控制得当，节能的经济性是显著的。

1. 负荷特性

某工程位于武汉市汉口地区，是一所学校的图书馆工程。该图书馆工程位于其校内，总建筑面积 15000㎡，共有六层。该工程总空调面积约 10500㎡，空调冷负荷为 1890kW，热负荷为 1400kW。地源热泵机组选型见表 2-9。

表 2-9　地源热泵机组参数

制冷量/kW	制热量/kW	制冷功率/kW	制热功率/kW	冷却水循环水量/(m³/h)	台数/台
1070	988	205	247	218	2

该建筑全年负荷特性可参考文献，模拟出动态负荷结果，详见图 2-4、图 2-5、表 2-10。根据全年动态负荷，制定相应的控制方案，有效地节约能源，使经济效益最大化。

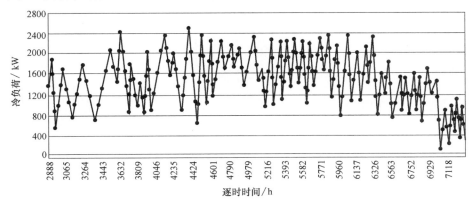

图 2-4　空调季逐时冷负荷

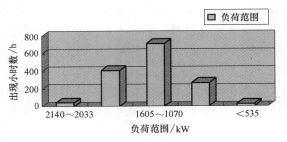

图 2-5   空调季负荷分布图

表 2-10   空调季负荷分布统计

分段序号	1	2	3	4	5
段节点	2140kW	2033kW	1605kW	1070kW	535kW
≤2140kW	2140~2033kW	2033~1605kW	1605~1070kW	1070~535kW	<535kW
1452kW	44h	409h	709h	265h	25h

从图 2-5 及表 2-10 中可以清楚了解该建筑大部分时间处于 50%~95% 的设计负荷，最大负荷 100% 与小于等于 25% 的负荷出现的时间都较短。

2. 地质条件及温度场

（1）地勘柱状图及温度分布　图 2-6 所示为武汉市汉口某工程的地质条件及岩土体的情况，图 2-7 所示为武汉市汉阳某工程的地质条件及岩土体的情况。图 2-8 所示为工程一地下温度场分布曲线图，图 2-9 所示为工程二地下温度分布曲线图。

层号	层底深度/m	岩土名称	柱状图		温度梯度	密度	导热系数	热扩散系数
1	4.8	粉质黏土夹粉土	−0.0 −4.8	13.9℃ 16.7℃	0.5855	1925	1.4~1.9	0.49~0.71
2	17.6	粉质黏土			0.0625	1925	1.4~1.9	0.49~0.71
3	19.4	粉质黏土夹粉土粉砂	−17.6 −19.4	17.5℃ 17.5℃	0	1925	2.8~3.8	0.97~1.27
4	24.8	粉细砂夹粉质黏土			0.03704	1925	2.8~3.8	0.97~1.27
5	34.0	粉细砂	−24.8	17.7℃	0.04348	1925	2.8~3.8	0.97~1.27
6	62.0	细中砂夹砾石	−34.0 −62.0	18.1℃ 18.6℃	0.017857	2570~2730	21~3.5	0.75~1.27

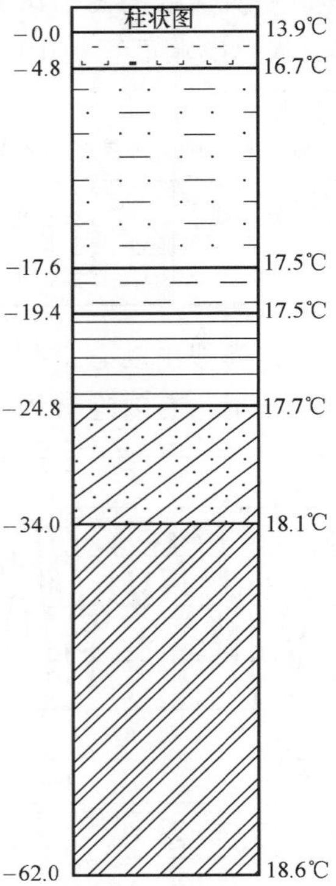

图 2-6   地质条件及岩土体的情况图

层号	层厚 / m	层底深度 / m	层底标高 / m	柱状图 1 : 400	温度场 / ℃	岩土名称及性质
1	3.20	3.20	20.80		23.5	粉质黏土
2	1.30	4.50	19.50		22.0	粉质黏土
3	2.50	7.00	17.00		21.2	粉质黏土
4	20.80	27.80	3.80		20.0	粉质黏土
5	1.10	28.90	4.90		19.7	强风化泥岩
6	36.10	65.00	41.00		19.1	中风化泥岩

图 2-7　地质条件及岩土体的情况图

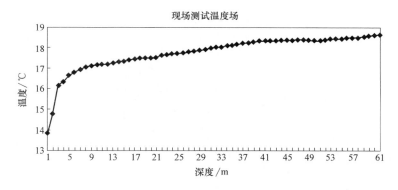

图 2-8　工程一地下温度场分布曲线图

（2）测试结果分析　由现场测试的结果可知：两个工程地区跨度大，地质结构也有所不同，但地下平均温度却变化不大。工程一所在地的地下平均温度为 18.4℃，工程二所在地的地下平均温度为 19.4℃。由此可知，地区跨度较大，但地下的平均温度基本稳定在 18～19℃。

3. 负荷耦合及节能

为了讨论问题的方便，有如下两点简化：一是因为此建筑负荷的特点是湿负荷很小，$\varepsilon = \infty$；二是对于系统风量来说，新风量较小，为了方便讨论忽略新风负荷的影响。

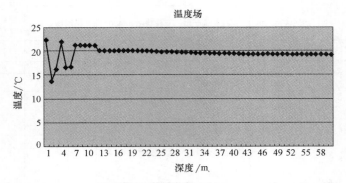

图 2-9   工程二地下温度分布曲线图

当系统负荷为设计负荷的 100% 时

$$Q_1 = c_p G \Delta T_1 \tag{2-7}$$

当系统负荷为设计负荷的 75% 时

$$Q_2 = c_p G \Delta T_2 \tag{2-8}$$

式中 Q_1、Q_2——系统负荷（kW）；

c_p——空气的比定压热容 [kJ/(kg·℃)]；

G——系统风量（kg/s）；

ΔT_1、ΔT_2——送风温差（℃）。

上式中，系统风量不变，空气的比定压热容也可认为是一个定值，则负荷发生变化时，也就是送风温差的变化。当室内温度设定为 26℃，相对湿度为 60% 时，不论是全空气系统还是风机盘管系统，在 100% 负荷和 75% 负荷时的各参数都可在 h-d 图（焓湿图，h 为焓，d 为含湿量）上描述，详见图 2-10 和图 2-11。

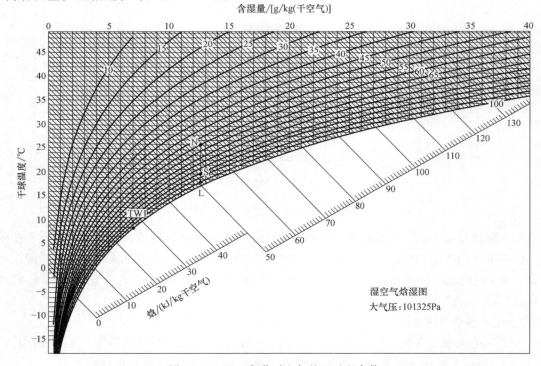

图 2-10   100% 负荷时空气处理过程参数

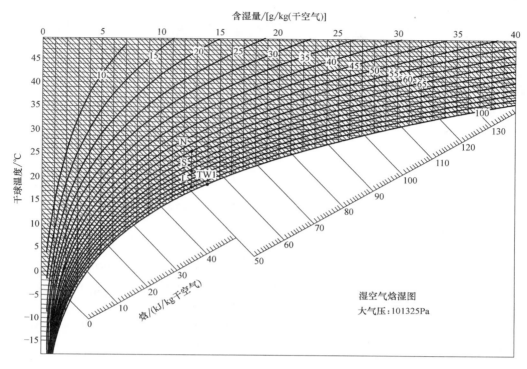

图 2-11　75% 负荷时空气处理过程参数

表冷器的换热效率为

$$E_{g} = \frac{t_{n} - t_{2}}{t_{n} - t_{w_{1}}} \qquad (2-9)$$

式中　t_{n}——室内温度（℃）；

　　　t_{2}——送风温度（℃）；

　　　$t_{w_{1}}$——冷冻水供水温度（℃）。

一般情况下，E_{g} 大于 0.7[1]。当取 $E_{g} = 0.7$ 时，则 75% 负荷的情况下 $t_{w_{1}} = 19.7$℃。这也就是说，当空调负荷在 75% 以下时，用清洁的地下水循环，完全可以满足空调负荷的需要。这样直接用地下水供冷，可以不开冷冻机，也无需开启冷冻水泵，只要冷却水泵的扬程能满足要求就可以供冷了。如此充分利用地下资源，可以大大地节约能源和运行费用。

4. 节能经济分析

一般情况下，在系统运行的节能方面，往往考虑采用水泵变频的方式。冷冻机变频目前市场上应用较少，一般制冷量在 2000kW 以上才有变频。所以，最常见的方法是当空调负荷发生变化时，水泵变频，调整系统流量，当负荷继续变小且不足以开启一台冷冻机时，则停止一台冷冻机的开启，从而达到节能的目的。

在使用地源热泵时，由上所述，系统运行在 75% 负荷以下的时间可能有 1500h，根据设备选型可知，冷冻机制冷时所需功率为 410kW，冷冻水泵的功率为 60kW。当直接用地下水供冷时，若按静态的经济分析可得知，一年仅制冷最多节约电量为 705000kW·h。按湖北省的电费标准 0.705 元/（kW·h），则可能节约电费 497025 元。

5. 匹配的控制系统

（1）热源机组台数控制 根据用户侧流量和送回水之间温差来计算空调机组的负荷热量，对热源机组进行台数控制。

1）热源机组的群启动控制。

2）热源机组的模式切换控制。

3）故障机组的自动切换控制。

4）始启动负荷和时间控制。

5）机组除外处理控制。

6）送回水温度的补偿控制。

（2）差压旁通控制

1）根据用户侧的送回水之间的差压对旁通阀进行比例控制。

2）当用户侧水泵停止后，旁通阀全开。

（3）水泵的联锁控制

1）用户侧水泵和地源侧水泵与热源机组为一对一的对应方式，联动由热源机组完成。

2）冷水或冷却水进入热源机组前设置了电动蝶阀进行水流导向，以防止冷水或冷却水在热源机组未运行时有旁通作用。

（4）工况切换 通过控制电动开关阀切换管道完成工况切换（夏季制冷工况：阀门K1、K3、K5、K7开启，阀门K2、K4、K6、K8关闭；冬季制热工况：阀门K2、K4、K6、K8开启，阀门K1、K3、K5、K7关闭），如图2-12所示。

（5）地源侧热量平衡监视

1）根据地源侧流量和进回水之间温差计算热量，并根据工况切换情况对热量进行热量累计。当工况为夏季制冷工况时，热量累计为输送到大地内部地热负荷累计值；当工况为冬季制热工况时，热量累计为输送到大地内部地冷负荷累计值。

2）因为空调夏季运行时间为5月15日—7月15日，冬季运行时间为12月1日—3月1日（春节期间不运行），所以在此运行时期内要特别注重热量平衡监视，一旦发生热量不平衡，必须通过调节用户侧冬季室内温度及热源机组冬季运行时间来调节热量不平衡，否则将不允许进行工况切换操作，以防止整个系统的热量更加不平衡。例如在冬季，当输送到大地内部地热负荷累计值远大于输送到大地内部的冷负荷累计值时，必须靠增大冬季室内温度或增加冬季热源机组的运行时间产生地源侧的冷负荷来平衡输送到大地内部地热负荷累计值。但暖通或给排水专业必须另行考虑由冬季热源机组的运行时间产生多余的用户侧热负荷的使用情况（如用来产生生活用水等）。

（6）利用地下水直接供冷 增加管线，不通过地源热泵机组。开启K3、K7，并增设电动旁通控制。关闭K1、K2、K4、K5、K6、K8。

1）集水器—地源侧热泵—加管线1—K7—去图书馆。

2）从图书馆—用户侧热泵—加管线2—K3—分水器。

6. 结论

地埋管式地源热泵系统，当空调负荷在75%以下时，可考虑直接采用地下水供冷，这样做可以充分利用地能，减少空调电费开支。当然，这要求在较好的系统计算与系统控制下才能完成。

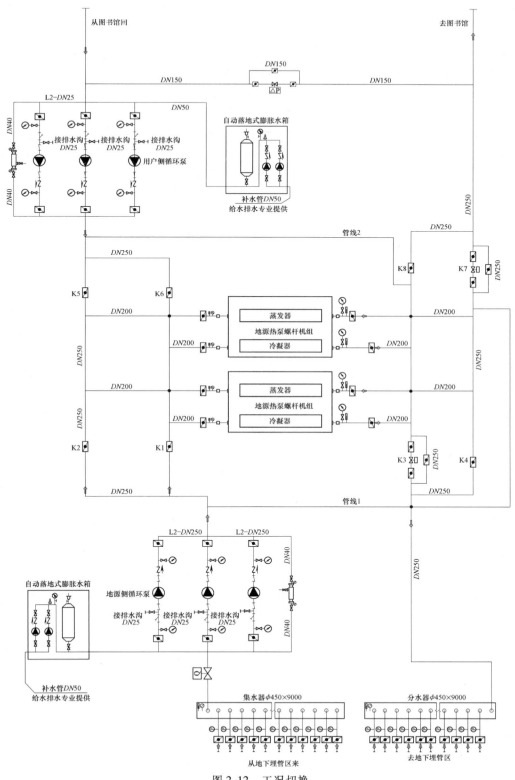

图 2-12　工况切换

2.1.4 地源热泵地埋管热短路问题

地源热泵是一种利用地下浅层地热资源（也称地能，包括地下水、土壤或地表水等）的高效节能空调系统。它通过输入少量的高品位能源（如电能），实现低温位热能向高温位转移，在冬季作为供暖的热源，在夏季作为空调的冷源。与传统空调系统相比，地源热泵空调系统利用可再生能源，具有节能和环保的特点。

地源热泵系统研究的重点和难点是地埋换热器的换热性能，其受土壤热物性能、回填材料、埋管深度、埋管间距、供回管间距等因素的影响。实际上钻孔内 U 形管两支管的间距较小，载热的流体与周围土壤存在温差，U 形管内流体从进口流入，与土壤换热后再流出，在 U 形管的两支管内流动着温度不同的流体，支管间必然发生热量贯通的热短路现象，对实际的换热效果必将产生一定影响。

通过 PHONICS 模拟软件建立地埋管回水管段部分保温的换热模型，对不同工况下、不同保温长度的单 U 形地埋管进行数值模拟，重点分析不同保温长度对地埋管换热性能的影响。

1. 地埋管热短路现象

对于 U 形地下埋管换热器而言，在同一深度，供回水管间均保持着一定的温度差，埋管底部的温差为 0，沿着管越往上温差越大，进出口水温差最大，并且进出水管之间的距离较近，因此导致了埋管不仅与周围的土壤进行热传导，而且两管间也同时发生热传导，从而引起了热损失，这种现象被称为"热短路"。由于热短路，在制冷工况下，使出水温度高于理想的出水温度；在供暖工况下，使出水温度低于理想的出水温度，这都会导致地下埋管换热量减少，降低系统的换热效率。

2. 热短路影响因素分析

在实际工程中，由于造价和施工可行性的影响，钻孔直径不可能很大，热短路现象是不可避免的，必定发生在进出水管之间，并且受管内流体温度、流量、流态、管径大小、回填材料、地温、管间距、土壤特性、运行时间等因素的影响。

管内流体与土壤的温差越大，管内水与土壤的热交换加大，换热能力也越强；但供回水管间的温差也变大，热短路现象越严重。反之管内流体与土壤的温差越小，热交换变小，换热能力削弱；随之供回水管间的温差也变小，热短路现象减弱。

当管内流态为紊流时，流体与管壁的热交换加大，因而换热能力加强，管间的热短路也会加剧。当管内的流态为层流时，流体与管壁的热交换减小，换热能力削弱，管间的热短路也随之削弱。

供回水管间的距离越小，热短路现象越严重；供回水管间的距离越大，热短路现象越轻。但大部分供回水管管井直径为 110mm 或 130mm，因而热短路现象明显。

回填材料导热系数越高，管内流体与土壤的换热能力加强，供回水管间的热短路也随之加剧；反之回填材料导热系数越低，管内流体与土壤的换热能力削弱，供回水管间的热短路也随之削弱。运行时间越短，管内流体与周围土壤的温差越大，热交换加大，换热能力也加强；供回水管间的温差也随之变大，热短路现象越严重。反之运行时间越长，管内流体与土壤的温差越小，热交换减小，换热能力削弱；供回水管间的温差变小，因而热短路现象会减轻。

3. 保温地埋管数值模拟

地埋管的数学物理模型包括两部分，一部分是 U 形管内的流体流动与对流换热模型，另一部分是岩土的传热模型。U 形竖直埋管岩土换热器的传热实际上是一个非稳态的传热过程，因而应采用非稳态传热过程来分析研究。

4. 模拟假设条件

由于地埋管换热过程的复杂性，换热性能受很多因素影响，为简化计算便于理论分析，在整个过程中做如下假设：

1）土壤的物理成分、热物性参数保持不变，不随土壤温度的变化而变化，即具有常物性。

2）不考虑水分迁移对热量传递的影响。

3）忽略地表温度波动以及埋管深度对土壤温度的影响，认为地下土壤初始温度均匀一致，且近似为半无限大的传热介质。

4）忽略地埋管管壁与回填材料、回填材料与土壤之间的接触热阻。

5）管内同一截面流体温度、速度均匀一致。

5. 模拟初始边界条件

1）土壤的初始物性参数：温度为 18℃，导热系数为 2.0W/(m·K)，密度为 2000kg/m³。

2）回填材料的导热系数为 2.4048W/(m·K)，保温材料的导热系数为 0.037 W/(m·K)，地埋管的导热系数为 0.43W/(m·K)。

3）水的进口温度为 10℃，流量分别为 0.5m³/h、0.65m³/h、0.8m³/h。

6. 建立模拟模型

由于该模型较为复杂，使用的 PHOENICS 模拟软件自带模型过于简单，无法满足建模需要。不过 PHOENICS 提供 CAD 接口，故采用 AutoCAD 对土壤、U 形管、保温材料等进行建模，生成 STL 矢量文件，导入 PHOENICS 中，从而建立与实际较为符合的计算模型。模型如图 2-13 ~ 图 2-16 所示，各模型尺寸见表 2-11。

将以上 CAD 文件生成 STL 文件，导入 PHOENICS 软件中并按表 2-11 进行组装，在 U 形管进出支管上设置进口和出口，即管内流体的进出口。为了便于计算，将外界与土壤的换热简化为覆盖在土壤表面不计壁厚的换热层。组装后的模型如图 2-17 所示。

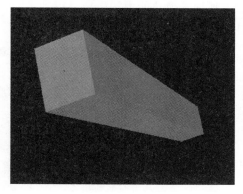

图 2-13 土壤块模型

图 2-14 换热井模型

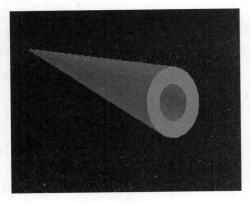

图 2-15　U 形地埋管模型

图 2-16　保温层模型

表 2-11　模型尺寸　　　　　　　　　　　（单位：m）

模型名称	高	长	宽	外径	内径
土壤块	45	4	4	—	—
换热井	41	—	—	0.13	—
U 形管	40	—	—	0.032	0.025
保温管	30/20/10/0	—	—	0.062	0.032

7．模拟分析

模型设置好后，对模型进行网格划分。OXY 界面上换热井外的网格划分为 2 个/m，换热井内的网格划分为 100 个/m；OXZ 和 OYZ 界面上的网格划分为 1 个/m。迭代次数为 2500 次，每步的运行时间为 4h，按运行时间的大小设置不同的步数。

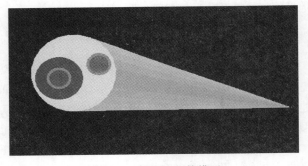

图 2-17　保温地埋管模型

在连续运行 7 天和间歇运行 10h 工况下，通过对 40m 深地埋管进行 30m 保温、20m 保温、10m 保温以及不保温四种不同情况下地埋管换热能力的模拟，得到不同保温长度对 40m 深地埋管换热性能的影响，详见图 2-18 ～ 图 2-21。

图 2-18　地下 1m 的温度截面图

图 2-19　地下 10m 的温度截面图

图 2-20　地下 20m 的温度截面图

图 2-21　地下 30m 的温度截面图

（1）连续运行 7 天工况　连续运行 7 天工况下，40m 深地埋管在不同保温管长度和不同流量下的进出口温差如图 2-22 所示，40m 深地埋管在不同保温管长度和不同流量下的单位管长换热量如图 2-23 所示。

从图 2-22 可以看出，经过连续 7 天运行，40m 深地埋管在同一保温长度下，不同流量对进出口温差的影响不大，进出口温差并不随流量减小而增大，原因是经过连续 7 天的换热，U 形管内水和土壤的热交换已经达到平衡，流量的增减对进出口的温差影响并不大。

在同一流量下 20m 保温管进出口温差最大，大于 30m 温差，这说明保温的长度并不是越长越好。原因是 U 形管回水管中的水一方面和土壤进行热交换，另一方面受同一水平面供水管低温水的影响；若保温长度太短，热短路的影响占主导；若保温长度太长，U 形管中的水还没有和土壤进行充分热交换就对其进行保温，管中水温并未达到理想状态。

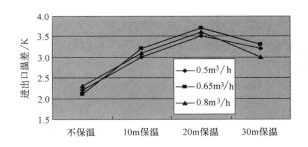
图 2-22　连续运行 7 天工况下，40m 地埋管
不同保温管长度在不同流量下的进出口温差

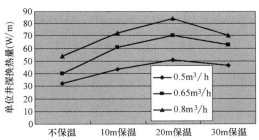
图 2-23　连续运行 7 天工况下，40m 地埋管
不同保温长度在不同流量下单位管长的换热量

从图 2-23 可以看出，经过连续 7 天运行，同一种埋管随着流量的增大其换热量也是增大的。0.8m³/h 时单位换热量最大，0.5m³/h 时单位换热量最小。这是由于连续运行 5 天后不同保温管长度下的地埋管进出口温差相差不大，但流量相差大，导致单位管长换热量差别大。同一流量下 20m 保温长度的地埋管换热量最大。

（2）间歇运行 10h 工况　从图 2-24 可以看出，在间歇工况下，同一流量下埋管的进出口温差并不是随着保温长度的增加而无限增加的，当保温长度过长时，进出口温差反而有降低的趋势。同一种埋管，其进出口温差随着流量的增大而减小，这是因为流量增大，流速增大，U 形管管长不变，流体在管中与土壤热交换的时间减少，温升自然就不大，温差相应减小。

从图 2-25 可以看出，在间歇工况下，埋管的单位井深换热量是随着流量的增大而增大的。保温地埋管的单位井深换热量要明显高于不保温井。20m 保温长度的埋管的单位井深换热量最大。

从图 2-26 可以看出，在同一流量下，运行时间短，单位井深的换热量大，埋管的换热能力强；运行时间长，单位井深的换热量大，埋管的换热能力小。原因是随着运行时间的增长，埋管中水与土壤的换热也会逐渐趋于平衡，土壤与埋管的换热能力降低，热短路的影响增大。

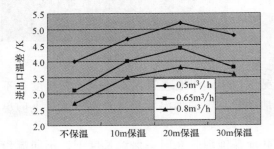

图 2-24　间歇运行 10h 工况下，40m 地埋管不同保温管长度在不同流量下的进出口温差

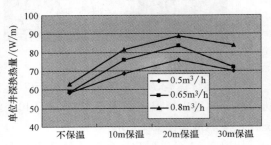

图 2-25　间歇运行 10h 工况下，40m 地埋管不同保温管长度在不同流量下单位管长换热量

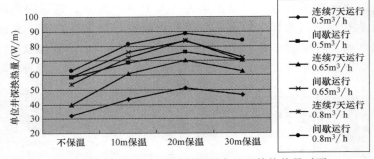

图 2-26　两种工况下不同保温深度地埋管换热量对照

8. 结论

通过数值模拟分析，得出以下结论：

1）地埋管回水段保温的换热能力要明显高于常规地埋管。

2）地埋管回水段的保温长度并不是越长越好，所以选择保温管长度要适宜。

3）在连续运行工况下，同一种地埋管的进出口温差并不是随着流量的减小而增大，流量的增减对 U 形管进出口温差影响不大。

4）在间歇运行工况下，地埋管的单位井深换热量是随着流量的增大而增大的。

5）在同一流量下，运行时间短，单位井深的换热量大，地埋管的换热能力强；运行时间长，单位井深的换热量小，地埋管的换热能力小。因此，给地埋管一定的低温恢复时间可以增强其换热能力。

2.2　能源塔热泵系统

能源塔热泵系统能很好地克服传统水源、地源热泵系统受地理地质、地方政策等因素限制的缺点，又能避免风冷热泵系统换热器的结霜问题。在冬季，能源塔热泵系统利用冰点低于 0℃ 的介质作为能量的载体，高效率地提取蕴藏在低温、高含湿量环境空气中的低品位热能，通过向能源塔热泵机组输入少量电能等高品位能源，实现将低温环境下低品位热能向可利用的高温热能的转换，达到制热目的。

2.2.1 开式逆流能源塔系统

能源塔系统主要由能源塔塔体、循环管路、动力设备、热泵主机等部分构成。故能源塔系统的组织形式多种多样，因为其区别于常规系统的主要标志在能源塔塔体，根据能源塔塔体的不同特征将能源塔热泵系统进行分类比较合适。

可以根据空气与载热介质的接触方式、能源塔内的通风动力来源、空气与不冻液在塔体内的相对流动方向以及塔体保护结构的外形等对能源塔热泵进行分类。其中最为典型的能源塔热泵系统为开式逆流能源塔，为了增加两种换热介质的接触面积，延长换热时间，增强换热效果，往往选择向塔体内填充换热填料，其系统原理如图 2-27 所示。

以冬季的热泵工况为例，当能源塔热泵系统稳定工作时，能量的传递经由如下流程：

1）在能源塔塔体内，低温而高湿的空气由填料塔底部进入塔体，这部分空气本身温度很低，但是由于其含湿量较高，其中的水分含有大量的潜热。这些富含低品位热能的空气在塔体内，与充分散布并贴附在填料内，在重力作用下自上而下运动的低温（低于空气露点温度）不冻液膜进行热质交换。由于低温的不冻液温度低于空气的露点温

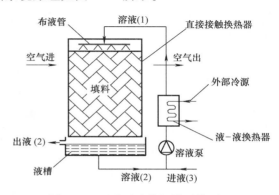

图 2-27 开式逆流能源塔系统原理

度，因而空气降低温度放出显热的同时，析出水分，释放出相变潜热，将不冻液的温度提高。

2）在能源塔塔体与板式换热器之间，不冻液吸收了空气中的低品位热能，温度提升后经过循环管路到达板式换热器，将能量传递给在热泵蒸发器中释放了热量的不冻液载冷剂，同时自身温度降低，通过不冻液循环泵再次进入能源塔塔体，开始下一个循环。

3）在板式换热器与热泵主机蒸发器之间，从板式换热器中得到热量的载冷剂直接向热泵主机提供热量，主机将低品位的热能提升为相对高品位的可资利用的热能，产生用于冬季空调的热水，并可以同时产生生活热水为人们所用。

上述三个环节构成了逆流式机械通风填料能源塔系统在冬季的热泵工况下，将低品位热能提升至可资利用的高品位热能的系统流程。

经过大量对比分析发现，最适合用于上述系统的塔内填料为聚四氟乙烯波形淋水塔填料，它兼备低密度、耐腐蚀、抗低温等优点。同时，最合适的载热介质即不冻液为添加了专门缓蚀剂的氯化钙溶液，其具备较高的比热容和较好的流体力学性能，同时对环境污染小，浓度检测及控制比较方便。

对这种能源塔形式而言，其最大的特点是塔体内的低温不冻液与温度相对较高，含有大

量水分的湿空气在填料表面进行直接而充分的接触，换热效果好。同时因为传统的载冷剂乙二醇溶液存在成本高，能通过挥发耗散，并且对动物具有一定的毒性等特点，在本系统中，只在机房内部用于板式换热器与热泵主机之间的小流程循环，能够减少投资维护成本，减少对人体健康的影响。循环于室内板式换热器与室外能源塔热泵之间，流程比较长的环路中的，则是成本相对较低，维护难度小，对人员更加无害的不冻液。

2.2.2　计算模型及通用方程

以开式逆流填料能源塔做研究对象。在初步的模型建立过程中，首先不考虑能源塔塔体外形及内部填料的各种复杂组合，而是针对各种不同的能源塔类型，抽象出具有共性的计算模型，即一般性模型，因而就需要对实际的物理模型进行一定的理论假设。此处提出如下假设：

1）在热质交换过程中的任意一个垂直于介质流向的平面上，介质的物理化学性质均匀一致。

2）在热质交换过程中的任意一个垂直于介质流向的平面上，空气与水充分接触，换热面积等于传质面积。

3）紧邻空气与水接触界面的空气处于饱和状态，且其温度与水温相等。

4）空气与水的质量流量在其流动方向上保持不变，在垂直于其流动方向的界面上，保持均匀一致。

5）空气与水一旦进入塔体内，就不再与外界发生热质交换。

6）在既定工况下，进入能源塔的介质物理性质为常数，不随时间的改变而不同。

7）刘伊斯关系式成立。

在上述假设均成立的基础上，取空气流动方向 x 上的一段微元体，如图 2-28 所示。

在图 2-28 中，G_a、G_w 分别是空气和水的质量流量（kg/s）；h 是空气进入微元体时的比焓（kJ/kg）；t_w 是水进入微元体时的温度（℃）；dh、dt_w 分别是对应的焓值和温度的增量。并规定在以后的进出口参数格式中，介质入口处参数角标均为 1；介质出口处的参数角标均为 2。

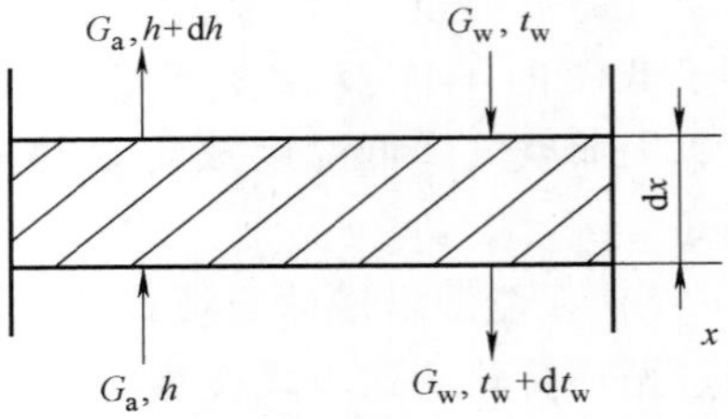

对模型进行全面的热质交换关系式的建立，经过一系列的推导，最终形成如下方程组：

图 2-28　理论计算的微元体

$$
\begin{cases}
t_{a2} - t_{a1} = -\dfrac{\mathrm{NTU}(t_{a1} - t_{w2} - t_{a2} + t_{w1})}{\ln\dfrac{t_{a1} - t_{w2}}{t_{a2} - t_{w1}}} \\[4mm]
d_{was}(t_{w2}) - d_{a1} = \dfrac{t_{w2} - t_{a1}}{r_o}\left[\beta c_{pw}\left(1 - \mathrm{NTU}^{-1}\ln\dfrac{t_{a1} - t_{w2}}{t_{a2} - t_{w1}}\right) - c_{pa}\right] \\[4mm]
d_{was}(t_{w1}) - d_{a2} = \dfrac{t_{w1} - t_{a2}}{r_o}\left[\beta c_{pw}\left(1 - \mathrm{NTU}^{-1}\ln\dfrac{t_{a1} - t_{w2}}{t_{a2} - t_{w1}}\right) - c_{pa}\right] \\[4mm]
\beta c_{pw}(t_{w1} - t_{w2}) = c_{pa}t_{a2} + (r_o + 1.84t_{a2})d_{a2} - c_{pa}t_{a1} - (r_o + 1.84t_{a1})d_{a1}
\end{cases}
$$

式中　NTU——热质传递单元数，$NTU = \dfrac{\alpha h S L}{G_a c_{pa}} = \dfrac{\alpha h_m S L}{G_a}$；

$\quad\quad \alpha$——修正系数；

$\quad\quad S$——截面面积；

$\quad\quad L$——淋水层内沿空气流动方向的长度；

$$h_m = \frac{h}{c_{pa}}$$

d_{was}（t_{w1}）——与水表面接触的饱和空气层内的空气含湿量 d_{was} 表示为水温度 t_{w1} 的单值函数；

d_{was}（t_{w2}）——与水表面接触的饱和空气层内的空气含湿量 d_{was} 表示为水温度 t_{w2} 的单值函数；

$\quad\quad \beta = \dfrac{G_w}{G_a}$，是水气比，为无量纲量；

$\quad\quad c_{pa}$——空气的比定压热容 ［kJ/（kg·℃）］；

$\quad\quad r_o$——水的汽化热（kJ/kg）；

$\quad\quad h$——表面传热系数 ［W/（m²·℃）］。

除去上式中一些取值在能源塔热泵工作温度区间内为常数或变化接近直线的参数，例如空气与水的比定压热容 c_{pa}、c_{pw}，水的汽化热 r_o，方程组中独立存在的未知数只有：空气与水的出入口参数 t_{a1}、d_{a1}、t_{a2}、d_{a2}、t_{w1}、t_{w2}，表征能源塔换热性能的传热单元数 NTU，以及反映参与交换的介质质量比例关系的水气比 β，共计 8 个未知数。

通用方程组包含四个方程，理论上只要能够确定其中任意四个未知数，就可以求得剩下四个参数的值，下面的研究正是基于这一点而开展的。

2.2.3　能源塔的设计计算

当需要对某一实际工程中的能源塔进行设计计算时，只要是在某一确定的地区，空气的进口参数往往可以通过各种资料进行查询，同时不冻液的进出口温度可以根据热泵机组额定工况中的蒸发器进出口温度进行确定。这样 8 个未知参数中就已经有了空气的 2 个进口参数，水的 2 个进出口参数，根据理论分析，可以通过这 4 个已知参数求算所需能源塔的 NTU，工作时的水气比 β，并且能够确定经过换热后排出的空气的状态点。

这种计算的结果能够用于指导工程中的能源塔选型，以及确定系统在工作时的水气比，故称之为能源塔的设计计算。

以武汉地区的气象参数为参考，归纳能源塔设计计算的参数设置如下：

进口空气温度 t_{a1}：0℃；进口空气含湿量 d_{a1}：0.002864kg/kg。

出口空气温度 t_{a2}：未知；出口空气含湿量 d_{a2}：未知。

进口不冻液温度 t_{w1}：－10℃；出口不冻液温度 t_{w2}：－8℃、－7℃、－6℃。

水气比 β：未知；传热单元数 NTU：未知。

通过对通用方程组的分析发现，使用 MATLAB 软件中 fsolve 工具能够很好地对其进行求解和分析。于是按照以上条件，编写成 fsolve 工具求解所需的 m 文件并分别对假设不冻液出口温度为 －8℃、－7℃和 －6℃的工况进行计算。

将得到的数据进行汇总，得到图 2-29。

从图中可以发现，当要求的不冻液的出口温度为 -8℃，即不冻液需要在能源塔中得到 2℃的温升时：

1）能源塔中的水气比与 NTU 随着空气的出口温度升高而减小，二者有着相同的变化趋势，这从二者的定义式中也可以分析得到。

2）当空气的出口状态点与入口相同，即温升为 0℃，相对湿度为 76% 时，能源塔内

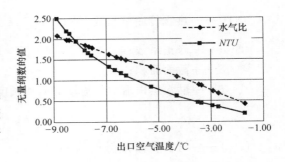

图 2-29　$t_{w2} = -8℃$ 时计算结果

没有不冻液进入，塔内不发生热质交换，故塔内的水气比与 NTU 均为 0。

3）当空气的出口温度逐渐减小时，水气比与 NTU 均从 0 开始增大，而且在出口空气温度 t_{a2} 大于 -5℃时水气比的增幅明显地大于 NTU 的增幅，在 t_{a2} 降低至 -5℃以下后，水气比增幅放缓，NTU 增幅加大；因而二者最终在约 $t_{a2} = -8.2℃$ 处相交，之后水气比继续缓慢增大，NTU 急剧增大。

4）同时，随着 t_{a2} 的逐渐降低，空气中的含湿量逐渐减小，但是相对湿度从初始值开始逐渐向 100% 逼近，即出口空气逐渐接近饱和。最终在 t_{a2} 低于不冻液出口温度 t_{w2}，即小于 -8℃之后达到饱和。在最初介绍能源塔热泵时就提出，能源塔热泵在冬季能够使低温高湿的空气析出水分，放出潜热，因而能够比普通的热泵系统从环境空气中吸收更多的热量。这在计算结果中得到了印证。

仅仅从一种不冻液出口温度的数据分析得到的结论如上所述，为了更进一步地了解通用方程组中包含的信息，又将 t_{w2} 分别等于 -7℃ 和 -6℃ 时的计算结果列出，并综合地对其进行总结。

从图 2-30 和图 2-31 可以看出，在能源塔的设计计算中，当出口空气温度 t_{a2} 相同时，随着不冻液的出口温度 t_{w2} 的升高，水气比明显下降，而 NTU 则是略有上升。

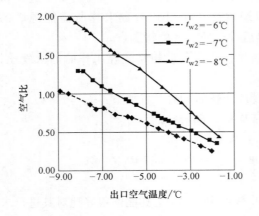

图 2-30　三组不同数据中的水气比

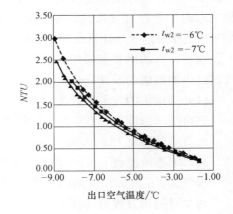

图 2-31　三组不同数据中的 NTU

这种趋势上的差别说明，不冻液的出口温度与水气比的大小成反相关关系；相反地，其与 NTU 的大小成正相关关系。同时，这种幅度上的差别说明在能源塔的运行过程中，NTU 的变化比水气比的变化更能影响不冻液的出口状态，这也表明，想要对不冻液的出口参数进行有效的控制，调节 NTU 的大小比调节水气比的大小是更为有效的方式。当然在实际工程中，要结合成本和技术难度等因素进行综合考虑。

从曲线上看，水气比的变化曲线近乎于线性，而 NTU 的变化曲线则明显呈指数曲线，并且，在空气出口温度降低时，曲线更加陡峭。同样从控制的角度来看，当空气出口温度较高时，NTU 的变化对其影响更加明显，而随着其逐渐降低，NTU 的变化越来越难以对其造成影响。

可以想见，当空气出口温度无限接近不冻液的进口温度时，NTU 的变化已经不能改变其大小。将这一现象联系到实际工况中说明，通过改善表面换热系数、填料的厚度、填料的比表面积等手段以提高 NTU 的做法，在达到一定程度后继续增加已经没有意义，不能继续优化换热效果。

2.2.4　结论

1）根据开式逆流能源塔的热泵工况系统工作情况，指出了较为适用的填料形式和不冻液配方。

2）通过能源塔的设计计算，在已知空气的进口参数和不冻液的进出口参数的情况下，可计算空气出口参数、水气比和 NTU。根据求得的 NTU 和水气比就可以对所需的能源塔硬件设备进行选择，对运行时的介质相对多少进行调整，更能依照计算结果找到运行过程中调整换热效果的有效途径。

2.3　两级热泵系统

有很多旅游景点或地区因地域和气候特点，导致每年只有一季是旅游高峰，宾馆只有在该季盈利。但平时的运行只能是维持，不得歇业，这导致了宾馆运行成本高，能源耗费大。旅游旺季的盈利与平时的维持特别是能耗费用亏损相抵，导致宾馆盈利的利润率低。

图 2-32 所示是某宾馆从 2009 年 8 月开业以来，其水电气耗费情况。

鉴于图中，宾馆运行能源耗费大，运行成本高，需要对现有的能源系统进行改造。根据现有能源系统状况分析得知，能耗的主要问题是空调的能耗。夏天是旅游旺季，需要保证空调的供给。冬天是旅游淡季，只要维持但也要保证热的供给。在此基础上，考虑能源解决方案。

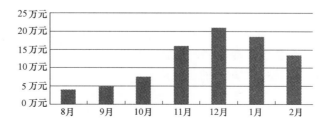

图 2-32　宾馆 2009 年 8 月—2010 年 2 月水电气耗费

2.3.1 项目概况

该宾馆项目，原系统方案采用：

1）夏季：采用两台螺杆式水冷机组（型号：WHS095.1B）进行集中供冷，制冷量为320.5kW/台，输入功率69.8kW/台。

2）冬季：采用一台电锅炉，额定电功率为480kW，进出口水温95℃/70℃。

3）生活热水：利用太阳能＋电辅加热提供生活用水，电加热功率110kW。

其室外参数如下：

1）室外风速：夏季平均2.5m/s，冬季平均3.1m/s。

2）夏季通风室外设计干球温度：28.0℃，冬季通风室外设计干球温度：0℃。

3）夏季空调室外设计干球温度：30.2℃，冬季空调室外设计干球温度：-14.0℃。

4）夏季空调室外设计湿球温度：25.8℃，冬季空调室外设计相对湿度：49%。

2.3.2 系统改造方案

1. 采用双级热泵系统取代电锅炉进行冬季的供暖

（1）对原来的冷热源进行节能改造

1）将原有的两台冷水机组中的一台改造成水-水式水源热泵。

2）取消电锅炉，选取一台空气源热泵。

改造后冷热源的运行参数见表2-12。

表2-12　改造后冷热源运行参数

机组	型号	制冷量/kW	制热量/kW	输入功率/kW	运行工况	数量/台
冷水机组	WHS095.1B	320.5		69.8	夏季标定工况： 冷冻水进出口温度:12℃/7℃ 冷却水进出口温度:30℃/35℃ 冬季关闭	1
水源热泵		320.5	480		夏季标定工况 冷冻水进出口温度:12℃/7℃ 冷却水进出口温度:30℃/35℃ 冬季标定工况 热源侧进出口温度:20℃/15℃ 负载侧进出口温度:40℃/45℃	1
空气源热泵	SJC110HM	440	484	140.8	夏季关闭 冬季标定工况： 负载侧进出口温度:40℃/45℃ 空气入口干球温度:7℃	1

（2）改造后机组的运行方案　夏季开启冷水机组和水源热泵提供冷水进行集中供冷。

在冬季时，关闭冷水机组和冷却塔，开启空气源热泵和水源热泵，采用双级热泵系统，即利用风冷热泵为水源热泵提供20℃的低温热源，用水源热泵制热，对供暖系统提供热源，取消电锅炉供暖。

（3）双级热泵的应用　原系统冬季采用一台480 kW的电锅炉作为热源，能耗过大，采用热泵技术可以取消电锅炉，极大地减少能耗。

近年来，由于空气源热泵的许多优点，其工程应用越来越广泛，但是对于空气源热泵在冬季的应用一直存在着两大难题：①结霜问题。在室外空气含湿量较高时，室外换热器易结霜，导致传热系数下降，换热效率降低，最终使机组无法正常运行。②压缩比过大。当室外的温度很低时，机组的压缩比会很大，压缩机的容积效率低，由于蒸汽压力过低，使得制冷系统的质量流量很小，最终导致机组的制热量急剧减小。这两个问题严重制约了空气源热泵的发展，特别是影响其在冬季的运行。

在该项目中，从室外气象参数可以看到：冬季空调室外设计干球温度为 -14.0℃，冬季空调室外设计相对湿度为 49%，室外空气的含湿量仅为 0.54g/kg，这意味着结霜问题不会很严重。

针对压缩比过大的问题，利用空气源热泵机组提供 20℃ 低温水，而非常规的 50℃ 热水，这样可以极大地提高风冷热泵机组的压缩比，再利用 20℃ 的温水作为低温热源提供给水源热泵，最后由水源热泵提供 45～50℃ 的热水进行供暖（图 2-33）。

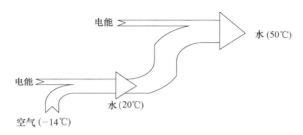

图 2-33　双级热泵运行原理

据调查研究，在室外温度为 -15℃ 时，如果利用空气源热泵提供 20℃ 的低温水，其可以提供的热量为标定工况下的 99%，在室外温度为 -13℃ 时，供热量甚至超过标定工况，达到 110%，该项目的室外计算温度为 -14℃，在这样的工况下，空气源热泵的供热量是能够达到标定供热量的。空气源热泵的 COP 一般可以达到 3，水源热泵一般为 4，将两种热泵结合起来的 COP 一般可以达到 2。这里需要注意的是，热泵在冬季实际运行中，当室外温度高于 -14.0℃ 时，空气源热泵能产生的热量会更多，这样会进一步提高机组效率。

改造后的系统图详见图 2-34。

2. 夏季对冷水机组和水源热泵机组进行冷凝热回收供生活热水

在水源热泵运行时，会产生大量的冷凝热，这一部分的低品位热能往往是通过冷却塔排到了空气中，不仅是一种浪费，而且对城市的热岛效应作用明显。对系统进行改造后，可以对机组的冷凝热进行回收，供给生活用水。系统原理如图 2-35 所示，冷却水从机组中出来后进入热水箱进行换热，为保证机组正常运行，当热水箱内温度到达 32℃ 时，关闭水箱阀门，开启冷却塔，将多余的热量排掉。

根据原系统资料，该项目每天用水 25t，系统将 25t 水加热到 32℃，总共耗热量为

$$Q = Cm\Delta T = 4.18 \times 25 \times 1000 \times (32 - 18) \text{kJ} = 1463 \times 10^3 \text{kJ}$$

系统的制冷量为 641kW，全热量约为制冷量的 1.15 倍，约 737.15 kW，假设每天工作 16h，则每天可以回收热量为 $737.15 \times 3600 \times 10^3 \text{kJ} = 2653740 \times 10^3 \text{kJ}$，远远大于系统所需的热量。

系统增加的费用约为 10 万元以内。

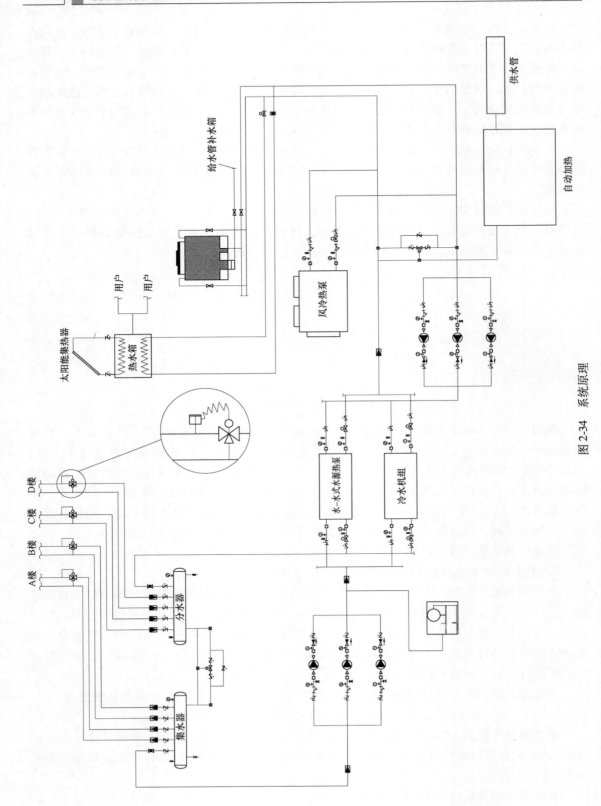

图 2-34 系统原理

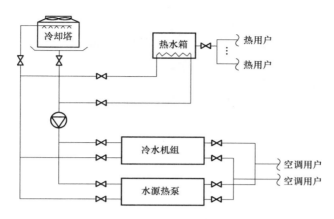

图 2-35　冷凝热回收系统原理

3. 解决冬天防冻大循环的能耗

设置三通阀控制能耗。原系统在末端并未设置两通阀或三通阀，在酒店营运淡季时，虽然入住率不高，但由于冷（热）水仍然要经过末端，导致不必要的能耗很大。现在原系统四栋楼的立管处增加电动三通阀。当整栋楼都没有负荷时，关闭阀门，旁通至干管，冬季控制回水温度为 5℃，避免设备由于温度过低而被冻坏。系统增加的费用约为 20 万元以内，系统设置详见图 2-34。

2.3.3　改造方案的经济性分析

（1）年节约运行费用　该改造方案在夏季运行时基本与原方案相同，其节约能耗的方式在于冬季用双级热泵系统代替了原来的电锅炉。原有的电锅炉的额定电功率为 480kW，改造后空气源热泵功率为 140.8kW，水源热泵机组的功率不超过 100kW，两者总功率为 240.8kW，约为原来的 50%，即与原系统相比，可以节约近一半的电能。

该地区用电价格见表 2-13。

表 2-13　该地区用电价格

时段	各时段起始时间	电价/[元/(kW·h)]
高峰期	8:00—11:00，16:00—21:00	1.073
平段期	6:00—8:00，11:00—16:00	0.6781
	21:00—22:00	
低谷期	22:00—6:00	0.305

根据表 2-13 和锅炉的额定功率，可以计算得出在满负荷运行时，锅炉每天的运行费用为（1.073 × 8 + 0.6781 × 8 + 0.305 × 8）× 480 元 = 7895 元；若按平段价计算其费用为 0.6781 × 24 × 480 元 = 7812 元。该系统供暖时间按 11 月 15 日至 4 月 5 日，共 141 天计，根据原系统的逐月能耗图，可以得到供暖期的负荷变化如图 2-36 所示。

可以计算得出原系统锅炉在设计工况下的月运行费用如下：

11 月：7895 × 76.2% × 15 元 = 90240 元。

12 月：7895 × 100% × 31 元 = 244745 元。

1 月：7895 × 88% × 31 元 = 215376 元。

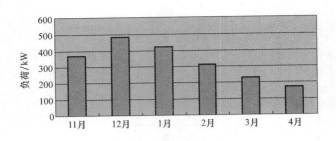

图 2-36　供暖期的负荷变化

2 月：$7895 \times 64.3\% \times 28$ 元 $= 142142$ 元。

3 月：$7895 \times 47.6\% \times 31$ 元 $= 116499$ 元。

4 月：$7895 \times 35.7\% \times 5$ 元 $= 14093$ 元。

总计：823095 元。

则该锅炉每年运行费用约 823095 元，而采用双级热泵的运行费用约为锅炉的 50%，即每年可节约运行费用约 411548 元。

（2）系统改造投资费用　在该方案中，投资费用主要包括以下几部分：

1）购置风冷热泵的费用，约 46 万元。

2）可考虑改造一台水冷机组，若购买新的水源热泵机组则费用为 23 万元。

3）自动控制系统的费用，约 20 万元。

4）管道及安装费用，约 10 万元。

5）不可预见费用，约 11 万元。

总计约 110 万元。

（3）投资回收期的计算　回收期即在采用改造方案后，节省的运行费用在此期间可以将改造投资的费用回收。

采用静态回收期的计算方法对该项目进行计算，即

$$N = \frac{I}{E} \tag{2-10}$$

式中　N——回收年限；

　　　I——投资费用；

　　　E——年回收费用。

对该项目进行计算可以得出 $N = 2.67$ 年，由于该改造项目主要针对供暖季节，即在 2.67 个供暖期内可以回收投资成本，时间较短。

2.3.4　结论

通过对该项目的改造研究，可以得出利用空气源热泵提供低温热源，然后利用水源热泵进一步提升供水温度的双级热泵形式有着非常好的节能效果的结论，同时该系统采用热泵技术，具有很高的经济性与环保性，另一方面，由于空气源热泵在此系统中只提供 20℃ 的低温热水，其冬季运行的可靠性将得到很大的提高。综上所述，双级热泵技术在将来的空调供暖系统中有着较大的应用前景。

2.4　热泵式新风换气机的理论与试验研究

随着人们生活水平的提高，对室内空气品质的要求也越来越高，改善室内空气品质最为直接有效的方式之一是加大室内新风量，然而加大新风量必然导致空调能耗的增加。为解决这一矛盾，本书提出利用回收室内排风热量来处理新风这一观点，下面介绍一种新型排风热回收式新风机组——热泵式新风换气机，并对其性能进行分析。

2.4.1　热泵式新风换气机两种结构形式的比较

热泵式新风换气机是由小型热泵系统及全热换热器组成，在设计其内部结构时，有两种较为合理的组合方式，如图 2-37 和图 2-38 所示。

图 2-37 所示结构方案一（以夏季工况为例）中，室外高温高湿的新风先与室内低温低湿的排风通过空气换热器进行换热，经预冷（降湿）后的室外新风，再与蒸发器进行热交换，再度冷却除湿后送入室内；室内低温低湿的排风经全热换热器换热，温度升高后再与冷凝器进行热交换，最终排至室外。此方案优势在于先将新风预冷，装置内热泵所需制冷量减少，但与冷凝器换热的排风温度升高，COP 值降低。

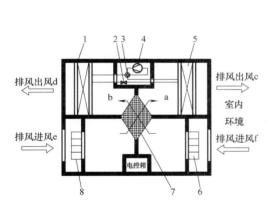

图 2-37　结构方案一（以夏季工况为例）
1—冷凝器　2—节流装置　3—四通换向阀
4—压缩机　5—蒸发器　6—排风风机
7—空气换热器　8—新风风机

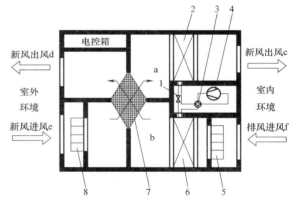

图 2-38　结构方案二（以夏季工况为例）
1—节流装置　2—蒸发器　3—四通换向阀
4—压缩机　5—排风风机　6—冷凝器
7—空气换热器　8—新风风机

图 2-38 所示结构方案二，（以夏季工况为例）中，室内低温低湿的排风先与冷凝器换热，排风温度升高后，再通过空气换热器与室外高温高湿的新风进行热交换，换热后排至室外；室外新风经空气换热器换热后，再与蒸发器进行热交换，送入室内。此方案中若室外新风温度低于通过冷凝器后的排风温度，则此结构方案不合理；若室外新风温度高于通过冷凝器后的排风温度，则室外新风得到了预冷（降湿），同时低温低湿的室内排风直接冷却冷凝器，COP 值较高。

通过以上对两种结构方案的分析比较，可以得出结构方案一和结构方案二均有各自的优势和劣势，为得到一种节能、合理的结构方案，采用蒸气压缩式制冷理论循环原理进行热力计算，分析两种方案的节能性与合理性。

1. 结构方案一的理论计算过程

以武汉夏季为例进行理论研究，室外温度分别按 27℃、28℃、29℃、30℃、31℃、32℃、33℃、34℃、35℃ 计算，相对湿度 $\phi_e = 67\%$，室内排风温度 $t_f = 26℃$，室内排风计算相对湿度为 $\phi_f = 60\%$，室内新风送风温度 $t_c = 22℃$，室内新风送风相对湿度为 $\phi_c = 60\%$，设定额定送风量为 $1000\text{m}^3/\text{h}$，排风量为 $1000\ \text{m}^3/\text{h}$。

（1）空气换热器　该装置采用板翅式全热换热器，在新风量与排风量相等的情况下，其显热效率与潜热效率的定义式[1]为

$$\mu_t = \mu_t' = \frac{t_a - t_e}{t_f - t_e} = \frac{t_f - t_b}{t_f - t_e} \tag{2-11}$$

$$\mu_d = \mu_d' = \frac{d_a - d_e}{d_f - d_e} = \frac{d_f - d_b}{d_f - d_e} \tag{2-12}$$

式中　μ_t——全热换热器新风端的显热效率（%）；

μ_d——全热换热器新风端的潜热效率（%）；

μ_t'——全热换热器回风端的显热效率（%）；

μ_d'——全热换热器回风端的潜热效率（%）。

板翅式全热换热器在新风与排风的温度差及湿度差变化的情况下，显热效率基本保持不变，较为稳定地保持在 65% 左右，但潜热效率则随新风与排风的温度差和湿度差的变化而改变，变化范围为 10% ~ 55%[1]。

利用焓湿图，通过已知的干球温度和相对湿度求得空气 e 和空气 f 的焓值及含湿量等状态参数。通过对进入全热换热器的空气 e 和空气 f 的温度差和湿度差进行分析和计算，求得在不同室外温度条件下的显热效率 μ_t 和潜热效率 μ_d[1]。由求得的状态参数及式（2-11）及式（2-12）可得到室外新风通过全热换热器后的温湿度 t_a、d_a 及室内排风离开全热换热器时的温湿度 t_b、d_b，计算结果见表 2-14。

表 2-14　在不同室外温度条件下，通过全热换热器后的空气状态参数

室外温度/℃		27	28	29	30	31	32	33	34	35
μ_t		65%	65%	65%	65%	65%	65%	65%	65%	65%
μ_d		2%	8%	17%	24%	31%	39%	43%	52%	55%
全热换热器出口处的排风 b	温度/℃	26.65	27.30	27.95	28.60	29.25	29.90	30.55	31.20	31.85
	含湿量/(g/kg)	12.85	13.07	13.55	14.10	14.82	15.80	16.63	18.10	19.18
	相对湿度（%）	57.9	56.7	56.5	56.6	57.2	58.7	59.6	62.2	63.4
	比焓/(kJ/kg)	59.7	60.9	62.8	64.9	67.4	70.2	73.5	77.8	81.2
全热换热器出口处的新风 a	温度/℃	26.35	26.70	27.05	27.40	27.75	28.10	28.45	28.80	29.15
	含湿量/(g/kg)	15.15	15.93	16.45	16.90	17.29	17.50	17.87	17.70	18.02
	相对湿度（%）	69.2	71.2	72.0	72.4	72.5	71.9	71.9	69.8	69.6
	比焓/(kJ/kg)	65.2	67.6	69.3	70.8	72.1	73.0	74.4	74.3	75.5

（2）热泵系统　热泵系统采用蒸气压缩式制冷理论循环原理，并利用压焓图进行热力计算。该设备采用风冷式冷凝器，冷凝温度与进口空气的温度差一般取 10 ~ 16℃，但由于

冷却冷凝器的排风量较少,为达到一定的冷凝负荷,致使排风进出口温差升高,传热平均温差降低,所需传热面积增大[2],同时进入该装置冷凝器的排风温度较低,故可将冷凝温度升高,从而提高传热平均温差,减小传热面积,降低设备投资成本,取冷凝温度与进口空气温度差为 25℃[1](试验结果);蒸发器采用强制对流式空气冷却器,通常蒸发温度比被冷却空气的出口温度低 6~8℃[2],计算过程中被冷却空气的出口温度为 22℃,故蒸发温度取 14℃。一般在蒸发器和冷凝器中都有一定的过热度和过冷度,取过热度及过冷度均为 5℃[2]。该装置采用氟利昂 R22(HCFC22)作为系统制冷剂。

热泵系统所需制冷量:

$$Q_0 = G_s(h_a - h_c) \tag{2-13}$$

式中 G_s——热泵系统送风量(kg/s);

h_a——室外新风通过全热换热器后,在蒸发器入口处的比焓(kJ/kg);

h_c——蒸发器出口处的新风比焓(kJ/kg)。

通过冷凝温度、蒸发温度、系统制冷量等已知条件,利用蒸气压缩式制冷理论循环原理的压焓图求得制冷剂流量,冷凝器的冷凝负荷及压缩机的耗工量,计算结果见表 2-15。

表 2-15　在不同室外温度条件下,热泵系统热力计算结果

室外温度/℃	27	28	29	30	31	32	33	34	35
蒸发温度/℃	14	14	14	14	14	14	14	14	14
冷凝温度/℃	51.65	52.3	52.95	53.6	54.25	54.9	55.55	56.2	56.85
热效率 ε_{th}	6.32	6.18	6.05	5.93	5.81	5.69	5.58	5.46	5.36
Φ_0/kW	5.83	6.63	7.20	7.70	8.13	8.43	8.90	8.87	9.27
M_r/(kg/s)	0.04	0.04	0.05	0.05	0.05	0.06	0.06	0.06	0.06
φ_k/kW	6.76	7.71	8.39	9.00	9.53	9.92	10.50	10.49	11.00
P_{th}/kW	0.92	1.07	1.19	1.30	1.40	1.48	1.60	1.62	1.73

排风与冷凝器的换热可看作显热换热,冷凝器入口空气湿度变化对热泵系统的制冷量 COP 影响很小[3],故可认为冷凝器入口处排风的含湿量约等于冷凝器出口处排风的含湿量。

热泵系统冷凝负荷:

$$\varphi_k = G_p(h_d - h_b) \tag{2-14}$$

式中 G_p——热泵系统排风量,1000m³/h;

h_d——冷凝器出口处排风的比焓(kJ/kg);

h_b——室内排风离开全热换热器后,冷凝器入口处的比焓(kJ/kg)。

利用式(2-14)可计算求得冷凝器出口处的排风焓值,再由空气 b 的含湿量及求得的焓值通过焓湿图求得冷凝器出口处排风其他的状态参数,计算结果见表 2-16。

表 2-16　在不同室外温度条件下,排至室外排风的状态参数

	室外温度/℃	27	28	29	30	31	32	33	34	35
排风 d	温度/℃	46.3	49.6	52.3	54.7	56.9	58.5	61.0	61.1	63.2
	相对湿度(%)	19.7	17.0	15.4	14.3	13.5	13.3	12.5	13.5	13.0
	焓值/(kJ/kg)	80.0	84.0	88.0	91.9	96.0	100.3	105.0	109.3	114.2

通过以上计算，得到结构方案一在制冷过程中的各种状态参数，该装置总制冷量为全热换热器的换热量及热泵的制冷量之和，见表2-17。

表2-17　在不同室外温度条件下的装置总制冷量

室外温度/℃	27	28	29	30	31	32	33	34	35
全热换热器换热量/kW	0.30	0.67	1.27	2.03	2.87	3.93	4.83	6.33	7.47
热泵制冷量/kW	5.83	6.63	7.20	7.70	8.13	8.43	8.90	8.87	9.27
装置总制冷量/kW	6.13	7.30	8.47	9.73	11.00	12.37	13.73	15.20	16.73
装置性能系数	6.64	6.81	7.12	7.50	7.85	8.34	8.60	9.37	9.67

由图2-39可知，在理论计算条件下，设送风状态参数相同，随着室外空气温度的升高，热泵式新风换气机所需制冷量增加，其中全热换热器的换热量快速增长，在设备总制冷量中所占的比重越来越大，热泵所需的制冷量相应地不断降低；由图2-40及图2-41可知，在理论计算条件下，设送风状态参数相同，随着室外空气温度的升高，与热泵冷凝器换热的空气温度也不断升高，热泵的性能系数下降，同时热泵式新风换气机的总性能系数随着室外空气温度的升高而增加见表2-18、表2-19。

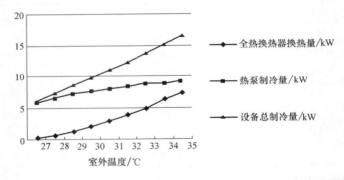

图2-39　在不同室外温度条件下，热泵式新风换气机的制冷量趋势

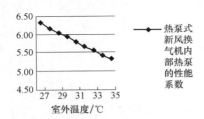

图2-40　在不同室外温度条件下，热泵式新风换气机内部热泵的性能系数趋势

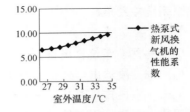

图2-41　在不同室外温度条件下，热泵式新风换气机的总性能系数趋势

2. 结构方案二的计算结果

为和方案一比较节能性与合理性，在对方案二进行热力计算时，设其蒸发器的制冷量与方案一中蒸发器的制冷量相同，方案二中其他条件的设置和方案一相同。

设冷凝温度与冷凝器入口处空气的温度之差为25℃，由于方案二中被冷却空气的出口温度未知，为方便比较，设定蒸发温度为14℃。

表 2-18　在不同室外温度条件下，热泵系统热力计算结果

室外温度/℃	27	28	29	30	31	32	33	34	35
Φ_0/kW	5.83	6.63	7.20	7.70	8.13	8.43	8.90	8.87	9.27
M_r/(kg/s)	0.04	0.04	0.05	0.05	0.05	0.05	0.06	0.06	0.06
φ_k/kW	6.74	7.66	8.32	8.89	9.39	9.74	10.28	10.24	10.70
P_{th}/kW	0.90	1.03	1.12	1.19	1.26	1.31	1.38	1.37	1.44

表 2-19　在不同室外温度条件下，冷凝器出口处的排风状态参数

室外温度/℃		27	28	29	30	31	32	33	34	35
冷凝器出口处排风 b	温度/℃	45.6	48.3	50.2	51.8	52.3	54.3	55.9	55.7	57.1
	相对湿度/(%)	20.4	17.8	16.2	14.9	13.9	13.2	12.3	12.3	11.6
	比焓/(kJ/kg)	79.1	81.9	83.8	85.6	87.1	88.1	89.7	89.6	91.0

　　由表 2-20 可知，室外新风通过全热换热器后，其温度没有降低，反而升高，冷凝器出口处的排风通过全热换热器后温度降低，这显然是不合理的。

表 2-20　在不同室外温度条件下，通过全热换热器后的空气状态参数

温度/℃		27	28	29	30	31	32	33	34	35
全热换热器入口处室外新风 e	含湿量/(g/kg)	15.2	16.2	17.2	18.2	19.3	20.5	21.7	23.0	24.4
冷凝器出口处排风 b	温度/℃	45.6	48.3	50.2	51.8	52.3	54.3	55.9	55.7	57.1
	含湿量/(g/kg)	12.8	12.8	12.8	12.8	12.8	12.8	12.8	12.8	12.8
μ_t		65%	65%	65%	65%	65%	65%	65%	65%	65%
μ_d		55%	55%	55%	55%	55%	55%	55%	55%	55%
全热换热器出口处新风 a	温度/℃	39.09	41.20	42.78	44.17	44.85	46.50	47.89	48.11	49.37
	含湿量/(g/kg)	18.06	17.08	16.65	16.39	16.33	16.49	16.53	17.12	17.36
全热换热器出口处排风 d	温度/℃	33.51	35.11	36.42	37.63	38.46	39.81	41.02	41.60	42.74
	含湿量/(g/kg)	17.54	16.92	16.75	16.72	16.87	17.22	17.47	18.19	18.64

　　通过以上计算与分析可知，结构方案一相比结构方案二更为合理与节能。

2.4.2　热泵式新风换气机在冬季工况下的优势分析

　　空气源热泵以其既可制冷也可制热，占地面积小，无需冷却塔、锅炉提供冷热水等优势得到了社会的认可，但在冬季供暖时，它的应用受到室外环境因素的制约。随着室外环境温度的不断降低，传统空气源热泵会出现以下现象：热泵制冷剂吸气比体积增大，机组吸气量急剧下降，其制热量会大大减少，而室内所需热量会随着室外温度的降低而增加，当外界温度低到一定程度时，热泵制热量会小到无法满足室内需热量；热泵的性能系数 COP 值会不断下降，压缩机的压缩比升高，压缩机的排气温度急剧增加，随着室外温度的降低热泵机组为防止过热会停机保护，故在室外温度过低的情况下，热泵机组不能运行或其可靠性会大大降低；当室外环境温度过低时，热泵室外机的换热器会结霜，这会大大影响热泵机组的制热量，结霜情况较为严重时，机组不能运行。

　　为使空气源热泵在冬季温度较低时仍可使用,专家学者们提出了很多解决措施,其中一个方向是利用排风热回收来解决上述问题,取得了较好的成果。

　　排风热回收有两种常用方法,一种是利用排风热量来预热室外新风,减少热泵机组负荷,同时防止了室外新风温度过低对设备产生冻损现象,提高了热泵机组在冬季的运行效率和时间,热泵热回收式新风机组的热回收率最高可达85%,COP值达4.1[4];另一种是利用温度较高排风直接与室外换热器进行热交换,提高了进入室外换热器的空气温度,有效地防止了结霜现象的出现,从而保证了热泵在冬季的运行时间和可靠性,同时提高了热泵的性能系数[5]。

　　这两种方式均较好地解决了空气源热泵在冬季出现的问题,但也有其劣势,第一种方式虽然预热了室外新风,但室外换热器仍会出现结霜现象,第二种方式虽然很好地解决了结霜问题,但室外新风空气温度过低,热泵机组负荷过大。本书所研究的热泵式新风换气机可较好地解决上述问题,室外新风与室内排风通过换热器进行换热,新风得到预热,降低了热泵机组负荷,同时通过换热器的室内排风温度也要高于室外空气温度,解决了结霜等问题,有效地提高了机组的性能系数,增加了冬季的运行时间和可靠性。

　　通过研究表明,对于寒冷地区,新风所含潜热少,且冬季温度过低,全热换热器与显热换热器的热回收率并无明显差异,故选用显换热器较为适合[6]。在对冬季工况进行分析时,以寒冷地区冬季为例,选择具有代表性城市进行分析讨论,见表2-21。

表 2-21　寒冷地区代表城市供暖季气象资料

城市	哈尔滨	长春	沈阳	太原	北京	济南	西安
供暖室外计算温度 t_w/℃	−26	−23	−19	−12	−9	−7	−5
室外计算相对湿度 φ_w(%)	74	68	44	51	45	54	67

　　以表2-21中寒冷地区代表城市的供暖室外计算温度为例进行计算,设室内供暖温度为18℃,即排风温度为18℃,热泵式新风换气机采用显热换热器,其显热效率为65%,通过计算得到室外新风与室内排风通过显热换热器后的温度值,计算结果见表2-22。

表 2-22　室外新风与室内排风通过显热换热器后的温度变化

室外新风温度/℃	−26	−23	−19	−12	−9	−7	−5
室内排风温度/℃	18	18	18	18	18	18	18
经显热换热器换热后空气温度(显热效率为65%)							
室内排风经显热换热器后的温度/℃	−10.6	−8.65	−6.05	−1.50	0.45	1.75	3.05
室外新风经显热换热器后的温度/℃	2.60	3.65	5.05	7.50	8.55	9.25	9.95

　　日本学者对不同空气源热泵机组进行试验研究得出以下结论:可能结霜的气象参数范围为 $-12.8℃ \leqslant t_w \leqslant 5.8℃$, $\varphi_w \geqslant 67\%$;当 $t_w \geqslant 5.8℃$ 时,可以不考虑结霜对热泵的影响[5]。由表2-22可知,室外新风经显热换热器换热后,温度明显升高,而室内排风经显热换热器换热后的温度值均小于5.8℃,再与室外换热器进行换热时,均可能出现结霜现象。若将显热换热器的换热效率降低,使通过显热换热器后的排风温度升高至5.8℃以上,可解决结霜问题,计算结果见表2-23。

表 2-23　改变显热效率后室外新风与室内排风通过显热换热器后的温度变化

室外新风温度/℃	-26	-23	-19	-12	-9	-7	-5
室内排风温度/℃	18	18	18	18	18	18	18
经显热换热器换热后空气温度(显热效率为30%)							
室内排风经显热换热器后的温度/℃	4.8	5.7	6.9	9.0	9.9	10.5	11.1
室外新风经显热换热器后的温度/℃	-12.8	-10.7	-7.9	-3.0	-0.9	0.5	1.9

由表 2-23 可知，显热换热器的换热效率降低至 30% 时，除哈尔滨和长春外的其他城市排风温度均高于 5.8℃，不会产生结霜现象，且通过显热换热器的新风温度明显升高，降低了热泵式新风换气机中热泵的制热负荷，性能系数得到了明显提升。

通过研究得出，热泵式新风换气机可作为寒冷地区冬季的新风机组，通过改变机组中显热换热器的换热效率，使室外换热器不至于结霜，同时预热了室外新风，降低了机组热泵的制热负荷；在改变显热换热器的换热效率时，要根据当地实际气象情况进行变化，使机组达到最高的能效比。

2.4.3　试验研究

将分体式空调器与全热换热器芯体组合改造为所要研究的热泵式新风换气机，在该设备上安装风管管道，该试验系统主要由以下部分组成：

（1）热泵系统设备　该试验台热泵系统设备是由美的型号为 KFR - 35LW/BP 变频空调改装而来，具体参数如下：额定电压 220V，额定制冷量 3500W，额定输入功率 1130W，能效比 3.09，以 R22 作为制冷剂。

（2）全热换热器芯体　该试验台选用中惠 ERC 型号交叉流式全热换热器芯体，长宽高规格尺寸为 270mm × 270mm × 300mm，片间距为 2.5mm，在试验装置中，由四个保温隔板将其分隔为四个通道，新排风空气分别通过这四个通道进入芯体内进行全热交换。

（3）风机　本试验台选用轴流式送、排风机，风量均为 1000m³/h，全压为 40Pa。

（4）风管　本试验台共安装四条风管，分别为新风进风管、新风出风管、排风进风管、排风出风管，并在每个风管内设有测点 e、测点 c、测点 f 及测点 d。

该试验要对空气温度、相对湿度及风量进行测量，主要测量工具为数字式温湿度计、数字式压力计及毕托管等。对多组试验原始数据进行筛选整理计算，结果见表 2-24。

表 2-24　试验原始数据

试验组		1 组	2 组	3 组	4 组	5 组	6 组	7 组
室外新风 e	温度/℃	26.9	28.4	28.4	28.4	28.5	28.6	28.7
	相对湿度(%)	84.6	60.9	60.3	44.1	80.3	80.5	58.2
	比焓/(kJ/kg)	76.2	67.0	66.6	56.4	80.0	80.6	66.3
	含湿量/(g/kg)	19.2	15.0	14.9	10.8	20.1	20.3	14.6
送入室内新风 c	温度/℃	25.6	25.2	25.3	25.4	25.7	26.6	25.2
	相对湿度(%)	80.3	63.9	67.3	47.2	79.8	76.2	65.6
	比焓/(kJ/kg)	68.8	58.6	58.7	50.3	68.9	70.1	59.5

（续）

试验组		1 组	2 组	3 组	4 组	5 组	6 组	7 组
系统送风量/（m³/h）		1058	1023	1013	1072	1039	995	1066
室内排风 f	温度/℃	26.9	26.4	26.2	25.7	26.3	26.9	26.2
	相对湿度（%）	79.8	64.5	65.3	49.4	77.6	76.5	65.4
	比焓/（kJ/kg）	73.4	62.6	62.4	52.3	69.8	71.4	62.5
	含湿量/（g/kg）	18.1	14.1	14.1	10.1	17.0	17.4	14.2
排至室外排风 d	温度/℃	36.8	37.6	36.3	33.3	39.8	39.3	35.3
	相对湿度（%）	45.6	34.4	37.4	32.4	37.5	39.1	39.1
	比焓/（kJ/kg）	83.8	74.4	72.8	60.1	85.1	85.4	72.2
系统排风量/（m³/h）		931	933	961	1047	966	979	950
设备试验制冷量		2.609	2.864	2.666	2.180	3.845	3.481	2.416

　　为验证所采用的理论计算方法及所得结论的准确性、合理性，以试验测试数据为基础进行计算。试验中测得了四个进出风口的空气状态参数，以测得的室外新风状态参数、室内排风状态参数及排入室外空气状态参数（见表2-24）为已知条件，通过蒸气压缩式制冷理论循环原理对试验设备进行计算，求得理论设备制冷量，再与试验设备制冷量进行比较。

　　试验台设备采用风冷式冷凝器，由于在试验中未对冷凝温度进行测量，故参照相关文献，在相似试验装置与工况下，与冷凝器换热的空气温度为 26℃ 左右时的冷凝温度为 52℃[1]，由表2-24可知，进入冷凝器时的排风空气温度均在 26℃ 左右，故七组冷凝温度均设为 52℃；在试验过程中同样未对蒸发温度进行测量，参照相关文献，在相似试验装置与工况下，通过计算与分析，其蒸发温度与进入蒸发器的空气湿球温度有一定的关系，运用最小二乘法对两参数进行拟合计算，得公式 $Y = 0.517X + 0.396$，式中 X 为进入蒸发器时的空气湿球温度，Y 为蒸发温度[1]，在计算过程中，蒸发温度按此公式求得；该装置采用氟利昂作为系统制冷剂，冷凝器蒸发器过冷过热度均为 5℃。

　　通过已知条件，由蒸气压缩式制冷理论循环原理可求得理论制冷量，计算结果见表2-25。

表 2-25　试验制冷量与理论制冷量的比较

试验组	1 组	2 组	3 组	4 组	5 组	6 组	7 组
试验制冷量/kW	2.61	2.86	2.67	2.18	3.84	3.48	2.42
理论制冷量/kW	2.81	3.25	2.92	2.52	4.39	3.97	2.72
试验与理论制冷量误差（%）	0.073	0.120	0.086	0.136	0.124	0.124	0.111

　　将试验中测得的设备进出风口空气状态参数作为已知条件，利用蒸气压缩式制冷理论循环原理对设备进行计算，得出理论制冷量。由表2-25理论计算结果和试验数据比较可以得出：理论制冷量与试验制冷量的误差计算结果最大值为13.6%，最小值为7.3%，平均值为11%，误差均在14%之内，较为合理，且七组误差计算结果较为接近，说明理论计算结果与试验结果在趋势上是一致的，达到了理论计算精度，证明所采用的理论计算方法及通过理论计算所得的结论是合理的、准确的。

2.4.4　结论

通过对热泵式新风换气机进行理论分析与试验研究，得出以下结论：

1）以武汉夏季为例，采用蒸气压缩式理论制冷循环原理对两种结构方案分别进行理论计算，分析比较其合理性与节能性，得出相比方案一更为合理、节能的结论。

2）通过研究得出，热泵式新风换气机可作为寒冷地区冬季的新风机组，通过改变机组中显热换热器的换热效率，使室外换热器不至于结霜，同时预热了室外新风，降低了机组内热泵系统的制热负荷，克服了传统空气源热泵的劣势，具有较高的性能系数。

3）建立热泵式新风换气机小型试验台，对其进行试验研究，将试验中测得数据作为已知条件，利用蒸气压缩式制冷理论循环原理对其进行计算，得出理论计算结果。将理论计算结果与试验测得数据比较，证明本书所采用的理论计算方法及通过理论计算所得出的结论是合理的、准确的。

第 3 章
蓄冷空调技术与应用

3.1 水蓄冷空调系统

蓄能系统对改善和缓解电力供需矛盾，平抑电网峰谷差有着积极作用，社会效益和经济效益良好。目前工程上常用的蓄能方式有冰蓄冷和水蓄冷，冰蓄冷系统具有投资大、管理难度大等缺点，相比之下，水蓄冷具有经济、简单的特点。水蓄冷是利用水的温度变化储存显热量 [$4.187kJ/(kg \cdot ℃)$]，蓄冷温差一般采用 $6 \sim 10℃$，蓄冷温度通常为 $4 \sim 6℃$，它可直接与常规空调系统匹配，无需其他专门设备。由于水蓄冷方式是利用水的显热来储存热量，单位蓄冷能力较低 （$7 \sim 11.6kW \cdot h/m^3$），因此，一般需要较大的蓄水池，但大型建筑一般都建有消防水池，蓄水池可由消防水池兼用，这样，蓄冷系统投资低，运行效率较高，运行可靠，有利于提高空调制冷系统的制冷能力。同时，消防水池中的水保持流动和低温状态，可有效防止水质变坏和藻类滋生，使水蓄冷技术在空调冷源中得到广泛应用。

下面以湖北省某商场空调工程为例，说明水蓄冷空调系统的应用。

3.1.1 工程概况

该商场位于湖北省地区，地下三层，地上七层，空调建筑面积约 3 万㎡，制冷设备房位于地下室三层。大楼空调时间为 8：00 ~ 20：00，尖峰冷负荷为 6000kW（1706RT），设计日总负荷为 59940kW · h。整个系统设计日逐时冷负荷如图 3-1 所示。

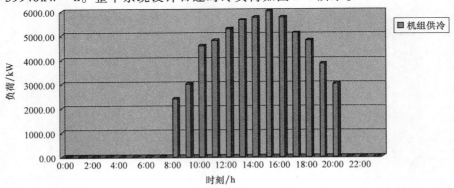

图 3-1 设计日逐时负荷图

3.1.2 水蓄冷运行策略的研究

该工程设计采用位于制冷机房旁的消防水池作为蓄冷水槽，消防水池可蓄水容积为

$580\mathrm{m}^3$，蓄冷时，蓄水槽进出水温度采用 $4℃/12℃$，则蓄水槽可蓄冷量为

$$Q_{\mathrm{st}} = \frac{V\Delta t\rho c_p \cdot \mathrm{FOM} \cdot \partial_v}{3600} = \frac{580 \times 8 \times 1000 \times 4.187 \times 0.85 \times 0.95}{3600}\mathrm{kW \cdot h} = 4358\mathrm{kW \cdot h}$$

(3-1)

式中　ρ——蓄冷水的密度，一般为 $1000\mathrm{kg/m}^3$；

　　　c_p——冷水的比热容，取 $4.187\mathrm{kJ/(kg \cdot ℃)}$；

　　　Q_{st}——蓄冷量（$\mathrm{kW \cdot h}$）；

　　　Δt——释冷回水温度与蓄冷进水温度间的温度差（℃）；

　　FOM——蓄冷水槽的完善度，考虑混合和斜温层等因素的影响，一般取 $85\% \sim 90\%$；

　　　∂_v——蓄冷水槽的体积利用率，考虑配水器的布置和蓄冷水槽内其他不可用空间等的影响，一般取 95%。

　　由于消防水池容积有限，所以不能满足全部或主要由蓄冷水池供冷的运行要求。因此，只能采用部分负荷蓄冷的方式运行，该工程设计采用部分负荷均衡蓄冷策略，制冷机在设计周期内连续运行，负荷高峰时蓄冷装置同时提供释冷。系统流程图及控制模式如图 3-2 和表 3-1 所示。

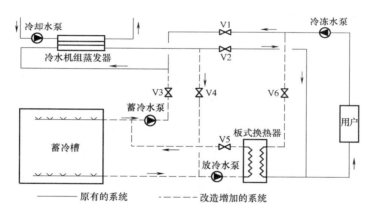

图 3-2　水蓄冷空调系统流程图

表 3-1　控制模式

阀门状态	V1	V2	V3	V4	V5	V6
机组蓄冷	关	关	开	开	关	
机组供冷	开	开	关	关		关
水池释冷	关	关	关	关	开	开
机组供冷 + 水池供冷	开	开	关	关	开	开

　　在部分负荷均衡蓄冷策略下，冷水机组的容量计算为：

$$Q = \frac{Q_{\mathrm{d}} - Q_{\mathrm{s}}}{t} = \frac{59940 - 4358}{12}\mathrm{kW} = 4631\mathrm{kW}$$

式中　Q_{d}——设计日总冷量（$\mathrm{kW \cdot h}$）；

　　　Q_{s}——蓄冷量（$\mathrm{kW \cdot h}$）；

　　　t——释冷后制冷剂的运行时间（h）。

因此选用离心式冷水机组 2461kW-2 台。

由计算 $N = 4368/2461h = 1.8h$ 可知：蓄水槽蓄冷量仅需单台制冷机组在电价低谷段全力蓄冷 2h 即可。为了减少蓄水槽表面热损失，应尽可能减少蓄水槽内冷冻水的储存时间。因此，在商场上午开始营业前的低谷电价段 2h 运用单台冷水机组全力制冷。空调负荷运行策略图如图 3-3 ~ 图 3-6 所示。

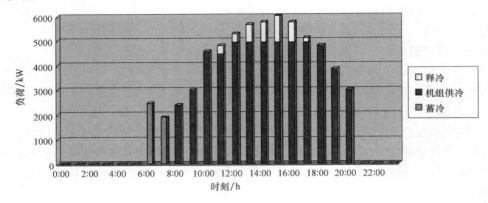

图 3-3　设计日负荷运行策略图

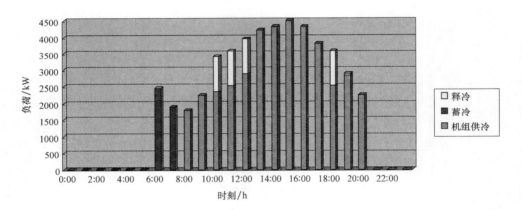

图 3-4　75% 负荷运行策略图

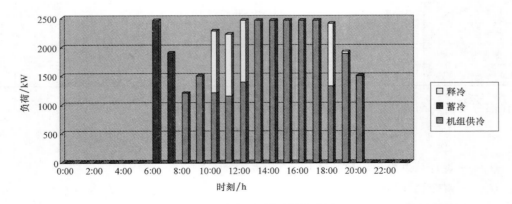

图 3-5　50% 负荷运行策略图

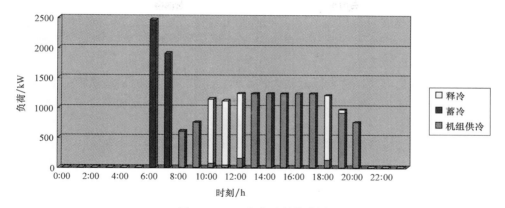

图 3-6　25%负荷运行策略图

3.1.3　蓄冷水槽的设计

（1）分层式水蓄冷原理　在约 3.98℃时，水的密度最大，而大于 3.98℃时，水的密度随着水温的升高而减小。在自然分层水蓄冷中，通过水的密度特性使温度在 4～6℃的冷水聚集在蓄水槽下部，而 6℃以上的温水自然地聚集在蓄水槽的上部，来实现冷水和温水的自然分层。

在一个自然分层的蓄水槽中，由于温水、冷水之间存在温差引起的导热过程，致使在冷水、温水分界面附近，冷水温度有所升高，温水温度有所降低，从而形成一个温度过渡层——斜温层。斜温层内水的温度近似呈直线上升。

在蓄冷时，通过水流分布器使低温冷冻水缓慢地从蓄冷池底部流入，高温水从上部被抽出，斜温层在蓄水槽内自下而上逐渐升高。反之，在放冷时，随着高温水不断从上部散流器流入和低温冷冻水不断从下部散流器流出，斜温层在蓄水槽内自上而下逐渐降低。

（2）配水器的设计　配水器由开孔圆管构成，分上下两层。上部配水器离水面的距离与下部配水器至水槽底的距离相等。并且上下配水器的形状一样。自然分层水蓄冷系统的配水器必须能够形成一个冷热水混合程度最小的斜温层，还要保证斜温层不被以后发生的扰动破坏。经验证，八角形、水平连续条缝形、径向圆盘形和 H 形配水器具有良好的自然分层性能。八角形和径向圆盘形从几何形状来说适用于圆柱形水槽，水平条缝形和 H 形最适合应用于方形水槽。由于该工程的消防水池形状类似为长方形，因此采用 H 形配水器，水平连续条缝形开孔，如图 3-7 所示。

蓄冷水进水水流的雷诺数（Re）会影响有效分层，雷诺数的下限值取决于水槽

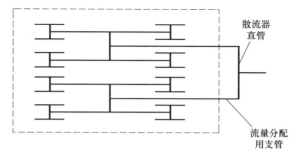

图 3-7　配水器示意图

散流器直管

流量分配用支管

的构造：对于很短的水槽或侧壁倾斜的水槽，$Re = 200$；对于深度大于 5m 的水槽，$Re = 400～800$；对于深度大于 12m 的水槽，进水口的雷诺数 $Re > 2000$。设计应采用的最大 $Re = 2000$，推荐的下限值为 $Re = 850$。

　　弗劳德数（Fr）是表示作用在流体上的惯性力与浮力之比的特征数。研究表明，若能满足 $Fr > 1$，浮力大于惯性力，就可以较好地形成密度流；但当 $Fr > 2$ 时，惯性力作用太大，就会引起明显的混合现象。

　　配水器孔口的流量不均匀将导致水槽内产生涡流。实现均匀的出流速度，必须保证整个分配器管内的静压平衡。若能使任意一根配水器支管上的孔口总面积不大于支管端面积的一半，即可近似满足要求。

　　蓄水槽内的配水管应设计在对称于水槽的垂直轴和水平面的中心线上，它能在各种情况下保证支管上任意两个相应点的压力均衡，而且还具有自平衡能力。配水器上的孔口定位方向应该使进入水槽的流体朝着邻近的水槽底或稍高的水槽表面流出。如果使孔口间的距离略小于孔口高度的 2 倍，并限制通过孔口的流速，则能使水混合的程度减到最小，通常孔口的水流速度应限制在 0.3 ～ 0.6 m/s。开口角度一般为 90° ～ 120°，在夜间低谷电价，开单台冷水机组全力制冷，蓄水槽单位时间最大蓄水量为

$$V = \frac{Q}{\Delta t \rho c_p} = \frac{2461}{(12 - 4) \times 1000 \times 4.187} \text{m}^3/\text{s} = 0.075 \text{m}^3/\text{s} \tag{3-2}$$

式中　　Q——制冷量（kW）；

　　　　ρ——蓄冷水的密度，一般取 1000kg/m^3；

　　　　Δt——释冷出水温度与蓄冷回水温度的温度差（℃）；

　　　　c_p——冷水的比热容，取 $4.187 \text{kJ/(kg} \cdot \text{℃)}$。

　　取 $Re = 200$，配水器有效长度为

$$l = \frac{V}{q} = \frac{V}{Re \cdot \nu} = 234 \tag{3-3}$$

式中　　V——最大流量（m^3/s）；

　　　　q——单位分配器长度的有效流量 $[\text{m}^3/(\text{m} \cdot \text{s})]$；

　　　　ν——水的运动黏度（m^2/s）。

　　配水器孔口高度可由下式确定

$$F_{ri} = \frac{q}{[gh_i^5]^{0.5}} \tag{3-4}$$

式中　　g——重力加速度（m/s^2）；

　　　　h_i——进水口最小高度（m）；

　　配水器孔口高度的定义是：进入蓄冷水槽或者离开配水器时的密度流所占有的垂直距离。对于一个靠近槽底的配水器，此高度即为水槽底至配水器进水口颈间的距离。进水口高度应根据 $Fr = 1$ 选择。

　　（3）蓄冷水槽的绝热和防结露　蓄冷水池的绝热处理是保持其蓄冷能力的重要措施之一。在进行绝热处理时，应保证由底部传入的热量必须小于由侧壁传入的热量，否则可能会形成水温分布的逆转。诱发对流，破坏水的自然分层。对于消防水池而言，保温材料可采用聚苯乙烯泡沫板，现场螺钉固定或粘接。有条件也可采用聚氨酯现场发泡。

3.1.4　经济性分析

湖北省分时电价情况是：高峰期（10：00—12：00，18：00—22：00）电价 1.22 元/（kW·h）；平段期（8：00—10：00，12：00—18：00，22：00—24：00）电价 0.705 元/（kW·h）；低谷期（0：00—8：00）电价 0.369 元/（kW·h）。

常规空调系统及水蓄冷空调系统设备配置见表 3-2、表 3-3。

表 3-2　常规空调系统设备配置

名称	规格	数量	功率/kW
离心式冷水机组	2110kW	3	394
冷冻水泵	399m³/h	4（3 用 1 备）	54
冷却水泵	499m³/h	4（3 用 1 备）	56
冷却塔	518m³/h	3	15

表 3-3　水蓄冷空调系统设备配置

名称	规格	数量	功率/kW
离心式冷水机组	2110kW	3	394
离心式冷水机组	2461kW	2	445
冷冻水泵	567m³/h	3（2 用 1 备）	77
冷却水泵	581m³/h	3（2 用 1 备）	66
释冷泵	127m³/h	1	14
蓄冷泵	290m³/h	1	33
板式换热器	1078kW	1	0
冷却塔	575m³/h	2	15

假设全年夏季制冷季节为 120 天，其中设计日负荷和 25% 负荷各为 15 天，75% 和 50% 设计负荷各为 45 天，常规空调方案和水蓄冷空调方案的空调全年运行费用比较见表 3-4。

表 3-4　空调全年运行费用比较　　　　　　（单位：元）

负荷分布	运行天数	常规空调方案				水蓄冷空调方案			
		高峰	平段	谷段	合计	高峰	平段	谷段	合计
100%	15	7901	5848	0	13750	7507	5169	365	13041
75%	45	5926	4386	0	10312	4690	4260	365	9315
50%	45	3951	2924	0	6875	3940	2532	365	6838
25%	15	1975	1462	0	3437	801	1266	365	2433
全年总计	120 天	1031224 元				958961 元			

从表 3-4 可以看出：全年累积下来，水蓄冷空调系统比常规空调系统运行费用节省了 72263 元，水蓄冷空调系统有显著的经济效益，发展前途广阔。

3.1.5　结论

1）水蓄冷单位蓄冷能力较低，需要较大的蓄水池，但可由消防水池兼用蓄水池。

2）自然分层水蓄冷系统的配水器必须能够形成一个冷热水混合程度最小的斜温层，还要保证斜温层不被以后发生的扰动破坏。这就需要实现蓄冷水进出水流均匀的出流速度和弗劳德数（Fr）、雷诺数（Re）的控制。

3）当系统设计完善，设备配置合理时，水蓄冷空调系统经济效益显著。

3.2 冰蓄冷空调系统

冰蓄冷空调是利用夜间低谷负荷电力制冰储存在蓄冰装置中，白天融冰将所储存冷量释放出来，减少电网高峰时段空调用电负荷及空调系统装机容量，它代表着当今世界中央空调的发展方向。在发达国家，60%以上的建筑物都已使用冰蓄冷技术。美国芝加哥一个城市区域供冷系统，600多万平方米的建筑共有4个冷站，城市集中供冷。其中芝加哥城市供冷三号冷站蓄冰量是12.5万冷吨时，电力负荷438MW，每日制冰4700t。从美、日、韩等国家应用的情况看，冰蓄冷技术在空调负荷集中、峰谷差大、建筑物相对聚集的地区或区域都可推广使用。目前我国每年新建建筑面积约20亿 m^2，其中，城市新增住宅建筑和公共建筑约8亿~9亿 m^2，为冰蓄冷技术的推广应用提供了巨大市场。我国每年公共建筑新增面积约3亿 m^2，如30%的新建公共建筑采用冰蓄冷空调系统，全国每年可节电15亿 kW·h。

下面以湖北省某改造建成的智能型甲级写字楼为例，说明冰蓄冷空调工程的应用。

3.2.1 冰蓄冷空调系统配置及其经济性之探讨

1. 工程简介

该项目是改造建成的智能型甲级写字楼，一期工程空调面积5000m^2，二期工程空调面积2000m^2，整个大厦改造完善共计7000m^2空调面积，空调负荷图详见图3-8、图3-9。一期工程已经配置常规空调系统，主机为2台3HK-115型合众开利冷水机组，其系统流程如图3-10所示。

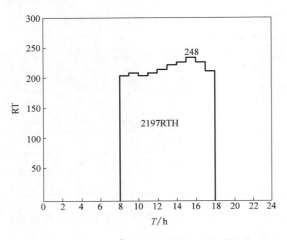

图 3-8 5000m^2空调面积设计日负荷图

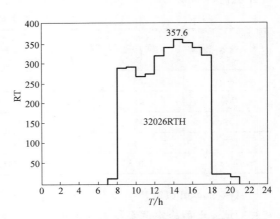

图 3-9 7000m^2空调设计日负荷图

根据湖北省的能源政策：①1995年12月湖北省人民政府令中指出推广节约用电技术，可享受政府的节电还贷优惠政策。②武汉市1993年开始执行峰谷分时电价措施，1995年已

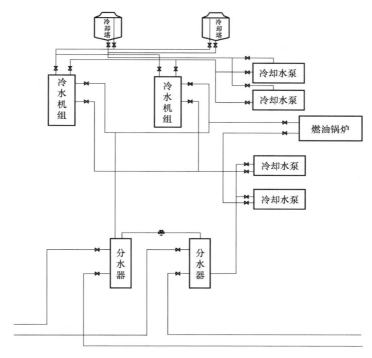

图 3-10 5000m² 空调面积时常规系统流程图

有 104 户安装了分时电能表，实行峰谷分时电价，1996 年 80% 以上用户实行峰谷分时电价。高峰、低谷时段为：高峰时段 7：00 ~ 11：00，19：00 ~ 22：00；低谷时段 0：00 ~ 7：00，其余时间为平段时间。③由于各方面的条件限制，现行电费价格存在许多不合理的地方，电力部门的负担较重，特别是商业用电，电价上调和制定用电政策是必然的。1995 年湖北省商业用电平段时间电价为：0.871 元/(kW·h)。峰段电价为平段电价的 160%，谷段电价为平段电价的 40%。根据武汉市该大厦的项目特点，结合湖北省有关政策，在电力部门的支持下，选择了该项目作冰蓄冷空调的试点。

2. 冰蓄冷空调系统的配置

根据该大厦 5000m² 和 7000m² 空调面积负荷特征和现已配置的常规空调系统以及电力部门的峰谷时段，通过对现有的双工况冰水机组的选择，在保证该大厦空调的可靠性，兼顾一、二期工程特点，在 5000 m² 空调面积时，采取了负荷平均设计模式下的运行方案，选了一台美国特灵 RTHB180 加长型双工况冰水机组，换掉一台 30HK-115 型合众开利冷水机组。其运行模式图详见图 3-11，在 7000m² 空调面积时，留用一台 30HK-115 型冷水机组。组成混合设计模式下的运行方案，且运行模式图如图 3-12 所示，系统流程详见图 3-13。

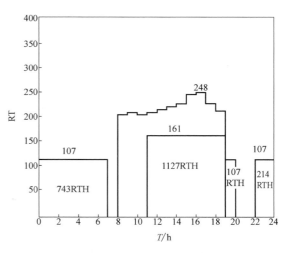

图 3-11 5000m² 空调面积时运行模式

从系统运行流程中，可以看出：

1）冷水机组和蓄冰设备是串联连接的。这样一级冷水出口温度容易保持恒定，出水量和温度的控制不需要太复杂的控制系统，特别是当蓄冰设备的冷水出口温度较低时，不至于像并联连接那样，冷水机组也要调至较低的出水温度与之相一致而使冷水机组的能耗增加，若出水温度高，则冰的低温水能量将被浪费。

2）在一级冷水回路中，冷水机组设在蓄冰设备上游，这是因为在一级系统中，如将冷水机组设在蓄冰设备下游，则冷水机组的能耗将会增加，因为要产生出口温度较低的冷水，就要求有较低的蒸发温度，

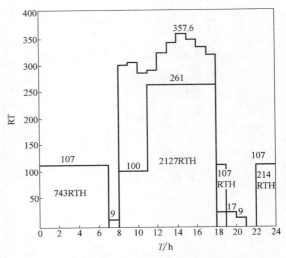

图 3-12　7000m² 空调面积时运行模式图

如果在一级系统中，冷水机组位于蓄冰设备上游，则冷水机组的能耗就较低，这是因为冷水机组位于一级系统中冷水出口温度较高的地方，使冷水机组能在较高的蒸发温度下运行。

上述两方面的处理，能较好地保证在满负荷或部分负荷情况下，能始终保持冷水出口温度恒定。

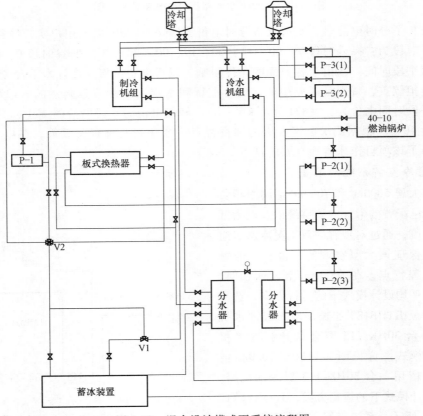

图 3-13　混合设计模式下系统流程图

制冷机为主的平均负荷运行模式如图 3-14 所示。

3. 蓄冷形式及蓄冰量大小的确定

根据现行的电力高低峰时段及写字楼办公的时间，对部分蓄冰、全部蓄冰以及采用高温相变蓄冷材料时的部分蓄冷与全部蓄冷进行了分析比较，其结果详见表 3-5，同时对冰蓄冷空调与常规空调系统进行了分析与比较，其比较结果详见表 3-6。

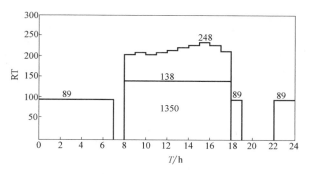

图 3-14　制冷机为主的平均负荷运行模式

表 3-5　5000m² 空调面积各种蓄冰方案的经济技术比较　（单位：万元）

序号	名称		部分蓄冰				全部蓄冰				高温相变			
			蓄冰为主		蓄冰为辅		7h 蓄冰		10h 蓄冰		部分蓄冰		全部蓄冰	
1	主机容量		161RT[①]		135RT		316RT		219RT		129RT		258RT	
2	主机	型号	进口	国产	进口	国产	进口	国产	进口	国产	进口	国产	进口	国产
		投资	65.7	13.3	58.2	13.3	177.5	25.5	115.7	18.0	55.6	13.3	111.2	25.5
3	蓄冰装置		74.2	23.5	61.6	19.6	152.4	48.3	152.4	48.3	116.0	合资	232.2	合资
4	辅助设备		114		91		300		225		94		188	
5	电力投资	主机功率/kW	64		64		98		82		64		98	
		辅助设备功率/kW	6.7		5.8		14.9		11.5		5.9		10.7	
		变配电设备投资	39.2		34.1		87.6		67.5		34.8		62.9	
		电力投资合计	45.9		39.9		102.5		79.0		40.7		73.6	
6	投资合计		205.7	101.1	178.3	89.3	474.6	214.3	380.3	176.2	235.2	232.8	460.7	457.0
7	电价	差价	2.1 万元/年		1.9		4.8		3.7		1.6		3.4	
		运行费	28.2		35.6		14.6		23.1		26.4		14.2	
		合计	30.3		37.5		19.7		27.0		28.3		17.6	

①　1RT = 3.517kW。

表 3-6　蓄冰系统与常规空调系统的技术经济比较

序号	名称		常规系统				蓄冰系统			
	空调面积		5000m² 空调面积		7000m² 空调面积		5000m² 空调面积		7000m² 空调面积	
1	主机组容量		258RT		354RT		161RT		(161 + 100)RT	
2	主机	型号	进口	国产	进口	国产	进口	国产	进口	国产
		投资	111.2	25.5	137.3	25.5	65.7	13.3	65.7 + 25.2	
3	辅助设备投资合计		6.6		10.7		19.9	18.4	22.6	

（续）

序号	名称 空调面积	常规系统		蓄冰系统	
		5000m² 空调面积	7000m² 空调面积	5000m² 空调面积	7000m² 空调面积
4	蓄冰装置			74.2　23.5	74.2　23.5
5	电力投资　主机功率	188kW	258kW	114kW	195kW
	辅助设备功率	68kW	87kW	64kW	94kW
	变配电设备投资	9.6	12.9	6.7	108
	电力报装容量投资	56.3	75.9	39.2	63.6
	合计	65.9	88.8	45.9	74.4
6	投资合计	183.7　98.0	236.8　125.0	205.7　101.1	262.1
7	电费　差价	3.1万元/年	4.1万元/年	2.1万元/年	3.5万元/年
	运行费	36.8万元/年	49.6万元/年	28.2万元/年	46.2万元/年
	合计	39.9万元/年	53.7万元/年	30.3万元/年	49.7万元/年
8	与同面积空调系统比较投资及电费的售额	进口设备时的投资差额22万元　电费增加量9.6万元	进口设备时的投资差额25.3万元　电费增加量4万元	进口设备时的投资差额22万元　电费减少9.6万元	进口设备时的投资差额25.3万元　电费减少4万元
9	静态投资回收年限			2.3年	6.3年

经过比较，选择了以蓄冰为主，制冷机为辅，融冰优先的平均负荷的运行模式，主机设备为161RT，蓄冰量为1070RTH（1RTH = 3.516kW·h），蓄冰率为48.7%。这个结果，有如下几个方面的特点：

1）完全避开电力高峰时段运行，充分体现蓄冰空调特点。

2）即使是在高峰时段也不受电力部门的拉闸限电影响，保证空调的正常使用。

3）该大厦在5月初就开始用空调，为了保证在有无蓄冰空调时都能满足客户的空调要求，选择161RT的主机，以满足空调尖端负荷之需要。

4）通过对气象资料的分析与计算，武汉用空调时间长达5个月之久，选择1070RTH的蓄冰量可满足3个月左右的空调时间安全使用蓄冰空调，白天即使是在平段时间内也无需开启主机，这样可充分利用晚间低谷时段低电价。增加了运行的可靠性及经济性。

5）这一运行模式总体投资及静态投资回收较为适宜。

当然，选择以蓄冰为辅，制冷机为主的平均负荷运行模式，蓄冰量为890RTH，主机设备为135RT，蓄冰率为40.5%时，初投资节省，与常规空调相比静态投资回收年限为负值。一般情况下，选择此种蓄冰方案也是极具意义的，特别是对用户本身有显著的经济效益。

4. 几种蓄冰装置的比较

在该项目设计中，采用了如下几家公司的产品，蓄冰量为1070RTH，分析比较详见表3-7。

5. 结论

冰蓄冷空调的应用在我国尚属起步阶段，我们应在国外已发展20多年的基础上创造性地推广应用，使我国的冰蓄冷空调技术迅速发展。冰蓄冷空调如应用于低温送风系统尚能产生如下几方面的效果：①减少送风系统的设备初投资；②降低系统的运转和维护费用；③增加建筑物的可利用空间；④改善空气品质。

表 3-7　几种蓄冰装置的比较

名称\项目	BAC	Fafco	CALMAc	CIAT	台佳公司
设备名称	蓄冰盘管	蓄冰盘管	蓄冰筒	蓄冰球	优态盐式冰球、冰球
型号	TSC-237M×5	标准型 590 型×2	1190 型×6	79.7m³	82.8t
外形尺寸	5950×1019×1920×5	5000×2440×2080×2	φ2261×H2566	φ3000×L12300	
阻力	50kPa	103.4kPa		25kPa	
乙二醇量	1.18m³×5	2.12m³×2	4.038m³×6	27.16m³	
工作压力		6.3×10⁴Pa	6×10⁴Pa		
蓄冰量	1185RTH	1200RTH	1140RTH	1074RTH	
运转特性	内融冰方式，匹配卤水式主机，所需释冷时间相对外融式要稍长	同左	同左	冰球本身置放方式弹性较大且方便，然而为防止卤水旁通和挥发，尽量采用密闭式系统设计	可搭配常规空调主机，同时适合新建和改建。因利用潜热，所需体积较蓄冷水系统小，系统设计容易，但出水温度略高

通过该项空调工程设计工作，笔者认为在我国应用冰蓄冷空调有着极其广阔的前景及深刻的意义，是一项利国利民的大事。

3.2.2　冰蓄冷系统运行特性及经济性分析

冰蓄冷系统是否充分利用峰谷电价差，有效地利用其蓄冷设备，保证冷媒供冷品质，确保空调负荷要求，冰蓄冷系统的运行特性对此有着较大的影响。在确定冰蓄冷系统运行特性时，不仅要考虑在设计时的运行工况，而且还要考虑全年运行工况，在满负荷和部分负荷时，始终能保持恒定的给水出口温度，充分利用峰谷电价差，预测空调负荷，调整融冰速率，保证空调要求，节能高效地运行。

1. 工程实例简介

（1）冰蓄冷循环系统（详见图 3-15）

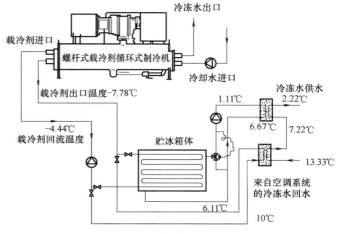

图 3-15　冰蓄冷循环系统图

（2）设计日负荷曲线及运行模式图（详见图3-16）

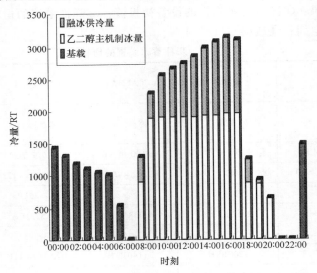

图 3-16 设计日负荷曲线及运行模式图

（3）建筑物设计日负荷平衡表（详见表3-8）

表 3-8 建筑物设计日负荷平衡表（无基载主机） （单位：RT）

时段	逐时负荷	基载主机供冷量	双工况主机供冷量	融冰供冷量	双工况主机制冰量
0:00	0	0	0	0	1421
1:00	0	0	0	0	1296
2:00	0	0	0	0	1176
3:00	0	0	0	0	1101
4:00	0	0	0	0	1043
5:00	0	0	0	0	1000
6:00	0	0	0	0	539
7:00	0	0	0	0	0
8:00	1276	889	387	0	0
9:00	2284	0	1870	414	0
10:00	2545	0	1887	658	0
11:00	2652	0	1888	764	0
12:00	2732	0	1886	846	0
13:00	2831	0	1889	942	0
14:00	2967	0	1907	1060	0
15:00	3058	0	1923	1135	0
16:00	3127	0	1943	1184	0
17:00	3089	0	1943	1146	0
18:00	1232	0	869	363	0
19:00	924	0	858	66	0

（续）

时段	逐时负荷	基载主机供冷量	双工况主机供冷量	融冰供冷量	双工况主机制冰量
20:00	630	0	630	0	0
21:00	0	0	0	0	0
22:00	0	0	0	0	0
23:00	0	0	0	0	1480
总计	29347	0	20382	8965	9056

2. 运行特性分析

（1）运行特性简述 以恒定的速度消耗事前贮存的冰，再由冷水机组补充冷量，以满足建筑物需要的总的冷负荷，此种运行特性称之为冰优先的运行特性。首先利用冷水机组的制冷量，以冰作为补充能量来满足建筑物的负荷需要，此种运行特性称之为冷水机组优先的运行特性。

下面就上述实例，比较分析冰优先运行特性与冷水机组优先运行特性，并叙述其经济性。

（2）冰优先运行特性分析 冰优先运行模式，并不是说把冰尽量用掉，而是按分配每小时的恒定的用量来消耗，再由冷水机组补充冷量，以满足建筑物降温的需要。如果出冰量不能很好地控制与分配，则系统将不能满足降温的需要。为了说明其运行特性，制作一张系统-负荷-温度图（图3-17），从图中可以清楚地看出冰优先的运行特性。

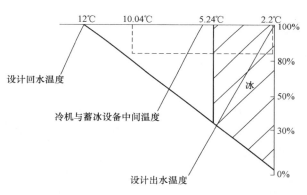

图 3-17 系统-负荷-温度图（冰优先）

其系统负荷为100%时，冷水机组和贮冰设备之间的设计温度（T_i）为5.24℃，冷水回水温度（T_2）为12℃，冷水出水温度（T_1）为2.2℃，冷水机组的出水温度（T_i）控制在5.24℃。当系统负荷小于100%时，系统的冷水回水温度（T_2'）低于12℃，压缩机就会卸载，当系统的冷水回水温度（T_2'）低于5.24℃时，冷水机组将会停止工作。只有当建筑物的负荷为100%时，冷水机组才会在100%负荷条件下工作。在部分负荷情况下，冷水机组都是卸载运行。只有当部分负荷低于30.5%时，系统冷水回水温度才低于5.24℃。建筑物的降温全部由冰负担。

下面对实际工况运行时的情况进行分析。一般设定，$T_1 = 2.2$℃，$T_i = 5.24$℃，T_2随着负荷的变化而变化。T_2'为工况变化后的回水温度。实际工况下的冷负荷值可用下式计算：

$$Q_{工况} = Q_{设} \frac{T_2' - T_1}{T_2 - T_1} \tag{3-5}$$

通过计算可得部分负荷时的供冷平衡值，详见表3-9。

对于冰优先的运行模式而言，只要系统设计得当，贮冰设备不用旁通即可自行控制地产生温度为2.2℃的冷水，冰的融化速度是根据需要自行调节的。一般实际工作系统中，为保证系统运行，还需要装一个旁通阀，如图 3-18 所示。

表 3-9　部分负荷时供冷平衡分配表

系统负荷	T_2	$Q_{冷机供冷量}$	T_i	$Q_{冰供冷量}$	T_1
100%	12℃	20382RTH	5.24℃	9065RTH	2.2℃
80%	10.04℃	14512RTH	5.24℃	9065RTH	2.2℃
50%	7.1℃	5068RTH	5.24℃	9065RTH	2.2℃
30.5%	5.24℃	0	5.24℃	9065RTH	2.2℃
10%	3.18℃	0	3.18℃	2935RTH	2.2℃
0	2.2℃	0	2.2℃	0	2.2℃

（3）冷水机组优先的运行特性分析

冷水机组优先的运行特性可仍然用系统-负荷-温度图进行分析说明（见图 3-18）。设计参数同上，部分负荷供冷量平衡值详见表 3-10。表 3-10 中的有关参数，由如下几式计算得出：

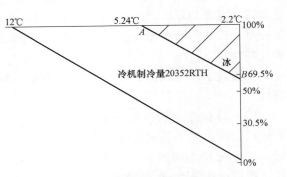

$$Q_{工况} = Q_{设计日} \frac{T_2' - T_1}{T_2 - T_i} \qquad (3-6)$$

$$Q_{工况} = Q_{冷机} + Q_{冰} \qquad (3-7)$$

$$\frac{Q_{冰}}{Q_{冷机}} = \frac{T_i - T_1}{T_2' - T_i} \qquad (3-8)$$

图 3-18　冷水机组优先的系统-负荷-温度图

表 3-10　部分冷负荷时的供冷量平衡表

高效负荷	T_2	$Q_{冷水机组供冷量}$	T_i	$Q_{冰供冷量}$	T_1
100%	12℃	20382RTH	5.24℃	9065RTH	2.2℃
80%	10.04℃	20382RTH	2.37℃	3096RTH	2.2℃
69.5%	9.01℃	20382RTH	2.2℃	0	2.2℃
50%	7.1℃	14674RTH	2.2℃	0	2.2℃
30.5%	5.24℃	8951RTH	2.2℃	0	2.2℃
0	2.2℃	0	1.2℃	0	2.2℃

以冷水机组优先的冰蓄冷系统运行时，当建筑负荷降低，中间温度 T_i 沿 AB 线下降，冷水机组始终保持满负荷运行，只有当系统负荷低于 69.5% 时，冷水机组才开始卸载。从系统-负荷-温度图中可以看出，中间温度的降低，T_i 也就是冷水机组的蒸发温度降低，也就是说，当负荷下降时冷水机组的能耗是增加的。

以冷水机组优先的运行模式中，系统的控制和贮冰设备的旁通控制十分重要，通常冷水机组优先的控制系统比冰优先的控制系统要复杂得多。

3. 经济分析

（1）全年负荷分析　全年负荷率 ε_Q 按下式计算：

$$\varepsilon_Q = \frac{Q_{工况}}{Q_{设计日}} \qquad (3-9)$$

根据计算可得，实例所在地武汉市的全年负荷率的值，详见表 3-11。

表 3-11　全年负荷率

时间	负荷率
5 月中~6 月初	4%
6 月中旬	43%
6 月底~7 月初	81%
7 月~8 月	81%~100%
8 月底~9 月初	81%
9 月中旬	43%
9 月底~10 月中	4%

（2）不同负荷率时两种运行特性的能耗　不同负荷率时两种运行特性的能耗，详见表 3-12。

表 3-12　不同负荷率时两种运行特性能耗

时间	负荷率	冷机优先			冰优先		
		融冰量	冷机出力	耗电	融冰量	冷机出力	耗电
5 月中旬	4%	0	1174RTH	743kW·h	1174RTH	0	0
6 月中旬	43%	0	12619RTH	7986kW·h	9065RTH	3554RTH	2249kW·h
6 月底~7 月初	81%	3389RTH	20382RTH	12900kW·h	9065RTH	14706RTH	9307kW·h
7 月~8 月	81%~100%	9065RTH	20382RTH	12900kW·h	9065RTH	20382RTH	12900kW·h
8 月底~9 月初	81%	3389RTH	20382RTH	12900kW·h	9065RTH	14706RTH	9307kW·h
9 月中旬	43%	0	12619RTH	7986kW·h	9065RTH	3554RTH	2249kW·h
9 月底~10 月中	4%	0	1174RTH	743kW·h	1174RTH	0	0

4. 结 论

由表 3-12 中可以看出，冰优先的运行模式要比冷机优先的运行模式节能得多。根据湖北省的分时电价政策，按 5 月~10 月开启空调设备，该冰蓄冷系统两种运行模式的电费差值（按平价电价计算）在 24 万元左右。

3.2.3　冰蓄冷系统不冻液管道水力计算

图 3-19 所示是一个常见的蓄冰空调循环系统，其工作过程见图中的描述。

从图 3-19 中可以看出，在用电低谷时段，空调制冷机在蓄冰工况工作时，其蒸发温度在 0℃

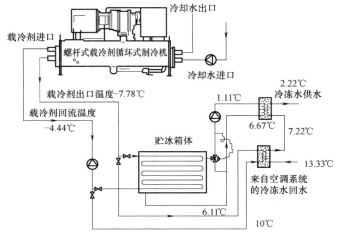

图 3-19　蓄冰空调循环系统及工作流程

以下。此时，作为冷冻传热介质流体，不再是水而是浓度为 30% 左右的乙二醇不冻液。浓度为 30% 左右的乙二醇的黏度（图 3-20）、传热系数、比热容、密度（表 3-13）都与水不同。因此，下面就如何针对传热介质流体为浓度 30% 左右的乙二醇进行水力计算的有关问题进行探讨，并将有关结果作成线算图表，供设计计算时使用。同时，将其计算方法编程应用于 CAD 中。

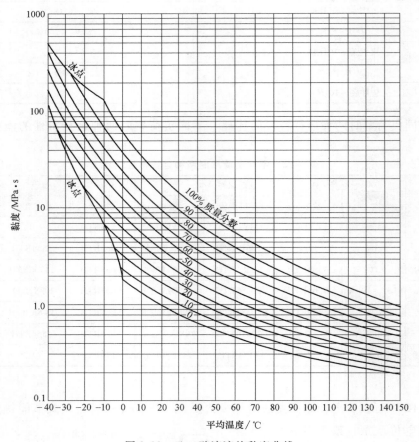

图 3-20 乙二醇溶液的黏度曲线

1. 水力计算方法

所谓的水力计算也就是要进行沿程和局部阻力计算。

（1）沿程阻力计算 根据流体力学原理，流体在横断面形状不变的管道内流动时的沿程阻力计算式为

$$\Delta p_n = \lambda \, \frac{1}{4R_s} \cdot \frac{\rho u^2}{2} L \tag{3-10}$$

对于圆形管，沿程阻力计算式为

$$\Delta p_n = \lambda \, \frac{1}{d} \cdot \frac{\rho u^2}{2} L \tag{3-11}$$

针对沿程阻力系数 λ 值计算，目前应用流动状态范围较广的计算公式是柯列洛克公式，即

表 3-13　乙二醇水溶液的密度表　　　　　　（单位：kg/m³）

温度/℃ \ 体积分数[①]	10%	20%	30%	40%	50%	60%	70%	80%	90%
-35					1089.94	1104.60	1118.61	1132.11	
-30					1089.04	1103.54	1117.38	1130.72	
-25					1088.01	1102.36	1116.04	1129.21	1141.87
-20				1071.98	1086.87	1101.06	1114.58	1127.57	1140.07
-15				1070.87	1085.61	1099.64	1112.99	1125.82	1138.14
-10			1054.31	1069.63	1084.22	1098.09	1111.28	1123.94	1136.09
-5		1036.85	1053.11	1068.52	1082.71	1096.43	1109.45	1121.94	1133.91
0	1018.73	1035.67	1051.78	1066.80	1081.08	1094.64	1107.50	1119.82	1131.62
5	1017.57	1034.36	1050.33	1065.21	1079.33	1092.73	1105.43	1117.58	1129.20
10	1016.28	1032.94	1048.76	1063.49	1077.46	1090.70	1103.23	1115.22	1126.67
15	1014.87	1031.39	1047.07	1061.65	1075.46	1088.54	1100.92	1112.73	1124.01
20	1013.34	1029.72	1045.25	1059.68	1073.35	1086.27	1098.48	1110.13	1121.23
25	1011.69	1027.93	1043.32	1057.60	1071.11	1083.87	1095.92	1107.40	1118.32
30	1009.92	1026.02	1041.26	1055.39	1068.75	1081.35	1093.24	1104.55	1115.30
35	1008.02	1023.99	1039.08	1053.07	1066.27	1078.71	1090.43	1101.58	1112.15
40	1006.01	1021.83	1036.78	1050.62	1063.66	1075.95	1087.51	1098.48	1108.89
45	1003.87	1019.55	1034.36	1048.05	1060.94	1073.07	1084.46	1095.27	1105.50
50	1001.61	1017.16	1031.81	1045.35	1058.09	1070.06	1081.30	1091.93	1101.99
55	999.23	1014.64	1029.15	1042.54	1055.13	1066.94	1078.01	1088.48	1098.36
60	996.72	1011.99	1026.36	1039.61	1052.04	1063.69	1074.60	1084.90	1094.60
65	994.10	1009.23	1023.45	1036.55	1048.83	1060.32	1071.06	1081.20	1090.73
70	991.35	1006.35	1020.42	1033.37	1045.04	1056.83	1067.41	1077.37	1086.73
75	988.49	1003.34	1017.27	1030.07	1042.04	1053.22	1063.64	1073.43	1082.61
80	985.50	1000.21	1014.00	1026.65	1038.46	1049.48	1059.74	1069.36	1078.37
85	982.39	996.96	1010.60	1023.10	1034.77	1045.63	1055.72	1065.18	1074.01
90	979.15	993.59	1007.09	1019.44	1030.95	1041.65	1051.58	1060.87	1069.53
95	975.80	990.10	1003.45	1015.65	1027.01	1037.55	1047.32	1056.44	1064.92
100	972.32	986.48	999.69	1011.74	1022.95	1033.33	1042.93	1051.88	1060.20
105	968.73	982.75	995.81	1007.71	1018.76	1028.99	1038.43	1047.21	1055.35
110	965.01	978.89	991.81	1003.56	1014.46	1024.53	1033.80	1042.41	1050.38
115	961.17	974.91	987.68	999.29	1010.03	1019.94	1029.05	1037.46	1045.29
120	957.21	970.81	983.43	994.90	1005.48	1015.23	1024.18	1032.46	1040.08
125	953.12	966.59	979.07	990.38	1000.81	1010.40	1019.19	1027.30	1034.74

① 乙二醇水溶液体积分数。

$$\frac{1}{\sqrt{\lambda}} = -2\lg\left(\frac{K}{3.710} + \frac{2.51}{Re\sqrt{\lambda}}\right) \tag{3-12}$$

而式（3-12）中雷诺数的计算公式为

$$Re = \frac{ud\rho}{\mu} \tag{3-13}$$

式中　ΔP_n——摩擦阻力（Pa）；

　　　　d——管道直径（m）；

　　　　λ——摩擦阻力系数；

　　　　R_s——水力半径（m）；

　　　　u——管道中的平均流速（m/s）；

　　　　K——内壁粗糙度（mm）；

　　　　ρ——密度（kg/m³）；

　　　　Re——雷诺数；

L——管道长度（m）；

μ——黏度（Pa·s）。

根据式（3-10）、式（3-11）、式（3-12）、式（3-13）和图3-20、表3-13的有关参数，可以进行沿程阻力的计算。蓄冰空调系统的制冷机的蒸发温度有两个工况，即制冰工况和制冷工况。一般情况下，浓度为30%的乙二醇溶液的工作温度为 +5 ~ -5℃。因此，进行工作温度为 +5 ~ -5℃时的水力计算，计算结果见表3-14、表3-15、表3-16。从表中的结果可以得知，不冻液的工作温度越低，沿程阻力损失越大。笔者认为工程设计时，宜用 -5℃的有关参数做设计，这样的处理比较可靠。鉴于此，笔者制作了在一定条件下的管道长度摩擦阻力线算图，供设计人员使用，详见图3-21。

表3-14　30%的乙二醇溶液流量、管径、流速关系　（单位：m³/h）

d/mm ＼ $u/(m/s)$	0.5	0.6	0.8	1	1.2	1.6	1.8	2	2.5	3	4	4.5	5
15	0.32	0.38	0.51	0.64	0.76	1.02	1.15	1.27	1.59	1.91	2.54	2.86	3.18
20	0.57	0.68	0.90	1.13	1.36	1.81	2.04	2.26	2.83	3.39	4.52	5.09	5.65
25	0.88	1.06	1.41	1.77	2.12	2.83	3.18	3.53	4.42	5.30	7.07	7.95	8.84
32	1.45	1.74	2.32	2.90	3.47	4.63	5.21	5.79	7.24	8.69	11.58	13.03	14.48
40	2.26	2.71	3.62	4.52	5.43	7.24	8.14	9.05	11.31	13.57	18.10	20.36	22.62
50	3.53	4.24	5.65	7.07	8.48	11.31	12.72	14.14	17.67	21.21	28.27	31.81	35.34
60	5.09	6.11	8.14	10.18	12.21	16.29	18.32	20.36	25.45	30.54	40.72	45.80	50.89
70	6.93	8.31	11.08	13.85	16.63	22.17	24.94	27.71	34.64	41.56	55.42	62.34	69.27
80	9.05	10.86	14.48	18.10	21.71	28.95	32.57	36.19	45.24	54.29	72.38	81.43	90.48
100	14.14	16.96	22.62	28.27	33.93	45.24	50.89	56.55	70.69	84.82	113.10	127.23	141.37
125	22.09	26.51	35.34	44.18	53.01	70.69	79.52	88.36	110.45	132.54	176.71	198.80	220.89
150	31.81	38.17	50.89	63.62	76.34	101.79	114.51	127.23	159.04	190.85	254.47	286.28	318.09
200	56.55	67.86	90.48	113.10	135.72	180.96	203.58	226.19	282.74	339.29	452.39	508.94	565.49
250	88.36	106.03	141.37	176.71	212.06	282.74	318.09	353.43	441.79	530.14	706.86	795.22	883.57
300	127.23	152.68	203.58	254.47	305.36	407.15	458.04	508.94	636.17	763.41	1017.88	1145.11	1272.35
400	226.19	271.43	361.91	452.39	542.87	723.82	814.30	904.78	1130.97	1357.17	1809.56	2035.75	2261.95
500	353.43	424.12	565.49	706.86	848.23	1130.97	1272.35	1413.72	1767.15	2120.58	2827.43	3180.86	3534.29

表3-15　+5℃时30%的乙二醇溶液摩阻、管径、流速关系　（单位：Pa/m）

d/mm ＼ $u/(m/s)$	0.5	0.6	0.8	1	1.2	1.6	1.8	2	3	4	5
15	698	951	1551	2269	3099	5075	6215	7452	15040	24849	36779
20	479	653	1065	1559	2130	3491	4276	5129	10363	17137	25380
25	358	488	796	1166	1593	2613	3202	3841	7768	12855	19049
32	259	353	577	846	1156	1898	2326	2791	5652	9359	13878
40	194	264	432	633	866	1422	1744	2093	4242	7031	10432
50	145	198	323	474	649	1066	1308	1570	3186	5285	7847
60	114	156	255	375	513	843	1034	1242	2523	4189	6222

（续）

d/mm ＼ $u/(m/s)$	0.5	0.6	0.8	1	1.2	1.6	1.8	2	3	4	5
70	93	128	209	307	420	692	849	1020	2073	3442	5116
80	79	107	176	258	354	583	715	859	1748	2905	4319
100	59	80	132	194	266	438	538	646	1316	2189	3258
125	44	60	99	146	200	329	404	486	992	1652	2459
150	35	48	78	115	158	261	321	386	788	1313	1956
200	24	33	54	80	110	181	223	268	548	915	1365
250	18	25	41	60	83	137	168	202	414	692	1034
300	14	20	32	48	66	109	133	161	330	552	824
400	10	14	22	33	46	76	93	112	231	386	578
500	7	10	17	25	34	57	70	85	175	293	439

表 3-16　−5℃时 30% 的乙二醇溶液摩阻、管径、流速关系　（单位：Pa/m）

d/mm ＼ $u/(m/s)$	0.5m/s	0.6	0.8	1	1.2	1.6	1.8	2	3	4	5
15	971	1321	2147	3131	4264	6947	8487	10153	20277	33196	48730
20	665	905	1472	2147	2925	4768	5826	6971	13935	22831	33534
25	496	675	1098	1603	2184	3562	4353	5210	10424	17088	25111
32	359	488	795	1160	1582	2581	3155	3777	7564	12409	18246
40	268	364	593	867	1182	1930	2360	2826	5664	9298	13679
50	200	272	443	648	884	1444	1766	2115	4243	6971	10262
60	157	214	350	511	697	1140	1394	1670	3353	5512	8118
70	129	175	286	418	571	933	1142	1368	2749	4521	6661
80	108	147	240	351	480	785	961	1151	2315	3809	5614
100	81	110	180	263	359	588	720	863	1737	2862	4221
125	60	82	135	197	269	441	540	648	1305	2152	3176
150	48	65	106	156	213	349	427	512	1034	1705	2519
200	33	45	73	107	147	241	295	354	716	1183	1749
250	25	34	55	81	110	181	222	267	539	892	1320
300	19	27	43	64	87	143	176	211	428	708	1049
400	13	18	30	44	60	99	122	147	298	493	731
500	10	14	23	33	45	75	92	111	225	373	553

表 3-14 ~ 表 3-16 的制表单位：管径 $d(mm)$、流速 $u(m/s)$、流量（m^3/h）、摩阻（Pa/m）、$K = 0.04$。

（2）局部阻力计算　局部阻力计算公式为

$$Z = \xi \frac{u^2 \rho}{2} \tag{3-14}$$

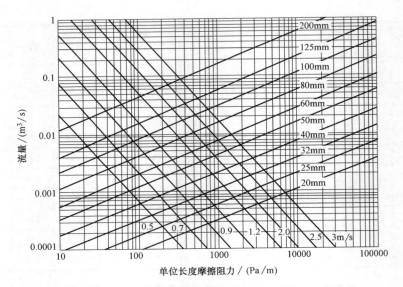

图 3-21　管道单位长度摩擦阻力线算图（$K = 0.046$）

式中　Z——局部阻力（Pa）；

　　　ξ——局部阻力系数。

式中，局部阻力系数 ξ 值是一个试验的经验值。对此，采取的措施是用水的参数做设计计算，然后再把计算结果用修正系数进行修正，其修正系数的取值详见图 3-22。

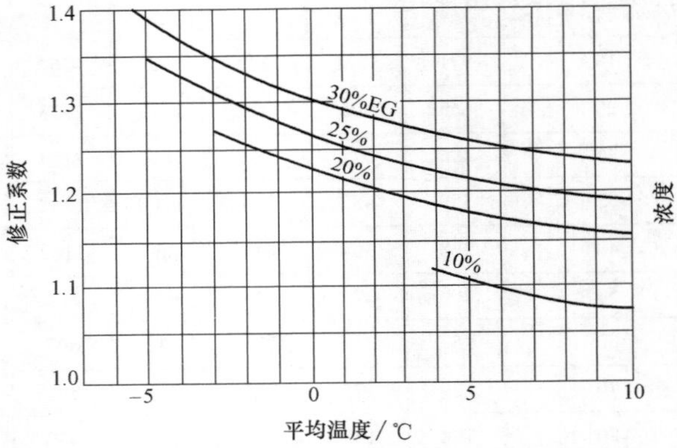

综上所述，在进行蓄冰空调系统水力计算时，可通过上述图表进行设计计算，也可根据自己选定的参数带入公式中进行设计计算。

图 3-22　乙二醇（EG）水溶液局部阻力修正系数图

2. 编程及在 CAD 中的应用

为了能在 CAD 中应用，首先要解决的问题是把各种试验曲线拟合成函数关系式，为此，把上述图形中的曲线进行数学处理，限于篇幅下面仅以常用的 30% 浓度的乙二醇、流速 $u = 1.6 \sim 2.0\mathrm{m/s}$ 时的情况为例作一介绍。

1）黏度 $\mu(\mathrm{Pa \cdot s})$ 与温度 $t(\mathrm{℃})$ 的关系：

$$\mu = 4.379 - 0.121t + 0.00128t^2 - 4.49 \times 10^{-6}t^3$$

2）密度 $\rho(\mathrm{kg/m^3})$ 与温度 $t(\mathrm{℃})$ 的关系：

$$\rho = 1.048 - 3.58 \times 10^{-4}t - 2.37 \times 10^{-6}t^2$$

3）单位长度的摩阻 $\Delta p_\mathrm{n}(\mathrm{Pa/m})$ 与流量 $V(\mathrm{m^3/s})$ 和流速 $u(\mathrm{m/s})$ 的关系：

当流速 $u = 1.6\mathrm{m/s}$ 时 $\Delta p_\mathrm{n} = 15.13 V^{-0.653}$

当流速 $u = 2.0\mathrm{m/s}$ 时 $\Delta p_\mathrm{n} = 28.80 V^{-0.640}$

4）局部损失的修正系数 k 与温度 t 的关系：

$$k = 1.0359 - 0.0125t + 0.01t^2$$

将以上的公式编制在程序中就可实现 CAD 计算绘图一体化。

3.2.4 冰蓄冷系统设置与水泵流量匹配

在冰蓄冷系统中，选择水泵时，除了要考虑由于不冻液的密度、腐蚀性等带来的一系列问题外，还应该考虑的是，当系统的配置不同、融冰时段对负荷的要求不同时，对水泵流量的要求也是不同的。

在常规空调冷冻水系统设计中，冷冻水泵的流量选择，一般是按冷冻机的制冷量所需的冷冻水循环流量而进行水泵流量的确定。在冰蓄冷循环系统中，由于有部分蓄冷、全部蓄冷、分时蓄冷，设置基载主机与否等问题，使冰蓄冷系统的水泵流量的确定要比常规空调的冷冻水泵的流量的确定复杂得多。特别是分时蓄冷时，流量的变化幅度较大，情况比较特殊。因此下面针对一工程实例来阐述关于分时蓄冷时水泵流量确定的若干问题。

1. 分时蓄冷及典型负荷平衡图

分时蓄冷是充分利用低谷电来制冰蓄冷，而在用电高峰时释冷供冷，制冷机不开，满足空调冷负荷的要求，以便真正起到在电网中的削峰填谷作用。

表 3-17 所示是武汉市分时电价和时段划分，图 3-23 所示是一个工程实例的逐时计算负荷。空调逐时计算总负荷值为 2197RTH。图 3-24 所示是分时蓄冷的典型负荷平衡图。从图 3-24 可以看出在用电高峰时段，全部靠释冷来满足空调冷负荷的要求。在平段时段，由制冷机供冷，不足的部分则由蓄冷装置的释冷，即融冰来供冷。如此，既最大限度地避开用电高峰开机，起到非常好的移峰填谷作用，同时也减少了装机容量。

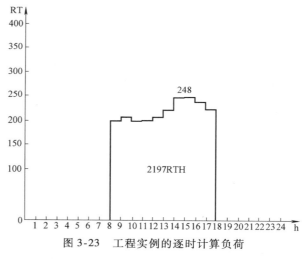

图 3-23　工程实例的逐时计算负荷

表 3-17　武汉市分时电价和时段划分

时段	时间	电价/[元/(kW·h)]
峰时段	7：00—11：00　19：00—22：00	1.16
平时段	11：00—19：00　22：00—0：00	0.83
谷时段	0：00—次日 7：00	0.332

2. 各时段的流量匹配及分析

图 3-25 所示是该工程实例的系统流程图。这是一个无基载主机的冰蓄冷循环系统。其主机为一台 RTHB180 加长型双工况主机。

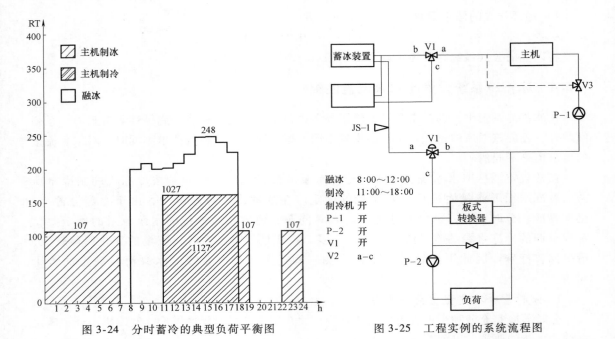

图 3-24　分时蓄冷的典型负荷平衡图　　　　图 3-25　工程实例的系统流程图

日间制冷运行时：$Q = 161\text{RT}$，运行时间为 11：00—18：00，7h 运行（避开用电高峰 3h 运行）。

夜间制冰运行时：$Q = 107\text{RT}$，运行时间为 18：00—19：00 和 22：00—次日 7：00，10h 运行（平段 3h 运行，低谷 7h 运行）。

日间融冰时间为 8：00 ~ 18：00，10h 运行。

机组制冷量：161RT × 7h = 1127RTH

融冰制冷量：107RT × 10h = 1070RTH

合计制冷量：（1127 + 1070）RTH = 2197 RTH

蓄冰设备的选型为：TSU—476M、TSU—761M 蓄冰槽各一台。

其总蓄冰是：（476 + 761）RTH = 1237RTH > 1027RTH，即蓄冷能力大于要求的蓄冷量。

按照蓄冰槽的工作性能要求，其循环流量一般设置在 400 ~ 450GPM（0.2728m³/h）。其融冰曲线如图 3-26 和图 3-27 所示。

低谷时段、平段蓄冰运行的 10h 内，图 3-25 中的 P-1 水泵循环流量是按冷冻机蒸发器对应的循环流量进行循环，其值为 27L/s（427GPM）。此时，循环流量与蓄冰设备一般运行的性能参数是吻合的。

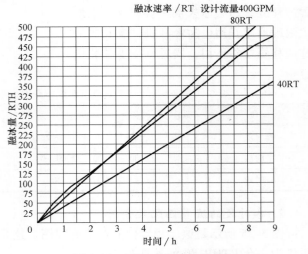

图 3-26　TSU—476M 融冰曲线

在 8：00—11：00 时，空调冷负荷主要靠融冰来满足，这也是分时蓄冷的运行特点之所在。在此 3h 内，根据空调逐时负荷图可得知每个小时的冷负荷所需要的量。根据蓄冰槽融冰曲线可得知蓄冰槽每个小时合计的融冰释冷量。并把其结果整理见表 3-18。

由表 3-18 可以看出，在供回水温差不变的情况下，此时融冰量不能满足负荷值的要求，解决的办法是增大通过蓄冰设备的流量，以取出更多的冷量来保证空调冷负荷的要求。流量的增量根据蓄冰设备的融冰性能来确定。

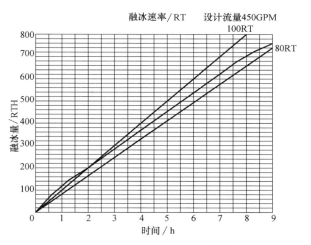

图 3-27　TSU—761M 融冰曲线

表 3-18　蓄冰槽每个小时合计的融冰释冷量

时间	空调负荷	融冰冷量
8：00—9：00	203RT	185RT
9：00—10：00	207RT	130RT
10：00—11：00	203RT	123RT

另外，加大系统循环流量的同时，还要考虑系统阻力的变化使水泵工作点发生变化。为此，在循环系统设置上，可考虑在主机的旁边设置旁通管，见图 3-25 中的虚线部分。其三通阀是可以调节的。

3. 结论

通过对该项目的设计与实施，在进行分时蓄冷时，一定要考虑在用完全融冰来满足负荷要求时，温差一定的情况下，各时段的流量不一样。水泵的流量不能简单地用冷冻机的蒸发器所需的对应流量来确定。这样可能会导致供冷不足，不能满足空调冷负荷的要求。另外，还要考虑当流量变化时阻力变化的问题。防止水泵工作点偏移，使流量仍然达不到设计值。

3.2.5　冰蓄冷系统运行模式与负荷匹配特性

冰蓄冷的蓄冷方式一般有三种形式，即部分蓄冷、全部蓄冷、分时蓄冷。在工程项目中，选择何种形式的蓄冷方式，主要看其建筑物的负荷特性、运行的经济性等情况。

常规空调系统设计中，冷冻水泵的流量一般根据冷冻机的制冷量对应的冷冻水循环流量而定。但在冰蓄冷循环系统中，由于有不同的蓄冷形式，系统的蓄冰、融冰过程以及对应的负荷要求不同，因此系统仍然按定流量设计会带来负荷不匹配的问题。蓄冰系统的水泵流量要结合系统的蓄冰形式而确定。针对不同冰蓄冷系统如何匹配负荷来确定水泵流量的问题，下面用了一个工程实例，探讨在定流量的情况下，系统与负荷之间的匹配关系。

1. 冰蓄冷循环系统形式及负荷特性图

在一般的工程项目中，选择部分蓄冷的形式最为常见，这种蓄冷形式一次性投资和运行费用都较为合理，经济性好。在一些负荷特性非常突出的情况下，如影剧院、观赏娱乐性的体育运动场馆、大会堂等，其负荷主要是人体散热，且散热时间集中，短时间负荷大，往往采用全部蓄冷的形式，这样做的经济性非常突出。另外，在有些情况下，为了完全避开电力高峰时段，保证空调正常运行，节省电费，往往采用分时蓄冷的方式，其电力高峰时段的空调负荷，完全用融冰的方式来解决。

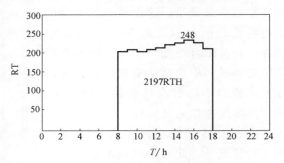

图 3-28　5000m² 空调面积设计日负荷图

　　工程实例的设计日空调负荷图详见图 3-28。不同的蓄冰形式，其运行模式详见图 3-29、图 3-30、图 3-31。由图 3-29、图 3-30、图 3-31 可以看出，不同的蓄冰方式，其运行模式是不一样的。

　　图 3-29 所示是部分蓄冷运行模式。这种运行方式的主要特点是减少了装机容量，一般可减少到峰值冷负荷的 30% 甚至更多。制冷机在夜间的低谷和平段蓄冷，白天由蓄冷装置释冷来满足冷负荷要求，供冷不足的部分由制冷机供给。

　　图 3-30 所示是全部蓄冷运行模式。这种运行方式的主要特点是夜间或非空调时间蓄冷，白天或有空调要求时融冰供冷，完全满足白天或空调时间的冷负荷要求。也就是说，空调冷负荷全部靠融冰来供给。

　　图 3-32 所示是分时蓄冷运行模式。这种运行方式的主要特点是充分利用低谷电来制冰蓄冷，而在用电高峰时融冰供冷，满足空调冷负荷的要求，真正起到电网中的削峰填谷作用。

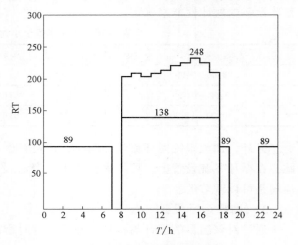

图 3-29　部分蓄冷运行模式

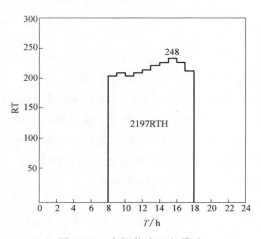

图 3-30　全部蓄冷运行模式

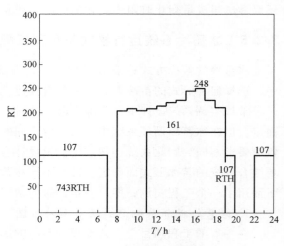

图 3-31　分时蓄冷运行模式

三种运行模式的负荷平衡表详见表3-19。冷机设备及蓄冰设备的选型详见表3-20。

表3-19　三种运行模式的负荷平衡表

名称	部分蓄冷	全部蓄冷	分时蓄冷
设计日负荷	2197RTH	2197RTH	2197RTH
冷机负荷	135×10RTH=1350RTH		161×8RTH=1288RTH
蓄冷负荷	89×10RTH=890RTH	219×10.3RTH=2197RTH	107×9RTH=1070RTH
对冷机制冷能力的要求	制冷时:135RT 制冰时:89RT	制冰时:219RT	制冷时:161RT 制冰时:107RT
对蓄冷设备的蓄冷能力的要求	890RTH	2197RTH	909RTH

表3-20　冷机设备及蓄冰设备的选型

名称		部分蓄冷	全部蓄冷	分时蓄冷
冷机	型号	RTHB150加长	RTHB380	RTHB180加长
	制冷量	135RT	331RT	161RT
	数量	1台	1台	1台
蓄冰设备	型号	TSU—476M	TSU—761M	TSU—476M
	蓄冷能力	476RTH×2=952RTH	761RTH×3=2283RTH	476RTH×2=952RTH
	数量	2台	3台	2台

2. 蓄冷形式与负荷的匹配分析

（1）制冷机运行参数及蓄冷设备性能　RTHB系列螺杆机在制冷、制冰工况时的运行参数详见表3-21。蓄冰设备的融冰性能曲线详见图3-32、图3-33。

（2）系统运行设计　按常规定流量设计理念，部分蓄冷工况运行时主机要求的循环流量工作范围为24L/s左右；全部蓄冷工况运行时主机要求的循环流量工作范围为60L/s左右；分时部分蓄冷工况运行时主机要求的循环流量工作范围为29L/s左右。按蓄冰槽的工作性能要求，其循环流量设置在400～450GMP(25～28L/s)。因此，只要蓄冰槽按串并联的方式连接，系统运行流程设置如图3-34所示，即可满足三种工况时主机和蓄冰设备对流量的要求。

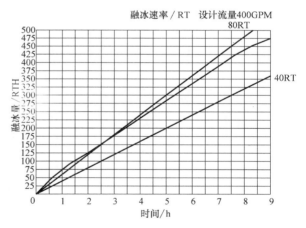

图3-32　TSU—476M蓄冰设备的融冰性能曲线

表3-21　RTHB系列螺杆机在制冷、制冰工况时的运行参数

型号		制冷量		输入功率/kW	蒸发器		冷凝器	
		RT	kW		流量/(s/L)	压降/kPa	流量/(s/L)	压降/kPa
RTHB150加长	制冷工况	135	475	91	24	87	27	58
	制冰工况	89	314	85	23	82	27	58

（续）

型号		制冷量		输入功率 /kW	蒸发器		冷凝器	
		RT	kW		流量/(s/L)	压降/kPa	流量/(s/L)	压降/kPa
RTHB380	制冷工况	331	1164	240	60	68	67	43
	制冰工况	219	771	225	57	64	68	43
RTHB180 加长	制冷工况	161	566	114	29	75	33	55
	制冰工况	107	357	108	28	72	33	55

（3）各种蓄冷形式与负荷的匹配分析　各种蓄冷运行模式在设计日负荷的情形下，设备通过串并联的方式，既可保证主机运行要求的流量，又可保证蓄冰设备性能要求的运行流量，在定流量、设备出力按照上述参数运行的情形下，其负荷匹配的情况详见表 3-22、表3-23、表 3-24。

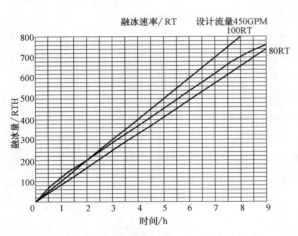

图 3-33　TSU—761M 蓄冰设备的融冰性能曲线

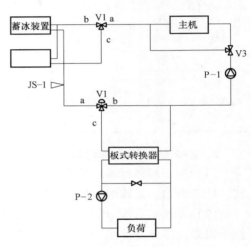

图 3-34　系统流程图

表 3-22　部分蓄冷时负荷匹配的情况　　　（单位：RT）

时段	设计日 逐时负荷	设计日逐时 累计负荷	主机供冷量	融冰逐时 供冷能力	融冰设备 逐时供冷量	逐时累计 供冷量	逐时 冷量差	累计 冷量差
8：00	200	200	135	75×2=150	65	200	+85	有余量
9：00	207	407	135	45×2=90	72	407	+18	有余量
10：00	200	607	135	50×2=100	65	607	+35	有余量
11：00	203	810	135	50×2=100	68	810	+32	有余量
12：00	205	1015	135	55×2=110	70	1015	+40	有余量
13：00	220	1235	135	60×2=120	85	1235	+35	有余量
14：00	244	1479	135	50×2=100	100	1470	−9	−9
15：00	248	1727	135	50×2=100	100	1705	−13	−22
16：00	240	1967	135	40×2=80	80	1920	−25	−47
17：00	220	2187	135	40×2=80	80	2135	−5	−52
总计	2187	2187	1350		785	2135		−52

表 3-23　全部蓄冷时负荷匹配的情况　　　　（单位：RT）

时段	设计日逐时负荷	设计日逐时累计负荷	主机供冷量	融冰供冷能力	融冰设备逐时供冷量	逐时累计供冷量	逐时冷量差	累计冷量差
8：00	200	200	0	125×3=375	200	200	+175	有余量
9：00	207	407	0	75×3=225	207	407	+25	有余量
10：00	200	607	0	80×3=240	200	607	+40	有余量
11：00	203	810	0	80×3=240	203	810	+37	有余量
12：00	205	1015	0	90×3=270	205	1015	+65	有余量
13：00	220	1235	0	90×3=270	220	1235	+50	有余量
14：00	244	1479	0	85×3=255	244	1479	+11	有余量
15：00	248	1727	0	85×3=255	248	1727	+7	有余量
16：00	240	1967	0	50×3=150	150	1877	−90	−90
17：00	220	2187	0	50×3=150	150	2027	−70	−160
总计	2187	2187			2027	2027		−160

表 3-24　分时蓄冷时负荷匹配的情况　　　　（单位：RT）

时段	设计日逐时负荷	设计日逐时累计负荷	主机供冷量	融冰供冷能力	融冰设备逐时供冷量	逐时累计供冷量	逐时冷量差	累计冷量差
8：00	200	200		75×2=150	150	150	−50	−50
9：00	207	407		45×2=90	90	240	−117	−167
10：00	200	607		50×2=100	100	340	−100	−267
11：00	203	810	161	50×2=100	100	601	+58	−209
12：00	205	1015	161	55×2=110	110	871	+66	−144
13：00	220	1235	161	60×2=120	120	1152	+61	−83
14：00	244	1479	161	50×2=100	100	1413	+17	−66
15：00	248	1727	161	50×2=100	100	1674	+13	−53
16：00	240	1967	161	40×2=80	80	1915	+1	−52
17：00	220	2187	161	40×2=80	80	2156	+21	−31
总计	2187	2187	1127		785	2156		−31

由表 3-22、表 3-23、表 3-24 可以看出，虽然在设计时系统的负荷是匹配的，且总融冰量加制冷量是大于设计日负荷的，但系统在定流量的情况下，逐时负荷是不匹配的。部分蓄冷时有 4h 取冷量不够，全部蓄冷时有 2h 取冷量不够。特别是分时蓄冷的情形下表现得尤为突出，所有的运行时段内取冷量都不足。由此来看，定流量运行，融冰负荷不能满足要求。在系统设计温度不变的情况下，在部分时段需要加大通过蓄冰设备的流量，保证单位时间自蓄冰设备取出足够的冷量，同时在有些时段需减少系统运行流量，与空调负荷匹配。但减少运行流量只是一个运行调节的问题，而不是设备选型的问题。当设备选型出错，系统如何调节都是无法正常运行的。所以，水泵选型时，其流量应按逐时中最大的流量要求来选择。同时，由于冷水机组的参数较为稳定，为了保证冷机的运行，可考虑在冷机旁设三通阀、旁通管，详见图 3-34。对于板式换热器等换热设备，也应考虑大流量运行时参数变化的问题。

3. 结论

对于冰蓄冷空调的系统设计，不能用传统的设计方法，而是要对系统的运行模式、系统的逐时负荷、蓄冰设备的性能、冷机的工况等进行逐时匹配分析，这样才能保证系统的可靠运行，否则就达不到空调负荷的要求。

3.2.6　常规空调主机改造为冰蓄冷空调主机的有关问题及实施措施

由于电力部门的调峰节电的要求以及分时电价的实施，冰蓄冷空调项目越来越多。冰蓄冷空调系统设计中一个很重要的特点是在相同空调负荷的前提下，冰蓄冷空调主机的容量可比常规空调主机的容量小30%，甚至更多。这对于当空调面积增加时，由于原空调机房面积受限制等原因，又无法增加制冷主机时，则可把常规空调系统改造成冰蓄冷空调系统。这样既能解决问题，又能节约运行费用，还能通过分时电价减少电力贴费，增加回收投资渠道，而不仅仅只是依靠折旧费来回收投资。当然，对于一些空调负荷具有特点的建筑物，采用冰蓄冷空调可节约大量运行费用。为此，很多常规空调系统用户都希望或正在做冰蓄冷空调工程的改造工作。然而，工程首先要解决的是单工况主机改造成双工况主机的问题。下面针对一个实际的常规空调系统改造成冰蓄冷空调系统的工程，阐述单工况制冷主机改造成双工况制冷、制冰主机的有关问题及实施措施。

1. 系统及主机双工况工作特性分析

（1）系统情况　该建筑物性质为写字楼，原常规空调时，其建筑面积为5000m²。设计日最大负荷值为248RT，所选主机为 30×10^4 kcal/h（kcal/h = 1.163W）冷水机组2台。主机工作时间为8：00—18：00，由于后来增加建筑面积2000m²，设计日最大负荷值为357.6RT，但此时机房已无法增设主机，而室外有空地埋设蓄冰设备。因此决定把原常规空调系统改造成冰蓄冷空调系统，采用部分蓄冷。主机工作时间除原8：00—18：00制冷运行外，其他时间还需蓄冰运行。这样的运行方式满足了增加2000m²后空调负荷的要求。

（2）制冷、制冰工况的确定

1）制冰工况的确定。制冰工况运行均在夜间，冷却水温较白天有所降低，故冷却水进水温度取30℃。一般水冷凝器进、出水温差为4~6℃，此处取5℃。由于制冷机冷凝器的排热量约为蒸发器制冷量的1.2~1.3倍，低温载冷剂进、出口温差应小些，取4℃。对于蓄冰设备，在蓄冰初期有一个过冷现象，过冷度一般为 -2 ~ -4℃，故低温载冷剂出口温度取 -6℃。

2）两种工况制冷循环计算。根据蓄冰工况以及冷凝温度等于冷却水进、出水平均温度加上5~7℃。蒸发温度等于冷冻水出口温度减2~4℃。则：

空调工况：$t_k = 40℃$，$t_o = 4℃$。

蓄冰工况：$t_k = 38℃$，$t_o = -9℃$。

计算时不考虑制冷剂的过热和过冷，以饱和理论制冷循环为依据，制冷剂为R22，30×10^4 kcal/h 的冷水机组的计算结果见表3-25。由表3-25可知对主机的制造要求和运行控制的不同。

2. 主机改造后制冷量匹配分析

（1）蓄冰工况时压缩机吸气温度变化分析　用于蓄冰系统运行时，压缩机的吸气温度经常变化。图3-35所示为典型的温度变化图。

表 3-25 两种工况制冷循环计算结果

序号	项目内容	空调工况	蓄冰工况
1	单位质量制冷量 q_o/(kJ/kg)	157.2	154.5
2	单位容积制冷量 q_v/(kJ/m³)	3824.8	2452.4
3	单位理论功 w/(kJ/kg)	25.0	39.2
4	压缩比 ξ	2.7	4.05
5	压力差 Δp/kPa	960	1100
6	容积效率 η_v	0.828	0.747
7	制冷量 Φ_o/kW	566.2	376.3
8	制冷剂质量流量 M_R/(kg/s)	3.602	2.434
9	理论消耗功率 P_{th}/kW	90.1	95.4
10	轴功率 P_e/kW	107	96.7
11	理论制冷系数 COP	6.29	3.94
12	单位轴功制冷量 k_e/(kW/kW)	5.29	3.89

当制冰周期开始时供出的载冷剂温度相当高，所以压缩机的吸气温度为 $-2.22℃$。制冰过程中，吸气温度逐渐下降。对蓄冰装置，制冰过程最后 1 小时压缩机的最终吸气温度可至 $-12.22℃$。然后，为空调系统补充供冷，则压缩机的吸气温度又增至 $2.22℃$ 左右。这个温度一直维持到 18：00 时，制冰周期开始才变回 $-2.22℃$。

图 3-35 所示为制冰期和空调补充供冷运行期的 24h 周期内的压缩机吸气温度的变化。显然，因为吸气温度总是在变化，所以压缩机的压头也总是在变化。

（2）吸气温度与 CCR 系数的关系 CCR 系数是指压缩机制冷量之比，即压缩机的制

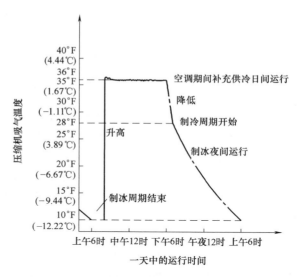

图 3-35 部分蓄冰时压缩机吸气温度变化图

冰工况制冷量（TR_1）与空调工况制冷量（TR_2）之比。因为制冰工况制冷量与空调工况制冷量是由一台压缩机承担的，根据压缩机的特性，在设计工况下，TR_1 与 TR_2 有一定的关系，即 CCR = TR_1/TR_2。

图 3-36 所示为压缩机的特性曲线。通过特性曲线可以计算出 CCR 系数。

制冰工况：冷凝温度 $t_k = 38℃$，蒸发温度 $t_o = -9℃$。

空调工况：冷凝温度 $t_k = 40℃$，蒸发温度 $t_o = 4℃$。

系统的 CCR 系数的计算如下：

制冰时：压缩机的排气温度 = （38 + 1.11）℃ = 39.11℃

压缩机的吸气温度 = （-9 - 1.11）℃ = -10.11℃

压缩机的能量指数 = 9.1，即 TR_1 = 9.1。

空调时：压缩机的排气温度 = (40 + 1.11)℃ = 41.11℃

压缩机的吸气温度 = (4 − 1.11)℃ = 2.89℃

压缩机的能量指数 = 14.6，即 TR_2 = 14.6。

CCR 系数 = TR_1/TR_2 = 9.1/14.6 = 0.62

根据计算出的 CCR 系数，可以算出蓄冰工况制冷量及蓄冰时段，且尽量在低谷时段开启压缩机，使空调工况制冷量与制冰工况制冷量达到最佳匹配，满足空调负荷要求，节能运行。

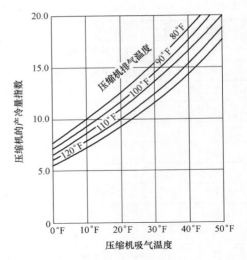

图 3-36　压缩机的特性曲线

3. 主机改造的实施措施

（1）采用双热力膨胀阀　热力膨胀阀是冷水机组常用的节流组件，它依靠蒸发器出口制冷剂的过热度大小来调整阀的开度，以实现自动调节冷水机组制冷量，满足外界空调负荷变化的要求。膨胀阀的选择按下式计算：

$$A = M_R/kCD(P_2 - P_1)^{1/2} \qquad (3\text{-}15)$$

式中　A——膨胀阀的流通截面面积（m^2）；

M_R——制冷剂的质量流量（kg/s）；

k——常数；

CD——流量系数，CD = $0.02005\rho/2 + 0.634v$；

ρ——膨胀阀入口处制冷剂的密度（kg/m^3）；

v——膨胀阀出口处制冷剂气液混合物的比体积（m^3/kg）；

$P_2 - P_1$——膨胀阀进出口压力差，可近似采用 $P_k - P_o$。

由上式可以看出，膨胀阀的容积与制冷剂的质量流量、阀前后的压力差等制冷工况有关。由于空调工况与蓄冰工况制冷剂流量、阀前后的压力差及运行特性等差别很大，故蓄冰工况与空调工况使用同一膨胀阀显然是不合适的。特别是由于热力膨胀阀本身构造所限，其适用的温度及调节范围较小，若膨胀阀容量选得过小，会造成蒸发器传热面积得不到充分利用，制冷量下降。若膨胀阀容量选得过大，则又会影响其调节性能，加大蒸发器出口温度的波动及过热度，制冷系统效率下降，严重时会出现液击现象。

由于主机在空调工况或制冰工况下运行，其运行条件相对比较稳定，故选用双热力膨胀阀，即在原机组上加装一个热力膨胀阀，对应地安装电磁阀、液体过滤器、截止阀等，以适应制冰工况的运行要求。

（2）其他的辅件

1）由于冷冻水回路由原来的冷冻水改为不冻液（质量分数为 25% 的乙二醇），密度及其他性能发生变化，故更换了适合质量分数为 25% 的乙二醇溶液的水流开关，以便机组能准确地感测冷冻液体的流量，保证机组正常运行。

2）在冷凝器冷却水出口端装设低压水阀。通过制冷剂冷凝压力的变化调整水阀的开度，从而保证冷凝器的正常工作。

3）在每台压缩机制冷剂管路上装设蓄液器，确保制冷剂正常流动。

4）在每台压缩机上安装了冷却油安全阀。当油压不足时，可自动关闭压缩机。

5）相应地控制执行组件、温度和压力传感器及控制线路。

6）干燥过滤器重新进行更换。

主机改造完成后，可在四种模式下运行，即在控制面板上装设了一个切换开关。位置1：手动制冷工作方式；位置2：手动制冰工作方式；位置3：自动工作方式；位置4：关机模式。

4. 结论

该项目实施后，运行正常。经测试均达到设计指标，证明技术设计是正确的。但值得注意的是，在实施过程中，由于制冷剂管道系统改动大，银焊烧结过程需加倍小心，否则会增加较多的工作量。特别是在改造过程中，若焊丝的型号规格不对，勉强烧结，试压后会产生泄漏的现象。因此，对于改造工程，技术设计的正确性固然是重要的，但施工过程也应该一丝不苟，这也是保证项目成功的关键。

3.2.7　冰蓄冷空调控制方法的研究与应用

冰蓄冷空调是把电力负荷低谷的电用来制冰蓄冷，高峰时融冰释冷，从而调整电力负荷，使电厂高效运行。

冰蓄冷循环系统详见图 3-37。下面利用该工程实例，阐述冰蓄冷空调的控制方法及控制内容。

1. 系统各时段运行模式与要求

系统各时段运行模式与要求详见表 3-26。

表 3-26　蓄冰控制程序

时间	模式	蓄冰制冷机 A	蓄冰制冷机 B	冷却水塔	乙二醇泵 P-1A	乙二醇泵 P-1B	冷却水泵 P-2A	冷却水泵 P-2B	冷水泵 P-3A	冷水泵 P-3B	三通阀 V-1	三通阀 V-2
07:00—08:00	制冷机供冷	程序控制	程序控制	温度控制	程序控制	程序控制	程序控制	程序控制	负荷控制	负荷控制	A-C	A-B
08:00—11:00	融冰供冷	关	关	关	开	并	关	关	负荷控制	负荷控制	调节	A-B
11:00—17:00	制冷机和融冰同时供冷	程序控制	程序控制	温度控制	开	开	程序控制	程序控制	负荷控制	负荷控制	调节	A-B
17:00—18:00	关	关	关	关	关	关	关	关	关	关	—	—
18:00—19:00	制冰	开	开	温度控制	开	开	开	开	关	关	A-B	A-C
19:00—22:00	关	关	关	关	关	关	关	关	关	关	—	—
22:00—07:00	制冰	开	开	温度控制	开	开	开	开	关	关	A-B	A-C

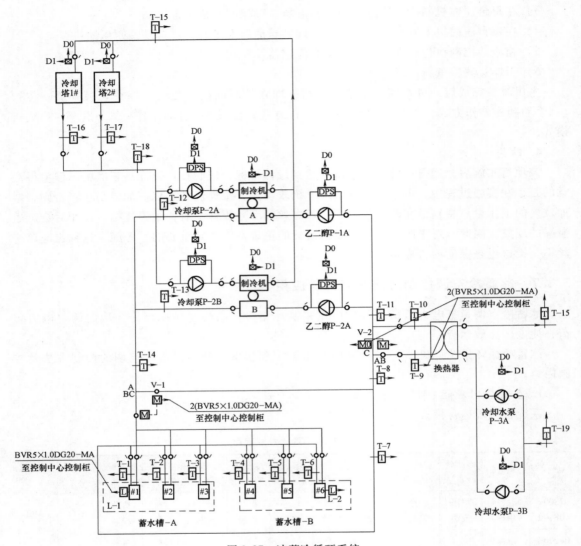

图 3-37   冰蓄冷循环系统

2. 各设备的控制流程

1）冷却塔风机控制流程，详见图 3-38。

2）冷却水泵控制流程，详见图 3-39。

3）乙二醇泵控制流程，详见图 3-40。

4）蓄冰制冷机的控制流程，详见图 3-41。

5）冷水泵控制流程，详见图 3-42。

3. 优化控制方法

上述控制系统是建立在优化控制方法的基础上的。优化控制方法就是提出目标函数，在一定的约束条件下，通过计算机（可编程序控制器）程序控制，使该目标函数达到极值，使冰蓄冷系统最大限度地发挥作用，尽可能地减少制冷机负荷高峰期的用电，根据各不同的电价组合进行优化控制，使用户的运行电费最少。优化控制的具体实现可以分为以下几个

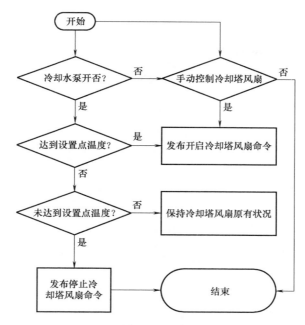

图 3-38 冷却水塔风机控制流程图

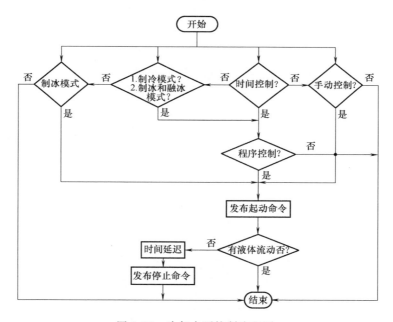

图 3-39 冷却水泵控制流程图

步骤:

(1) 环境温度预测　空调负荷与室外环境温度有关,制冷机能耗也与室外环境温度有关,为了对蓄冰、融冰过程进行综合控制,就需要对环境温度进行预测。利用气象台发布的天气预报数据,结合实测的实时外温,做出相应的数学模型,编制相应的程序来预测第二天的室外环境温度。

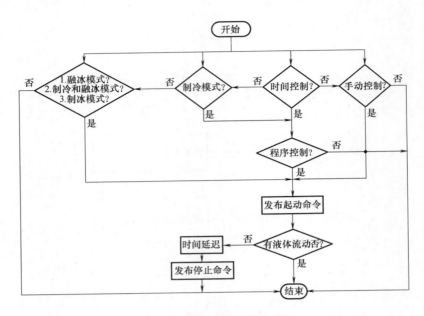

图 3-40　乙二醇泵控制流程图

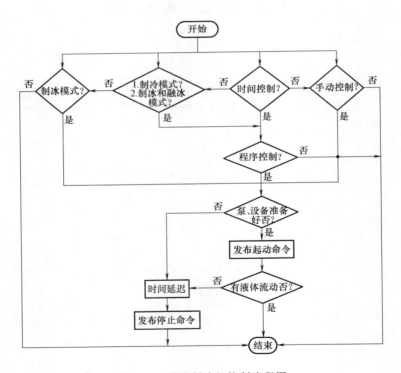

图 3-41　蓄冰制冷机控制流程图

（2）冷负荷预测　先利用历史数据采用系统辨识技术做出负荷预测系统模型，再对模型参数进行初始化计算，计算出模型里的各系数，并用实际值和预测值比较来不断修正模型参数。

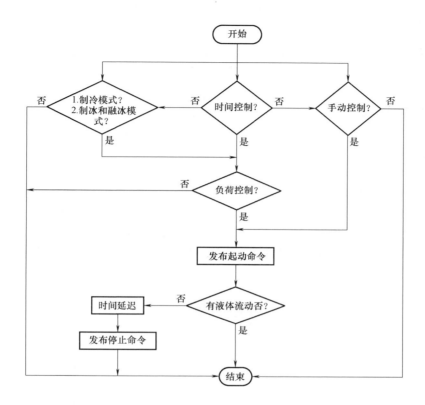

图 3-42　冷水泵控制流程图

（3）系统能耗模型　要进行系统的优化还要考虑系统的能耗问题。冰蓄冷系统的能耗主要包括：冷冻机、冷却塔和各种水泵的电耗。为此，先需根据历史资料给出各设备在不同工况下的能耗模型，然后再综合为系统能耗模型。

（4）最优化控制方法求解　设用户每半小时的冷负荷为 q_j，其中冷冻机承担负荷 q_{zj}，蓄冰装置承担负荷 q_{xj}，冷冻机承担 q_{zj} 时的运行费用为 $R(q_{zj})$，蓄冰装置承担负荷 q_{xj} 时的运行费用为 $I(q_{xj})$，全天的运行费用为

$$F = \sum_{j=1}^{24} \left[R(q_{zj}) + I(q_{xj}) \right] \tag{3-16}$$

优化的目标是使得 F 值最小。

优化问题的约束条件是一些设备实际物理量限制的数学表达式：如冷冻机最大承载能力，蓄冰装置的最大蓄冰量、融冰能力等。按蓄冰装置、冷冻机性能等给出具体约束条件，按电价结构、用户负荷、系统性能给出具体目标函数后，可以使用最优化方法求解该问题，得到的结果是各时刻冷冻机和蓄冰装置分别负担的冷负荷 q_{zj} 和 q_{xj}。

4. 结论

通过对该项目的实施，证明在非设计条件下，用户日负荷小于典型设计的逐日负荷时，优化控制能节约大量的运行费。特别是一般情况下，设计负荷往往超过实际负荷，冷源供冷能力偏大，这时优化控制就能体现出更多的好处。

3.2.8 冰蓄冷空调试验台的建设

由于有较好的分时电价政策以及分时计价表的广泛使用，例如武汉市，不仅工业、商业用电基本上安装了分时计价表及容量控制器，而且一般的低压用电户、居民用电等都在积极推广应用分时计价表，不少用户已在分时计价中得到了实惠。这为采用冰蓄冷空调机组提供了极好的基本条件，也使得电力部门与用户都能获得裨益。

正是基于上述种种原因，使我们有了冰蓄冷空调试验台的设想与建设。

1. 试验台的系统流程

试验台的系统流程详见图 3-43。该系统可在制冷、制冰两个工况下工作；配有两台压缩机，分别可作为蓄冰和基载机用。系统还配有两个蓄能槽，一个是液体循环蓄能槽，一个是空气循环蓄能槽，槽内可用不同的基本介质。系统同时配置了测量仪表，数据采集、手动、自动控制系统，系统运行时可对各种不同工况的温度，制冷剂流量，供冷空气、液体流量，系统压力等参数进行数据测定及采集，并可对系统进行手动和自动调节与控制。

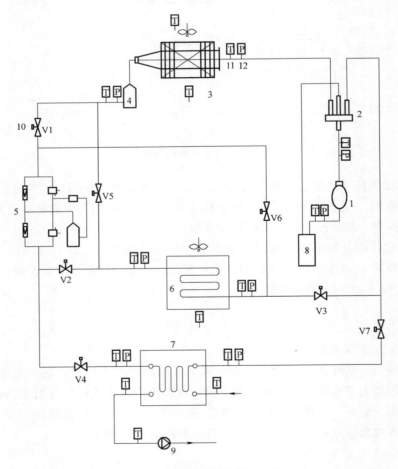

图 3-43　冰蓄冷空调试验台流程图

1—压缩机　2—四通阀　3—冷凝器　4—蓄冷用储液器　5—双阀机构　6—蓄能槽（1）　7—蓄能槽（2）

8—气液分离器　9—水泵　10—V1 ~ V7 球阀　11—温度表　12—P 压力表

2．试验台主要研究的内容

1）冰蓄冷空调机的各种工况及不同应用情形时经济性的研究。

2）蓄冷、释冷过程和效率的研究。

3）蓄冷、释冷过程和速率的研究。

4）蓄能槽内静态、动态传热规律的研究。

5）空气系统、水系统、其他蓄冷蓄热介质的蓄能、释冷对比试验的研究。

6）特殊蓄热、蓄冷介质热泵工况下运行时，蓄冷、蓄热特性的研究。

7）冰蓄冷空调机产业化定型的研究。

3．试验台建设的目的和意义

1）研制不同类型、不同容量的冰蓄冷空调机并产业化。

2）满足教学性的测试、演示试验。

3）提供研究项目与试验。

4）对社会提供商业性服务。

4．设备材料的选择与应用

1）选择两台压缩机，两台机组可全部用于蓄冷，也可用一台蓄冷，另一台做基载机。

2）选择双膨胀阀，以适应双工况运行。

3）风机、水泵均选用变频控制。

4）选择了一套小型 DDC 控制系统。

5．结论

该试验台的建立，有益于教学与科研以及产品的开发。通过不断的研究，使研究成果产业化，为国家和学校做出贡献。同时，该试验台对本科生、研究生的培养大有裨益。通过设置试验台的测控系统，也可同本专业其他试验或系统共享。

第 4 章
负荷匹配与控制技术

4.1 液体除湿空调性能的研究

冷却除湿需要消耗高品位电力，对电网的依赖性强，同时压缩制冷使用的氯氟烃制冷剂是造成大气臭氧层破坏的罪魁祸首。基于太阳能溶液除湿的温湿度独立控制空调系统，可以靠低品位能（太阳能）再生，可以使显热处理的效率提高30%，从而显著降低空气处理的能源消耗。而且溶液还具有很强的蓄能特性，这使得空调系统对负荷变化的调节能力显著增强。利用太阳能再生的液体除湿冷却空调系统，可使用很低温度的热源，且没有制冷机组，因而可降低太阳能收集装置及空调系统的成本。分析表明该系统具有较高的太阳能利用率，在一般气候条件下可获得需要的空调温度，再加上高效率的辅助加热方式，具有较大的发展潜力。因此，研究液体除湿空调除湿性能很具节能意义。

以实际液体除湿空调系统为对象，进行试验研究，通过改变系统中除湿器入口空气及溶液的参数，得出空气出口温、湿度随之变化的状况。并与理论模拟计算值比较，获得试验值和理论值有相同的变化趋势的试验数据。由此得出在诸多的入口参数中，溶液的温度和流量的变化对空气出口温、湿度影响较大，空气的出口温度试验值偏小于理论值，空气的出口湿度试验值偏大于理论值。这将对液体除湿空调系统的性能分析和设计提供帮助。

4.1.1 除湿器的数学模型

除湿器的数学模型，通常采用双膜理论进行分析。实际的除湿系统采用的装置为绝热型填料塔除湿器，溶液从填料上方喷淋，空气从填料下方进入，两者在填料间进行逆向流动的传热传质，传热传质简化模型如图 4-1 所示，吸湿溶液与空气在虚线表示的两相界面处发生热质传递。

假定：除湿、再生过程是绝热的；传热和传质阻力主要取决于气相，液相阻力可以忽略；填料被充分浸润，传热传质界面相同；塔的轴向没有扩散。

除湿机组模拟测试点 1、2、3、4，

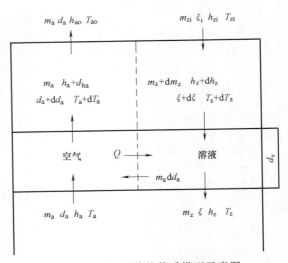

图 4-1　除湿器传热传质模型示意图

如图 4-2 所示。

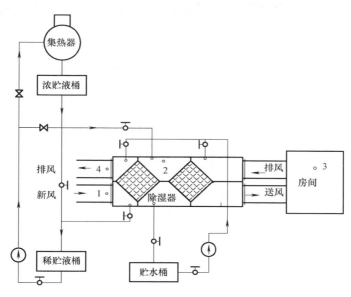

图 4-2　液体除湿空调试验台系统示意图

模拟计算包括以下内容：已知①空气进口温度 $T_{a,i}$、含湿量 $d_{a,i}$ 和流量 G；②热交换效率 η_k、湿交换效率 η_d；③浓溶液（溶液 3）温度 $T_{L,3}$ 和浓度 ε_3；④喷淋溶液（溶液 1）温度 $T_{L,2}$ 和浓度 ε_2；⑤气液比 μ_r。

求：①进口空气焓 $h_{a,i}$、水蒸气分压力 $P_{q,a,i}$ 和相对湿度 ϕ；②出口空气温度 $T_{a,i}$、含湿量 $d_{a,i}$、流量 G、焓 $h_{a,i}$、水蒸气分压力 $p_{q,a,i}$ 和相对湿度 ϕ；③测点 1 溶液的表面空气水蒸分压力 $p_{q,\varepsilon,1}$、焓 $h_{\varepsilon,1}$、含湿量 $d_{\varepsilon,1}$ 和溶液流量 L_1；④测点 2 溶液的温度 $T_{L,2}$、浓度 ε_2、表面空气水蒸分压力 $p_{q,\varepsilon,2}$、焓 $h_{\varepsilon,2}$、含湿量 $d_{\varepsilon,2}$ 和溶液流量 L_2；⑤测点 3 溶液的表面空气水蒸分压力 $p_{q,\varepsilon,3}$、焓 $h_{\varepsilon,3}$、含湿量 $d_{\varepsilon,3}$ 和溶液流量 L_3；⑥测点 4 溶液的温度 $T_{L,4}$，浓度 ε_4、表面空气水蒸分压力 $p_{q,\varepsilon,4}$、焓 $h_{\varepsilon,4}$、含湿量 $d_{\varepsilon,4}$ 和溶液流量，L_4；⑦单位干空气除湿量 Δd（g/kg）；⑧总除湿量 w（kg）；⑨制冷量 Q（kW）；⑩冷却量 Q_c（kW）；

上面的参数中对于空气的温度、含湿量、焓、水蒸气分压力和相对湿度 5 个变量中，只有两个是独立的，知道其中任何两个便可求出其他参数。对于溶液只有温度和浓度是独立的变量。考虑到需要对大量的计算结果进行分析，而 Execl 表格软件具有强大的数据分析功能，因此采用 Excel 软件的二次开发语言 VBA 编制程序。程序界面如图 4-3 所示，为验证程序计算的可靠性，将资料的数据和程序计算数据进行比较。

4.1.2　液体除湿空调试验系统及除湿器试验方法

采用如图 4-2 所示的系统，以 LiCl 溶液为除湿剂，设计了一个除湿系统，其设计参数见表 4-1。

表 4-1　除湿塔设计尺寸

项　　目	数　　据
塔的尺寸	长 × 宽 × 高：1920mm × 520mm × 850mm
填充材料	聚氯乙烯波纹板
接触面积	80m²

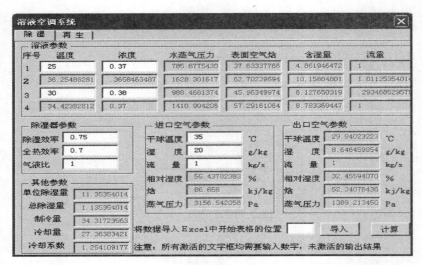

图 4-3　程序界面

除湿器的试验研究主要是在空气与溶液的流量稳定时，调节空气与溶液的入口工况，研究其出口参数——空气的出口温度与湿度和理论模拟值的接近程度和变化趋势。该试验为了试验结果具有可比性，各工况参数设有参照值，具体各值为：

环境温度 35℃，大气压力 1.01×10^5 Pa；溶液的入口浓度 40%（质量分数），溶液的入口温度 30℃，溶液的入口流量 920L/h；空气的入口温度 35℃，空气的入口湿度 20g/kg，空气的入口流量 390m³/h；试验中主要测量的数据为空气的温度、湿度、流量以及除湿溶液的温度、浓度和流量。

为此所采用的试验测量仪器仪表如下：

1）镍铬镍硅热电偶：精度 ±0.1℃，用以测量被处理空气的干球温度和湿球温度。

2）温度计：测量除湿溶液的温度。

3）JA21002 型电子精密天平：最大称重 2.1kg，精密度 10.1g，测量取样的除湿溶液的质量。

4）量筒：量程 25mL，精度 ±0.5mL，测量取样的除湿溶液的体积。

5）防腐型玻璃转子流量计：测量溶液流量。

6）毕托管：测量空气流量。

4.1.3　试验结果及讨论

试验的主要内容是，分别改变溶液入口的温度和流量，以及被处理空气的入口温度和湿度条件下，观察除湿器出口空气的温、湿度变化，并和理论值进行比较（图 4-4 ~ 图 4-7）。可以看出，试验值与理论值较吻合。

图 4-4 ~ 图 4-7 所示为除湿填料塔中吸湿剂溶液和空气的进口参数对塔出口含湿量的影响。从图线的变化趋势看，除湿器的工作过程有以下特点。

1）空气除湿后的出口温度在各工况下都同溶液的入口温度非常接近，除湿后空气的湿度也与溶液的温度成正比关系，这说明在实际运行中被除湿处理空气的出口状态受溶液入口温度的影响具有决定性，保持在除湿过程中溶液的温度将有利于空气的除湿效果。

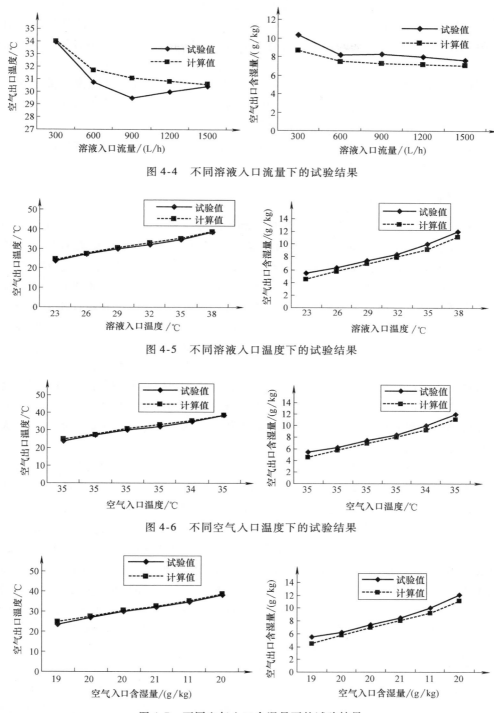

图 4-4　不同溶液入口流量下的试验结果

图 4-5　不同溶液入口温度下的试验结果

图 4-6　不同空气入口温度下的试验结果

图 4-7　不同空气入口含湿量下的试验结果

2）在溶液流量较小时，空气出口温度与湿度明显升高，一是因为溶液流量过小，不能保证填料充分润湿，传热传质面积减小，除湿性能下降；二是溶液流量过小，溶液热容量减小，溶液吸湿时产生的潜热使溶液的温度上升，降低了除湿剂的吸湿能力。在实际研究的试验条件下，如图 4-4 所示，溶液流量为 700L/h 时，是除湿性能显著改变的转折点。由此可见，除湿器要有良好的吸湿性能，一定要有合适的溶液流量，或者说要有合适的空气溶液流量比。

3）进口除湿溶液温度越低，除湿量越大。这是由于温度比较低的除湿溶液，它的表面蒸气压低，有利于水分从被处理空气向除湿溶液传质，从而有利于除湿过程的进行。所以降低除湿溶液的进口温度，有利于除湿量的增加。

4）入口空气含湿量增加将降低除湿能力，使出口空气含湿量增加，这是由于入口空气含湿量增加会将多余的湿带到出口状态。

4.1.4 溶液除湿空调系统

溶液除湿空调系统对空气热湿处理策略：利用溶液对新风进行除湿，使其能够承担房间的湿负荷，利用高温冷源（18 ~ 20℃）承担空调房间的显热负荷。该试验研究了 3 种以溶液为媒介的新风处理方式，即①不带热回收的多级模块串联除湿新风机组；②溶液循环实现全热回收新风除湿机组；③回风蒸发冷却实现热回收的新风除湿机组。不带热回收的除湿机组，采用逐级除湿，利用温度较高、较稀的溶液处理湿度大的空气，可以使用温度较高的免费冷源冷却（如冷却塔水），利用温度低、浓的溶液处理较干燥的空气，所需的低温冷源可以通过制冷设备获得，但需要的制冷量大大减少，制冷设备的效率也大大提高；带热回收的新风除湿机组，全热回收效率高，而且可以避免新风和排风的交叉污染问题。

溶液再生机组通常由多个再生模块组成，并带有空气热回收器和溶液热回收器，溶液逐级再生，温度较高的热源再生浓度较大的溶液，温度较低的热源再生浓度较小的溶液，充分利用热源的热能，溶液再生的热能主要来自城市热网、热泵、燃气热电联产的预热、太阳能以及其他的工业废热等。

评价溶液除湿空调系统的技术性能参数主要有 2 个：①基础能源消耗量；②当量电能性能系数。要降低热能驱动空调系统的"基础能源消耗量"，应重点提高系统的热能性能系数。此外，燃料转化为电能的转换效率与燃料转换为热能的转化效率之比 η_{ef}/η_{tf} 越大，与蒸气压缩式空调系统消耗等量"基础能源"的热能驱动空调系统的性能整体系数越高。热能驱动空调系统的经济性，通常用年均空调节电量、年均空调费用这 2 个经济性能参数评价。传统电能驱动蒸气压缩式空调系统的耗电量与热能驱动空调系统的"当量耗电量"之差，即为热能驱动空调系统的年均空调节电量。如果该值小于零，说明热能驱动空调系统与蒸气压缩式空调系统相比，尽管实际消耗电量较小，但"当量耗电量"更大。"年均空调费用"不仅考虑了空调系统的除湿成本和使用寿命，还考虑了系统的技术性能影响。

4.1.5 结论

通过对试验值与计算值的对比可以发现，空气的出口温度是试验值小于计算值；空气出口湿度是试验值高于计算值。空气出口湿度试验值的偏高说明了传质在实际运行中被削弱。出现这种现象的原因是除湿器的数学模型是建立在许多假设之上，如假设气液在除湿塔各截面均匀分布，假设填料表面被充分润湿，忽略塔壁对除湿过程的影响等。而在实际中，由于填料压降的不均匀，尤其在塔壁处缝隙较大，压降小，空气与溶液会沿着阻力较小的流道流动，容易造成沟流、壁流现象，这些均能造成溶液与空气在除湿塔各截面上分布不均匀，从而造成部分填料表面没有溶液润湿，传热传质面积被减小，传质被削弱。当传质量减小时，由传质释放的汽化热会减小，溶液与空气的温升就会减小，空气出口温度偏低。

溶液除湿空调系统，应根据冷源和热源的品质，进行逐级除湿和再生。利用温度较高、较稀的溶液处理湿度大的空气；利用温度低、较浓的溶液处理较干燥的空气，最大限度地利用免费冷源，减少购买冷量；温度较高的热源再生浓度较大的溶液，温度较低的热源再生浓度较小的溶液，充分利用热源。提高溶液除湿空调系统的技术性能，应重点提高系统的热能性能系数。

4.2　负荷独立控制空调系统的研究

随着节能要求的逐步提高，建筑物的密封性能越来越好，这样虽然使得建筑物的能量耗散减少，但是同时却忽略了人们对室内环境舒适性的要求，所以如何在提高冷（热）量的利用效率的同时，对室内环境进行优化，是一个十分值得探讨的问题。

研究针对办公室的室内环境，对其冷负荷进行分类，采用负荷独立控制系统，提出利用不同的送风方式对不同的负荷进行处理，一方面利用置换通风对工作区域进行送风，以消除人员及设备散热引起的冷负荷；另一方面在外墙附近采用下送上回式吹吸式通风将冷风直接作用于外墙内壁，阻隔围护结构的散热进入工作区域内。利用 CFD 模拟软件建立一个办公室的数学模型，对该系统的温度场、速度场等进行分析，研究置换通风和吹吸式通风控制负荷的效果，并对工作环境的舒适性进行评价。

研究结果表明，吹吸式通风能够在外墙内壁面上形成贴附流，对围护结构的冷负荷进行控制；置换通风将含有新风的冷空气直接作用于工作区域内，提高了通风效率和送风温度，增加了舒适度，并在室内形成了温度分层，有一定的节能效果。

4.2.1　负荷独立控制空调系统

对于一般的公共建筑而言，空调总冷负荷一般包括以下几个部分：围护结构冷负荷、人体散热引起的冷负荷、设备及照明散热引起的冷负荷、新风冷负荷等。建筑围护结构冷负荷的大小主要与气象条件和围护结构的传热相关；而人员散热冷负荷、新风负荷主要与人员数量，工作强度等相关；设备及照明负荷主要与其总使用功率相关。对于很多公共建筑（比如办公楼），设备和照明的总功率归根结底是与使用人数相关的，所以可以把人员散热冷负荷、新风冷负荷、设备及照明冷负荷归结为同一类负荷，统称为人员冷负荷。

负荷独立控制空调系统针对以上所归纳的两类不同的负荷采取了不同的送风方式。

如图 4-8 所示，对于围护结构的冷负荷，可以采用吹吸式通风的方式，将冷风直接作用于外墙上，使冷风在外墙内壁上形成一层贴附层，冷风在吸收了墙壁的余热后直接进入回风口，不与室内其他区域产生换热。对于人员负荷，可以采用置换通风的方式，将

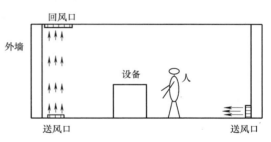

图 4-8　送风示意图

含有新风的冷空气由风口下送至人员的工作区域，在地面形成一个空气湖，而吸收了余热余湿的热空气则由上部的回风口排出。这样一方面使得新风得到了充分的利用，另一方面由于冷风只需要带走工作区域内的余热余湿，可以使冷量得到减少，起到节能效果。大量研究表明，置换通风较传统混合通风更为节能。

将不同性质的负荷分开处理，一方面可以让冷量的利用更有针对性，使其效果更好，另一方面，也可以采用不同的节能措施降低能耗。对于人员负荷，在相同的工作条件下，每个人及其配套的工作设备所产生的冷负荷相差不大，其总负荷大小主要与人员数量相关。例如在办公楼内，工作日与周末的人数必然有所差别，通过对人数的统计，可以相应地调节空调制冷量，以达到节能的目的。

4.2.2 模型的建立

1. 物理模型

（1）模型的概况 模拟的对象为武汉某办公楼，为了便于研究，选取了其中一间较为典型的办公室作为研究对象，房间长 4m，宽 4m，净高 3m。房间的西墙为外墙，室内热源主要包括 3 名工作人员与 3 台计算机以及 2 个灯管，通过逐时负荷计算得到其最大负荷时刻在下午 3 点，其主要负荷见表 4-2。

表 4-2 主要负荷

	负荷/W		负荷/W
西外墙	1067	灯具散热冷负荷	116
人体散热冷负荷	402	人员负荷	402 + 405 + 116 = 923
计算机散热冷负荷	405	总负荷	923 + 1067 = 1990

（2）置换通风的计算 关于置换通风送风量的计算方法有很多，由于办公室对热舒适性要求较高，故采用以热舒适性要求为依据的计算方法。

送风量

$$q = \frac{(AQ_o + BQ_1 + CQ_e) \times 3600}{\rho c_p \Delta T_{fh}} \tag{4-1}$$

式中 Q_o——工作区内人员及设备冷负荷（W）；

Q_1——头顶上部灯光的冷负荷（W）；

Q_e——围护结构冷负荷（W）；

A、B、C——坐姿时进入工作区内头与脚高度之间空气对流传热引起的冷负荷附加系数，分别为 0.295、0.132、0.185；

ΔT_{fh}——人体头脚温差，坐姿时取 2.0℃，站姿取 3.0℃。

送排风温差

$$T_e - T_s = \frac{(Q_o + Q_l + Q_e) \times 3600}{q\rho c_p} \tag{4-2}$$

由于采用负荷独立控制，故在计算置换通风送风量时，不考虑围护结构冷负荷 Q_e，将数据代入计算可得 $q = 377 \text{m}^3/\text{h}$，$T_e - T_s = 7.27℃$。

另外，瑞典 Mundt 理论推导的无量纲温度 λ 的计算式如下：

$$\lambda = \frac{T_f - T_s}{T_e - T_s} = \frac{1}{\frac{\rho c_p q}{A_f \times 3600}\left(\frac{1}{\alpha_r} - \frac{1}{\alpha_c}\right) + 1} \tag{4-3}$$

式中　T_f——人员脚踝处的温度，即离地 0.1m 处的温度，设定为 22℃；

　　　A_f——房间地板面积；

　　　α_r——房间辐射换热系数，一般取 5W/(m²·℃)；

　　　α_c——房间表面换热系数，一般取 4W/(m²·℃)。

代入计算可得 $T_s = 20.4℃$，$T_e = 27.7℃$。

（3）吹吸式通风的计算　采用控制流速法对出口风速等进行计算，在工业通风中一般要求吸风口前射流末端的平均速度保持一定数值，通常要求不小于 0.75 ~ 1m/s，就能保证对有害物的有效控制，由于本研究主要应用于舒适性空调系统中，其主要目的是利用冷空气控制围护结构的散热，同时要求工作区域内的风速不宜过高，因此假定在距离送风口 2m 的高度上，平均风速为 $v_1 = 0.2m/s$。

由于 $v_1 = 0.2m/s$ 是指射流末端有效部分的平均风速，可以近似地认为射流末端的轴心风速 $v_m = 2v_1 = 0.4m/s$。

按照平面射流的计算式

$$\frac{v_m}{v_0} = \frac{1.2}{\sqrt{\dfrac{aH}{b_0} + 0.41}} \tag{4-4}$$

式中　v_0——出口风速；

　　　a——出口紊流系数，取 0.108；

　　　H——射流距离，2m；

　　　b_0——出口宽度，取 $b_0 = 0.04$。

送回风温度与置换通风相同，可以计算送风量

$$q = \frac{Q_e \times 3600}{\rho c_p \Delta T_{fh}} \tag{4-5}$$

计算可得 $v_0 = 0.8m/s$，$q = 436m^3/h$。

根据流体力学，计算吸风口前射流流量 q_1

$$\frac{q_1}{q} = 1.2\sqrt{\frac{aH}{b_0} + 0.41} \tag{4-6}$$

可以计算得到吸风口前射流的流量 $q_1 = 1526m^3/h$，另一方面由于置换送风口和吹吸式送风口的总送风量为 813m³/h，为保持室内的风量平衡，通过比较两风量的大小，吸风量应为 813m³/h，吸风口与吹吸式送风口的位置相对。

2. 数学模型

（1）边界条件　采用 PHOENICS 软件进行 CFD 仿真模拟，房间大小和室内热源情况与物理模型相同（图 4-9）。模拟房间的 OYZ 面为外墙，热流量为 1067W，其余墙体为内墙。由于隔壁和楼上下房间均设有空调，可以假定该房间与其他房间没有通过墙体进行换热，故假设内墙与楼板均为绝热条件。

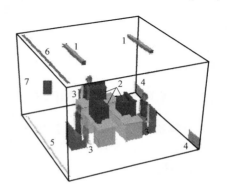

图 4-9　CFD 模型

1—灯管　2—计算机　3—工作人员

4—置换通风　5—送风口

6—回风口　7—西外墙

房间内部分别设置了置换通风口 4、送风口 5 和回风口 6，其中 5 和 6 的空间位置相对，距离外墙 100mm。风口的具体参数见表 4-3。

表 4-3　风口的具体参数

编号	名称	尺寸	风速/(m/s)	温度/℃
4	置换通风口	450mm × 400mm	0.25	22.4
5	送风口	3800mm × 40mm	0.8	22.4
6	回风口	3800mm × 60mm	1	—

（2）计算方程　通用控制方程的形式为

$$\frac{\partial(\rho\phi)}{\partial t} + \mathrm{div}(\rho u\phi) = \mathrm{div}(\Gamma_\phi \mathrm{grad}\phi) + S_\phi \tag{4-7}$$

式中　ϕ、Γ_ϕ、S_ϕ——通用变量、广义扩散系数和广义源项。

对于该方程的数值解法，一般采用有限单元法、有限差分法、边界元法或有限分析法，其中有限差分法最为成熟简单。

（3）计算网格的划分　采用 PHOENICS 经典的矩形网格进行划分，为了更好地了解吹吸式通风对围护结构负荷处理的效果，外墙和送风口 5 周围的网格划分得更密，同样在置换通风口及热源附近的区域也进行了相同的设置，以便对其温度场和速度场等进行更细致的了解（图 4-10）。

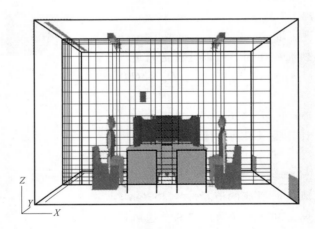

图 4-10　网格划分示意图

4.2.3　CFD 模拟的结果与分析

计算机经过 1000 次的迭代计算，压力、速度、温度、空气龄等曲线都没有很大的震荡，逐步收敛，出错率逐渐减小，表明计算已经趋于稳定。

1. 温度场

图 4-11 所示是在工作人员活动的平面上的温度场分布图，从图上可以清楚地看到由于采用置换通风，室内温度分层的现象清晰可见，温度由下到上逐渐上升。在工作区域以内，空气凉爽，温度均匀，房间上部的空气温度较高，同时可以看出室内人员、计算机、灯具等热源周围的温度较高，而在外墙周围却并没有很高的温度，这说明采用了吹吸式通风控制外

墙的负荷后，外墙的负荷被隔离消除在工作区以外了。

图 4-12 ~ 图 4-16 分别选取了 $X = 0m$、$0.05m$、$0.1m$、$1.0m$、$2.0m$ 五个断面的温度分布，从图中可以看出很明显的温度分布。图 4-12 ~ 图 4-14 是由外墙壁面到送风口断面的温度分布，从图中可以看到，在 $X = 0m$ 时，壁面的平均温度较高，温度在 25℃ 以下的低温层高度较小，其上部的局部温度达到 30℃ 以上，温度梯度较大；$X = $

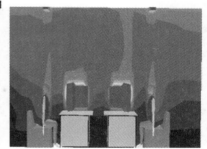

图 4-11　$Y = 1.6m$ 的温度分布

$0.05m$ 时，平均温度明显降低，低温层高度有所增加；$X = 0.1m$ 时，由于送风口的作用，该断面的低温层高度很高，温度梯度较小。通过对这三个断面温度分布的对比可以知道，在吹吸式通风的作用下，外墙内壁周围的空气的温度梯度变化很大，另一方面，从图 4-15、图 4-16 中可以看到，工作区域内的温度梯度较为稳定，温度分层较为适中，并未受到下送风口的影响，这说明在吹吸式通风的作用下，外墙的负荷得到了很好的控制，同时这种方式并没有对工作区域内的温度场产生很大的影响。图 4-17 是 $X = 3.0m$ 断面的温度分布，该断面距离置换通风口较近，但从图中可以看出，其温度分布与图 4-15 差别不大，说明其并未受到送风口很大的影响，主要原因是因为出口风速较低，且冷空气从风口出来后会下沉，贴附于地面缓慢运动，所以不会对温度场产生明显的干扰。

图 4-12　$X = 0m$ 的温度分布

图 4-13　$X = 0.05m$ 的温度分布

图 4-14　$X = 0.1m$ 的温度分布

图 4-15　$X = 1.0m$ 的温度分布

图 4-16 $X=2.0$ m 的温度分布

图 4-17 $X=3.0$ m 的温度分布

为了进一步对温度分布进行量化的分析，选取一些断面的平均温度进行统计整理，见表4-4。在表 4-4 中可以看到在 X 和 Y 轴的方向上，工作区域断面的平均温度都在 25℃ 左右，上下波动一般不超过 0.5℃，说明该房间内的温度在 X 和 Y 反方向上分布较为均匀，值得注意的是，在 X 方向上，从外墙内壁到下送风口的 0.1m 的距离中，断面的平均温度从 27℃ 下降到 23.4℃，温度变化较大，这是因为围护结构负荷的作用，外墙的温度较高，而冷风直接作用于壁面上后，其散热得到了控制，没有进入房间内部。同时在 Z 轴方向，即高度方向上温度是逐渐升高的。送风温度为 20.4℃，人的坐姿呼吸带一般为 1.1m，站姿高度一般不超过 2.0m，此高度的平均温度分别为 24.5℃ 和 25.9℃，说明在工作区域内，温度是在舒适性范围以内的。另外，当把指针置于三个人的脚底时，可以测得温度约为 23.2℃、23.3℃ 和 23.0℃。所以当人为坐姿时，其头脚温差为 1.3℃、1.2℃ 和 1.5℃，不超过 2℃，当人为站姿时，其头脚温差为 2.7℃、2.6℃、2.9℃，均不超过 3℃，符合人对舒适性的要求。

另一方面，送风温度设定为 20.4℃，当其经过工作区域后上升至屋顶，平均温度达到 28.2℃，温差达到 7.8℃，说明冷风在工作区域中与工作人员和设备进行了充分的换热，冷量得到了高效的利用。

表 4-4   部分断面的平均温度

X 方向的温度分布		Y 方向的温度分布		Z 方向的温度分布	
X/mm	平均温度 T/℃	Y/mm	平均温度 T/℃	Z/mm	平均温度 T/℃
0	27.0	0	24.5	0	20.8
10	26.5	250	24.5	250	21.3
20	26.0	500	24.5	500	21.9
40	25.2	750	24.5	750	22.6
80	23.6	1000	24.4	1000	24.0
100	23.4	1250	24.5	1250	24.9
200	23.8	1500	25.4	1500	25.2
400	24.3	1750	25.3	1750	25.6
800	24.6	2000	24.6	2000	25.9
1000	24.7	2250	24.5	2250	26.3
1500	24.9	2500	24.7	2500	26.5

（续）

X 方向的温度分布		Y 方向的温度分布		Z 方向的温度分布	
X/mm	平均温度 T/℃	Y/mm	平均温度 T/℃	Z/mm	平均温度 T/℃
2000	24.8	2750	25	2750	26.8
2500	25	3000	24.5	3000	28.2
3000	24.8	3250	24.5		
3500	24.6	3500	24.5		
3800	24.6	3750	24.5		
4000	24.6	4000	24.5		

2. 速度场和空气龄

工作断面的速度分布如图 4-18 所示。从图中可以看到外墙内壁周围的气流速度较高，因为当送风口和墙壁足够近时，送风气流会在墙壁上产生贴附效应，由此可以看出，在送风口和回风口的共同作用下，冷风会在外墙附近形成一层附面层。送风口上方的气流速度分布如图 4-19 所示，气流从下送风口送出后，速度逐步衰减，直至到达回风口附近，气流速度逐渐回升，最终进入回风口。

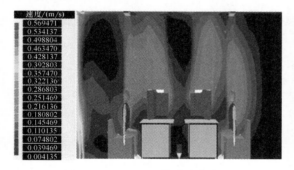

图 4-18 Y = 1.6m 的速度分布图

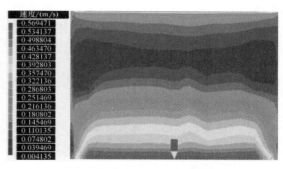

图 4-19 X = 0.01m 的速度分布图

图 4-20 和图 4-21 所示是气流速度的矢量图，箭头方向表示气流的运动方向，其长度表示速度的大小。图 4-20 断面中没有人员及设备，对气流有主要影响的是置换风口和吹吸式送回风口。从图 4-20 中可以看到，从置换风口送出来的冷空气贴附着地面向室内扩散，到达外墙后形成回流，逐步折返向上运动，而从吹吸式送风口出来的空气大部分贴附在外墙内壁上直接进入回风口，另一部分随回流气体进入室内。

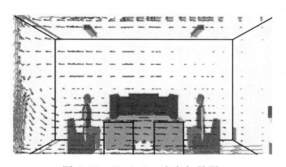

图 4-20 Y = 0.2m 速度矢量图

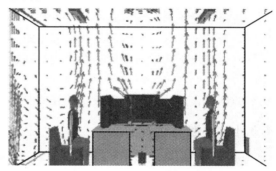

图 4-21 Y = 1.6m 速度矢量图

图 4-21 所示是工作人员断面的气流速度矢量图，在该断面上由于置换通风口的风速较低，对工作区域的速度场影响不大，在工作区域内的主导气流是冷风在吸收了人员及设备的余热后导致空气的温度上升而形成的烟羽流。在烟羽流的作用下，室内大部分空气都在向上运动，卷席着工作区域内的污染气体由回风口带走，另有一部分热空气在到达屋顶后形成回流，聚集在屋顶，这也是导致房间上部温度较高的缘故，由于这些气体在工作区域以外，所以不会影响人员活动空间的空气品质。从图 4-21 中还可以看出，虽然吹吸式送风口的出口风速较高，但由于墙壁对其产生的贴附效应，气流并未对工作区域内的气流造成影响，工作区域内气流速度很低，都在 0.2m/s 以下，不会产生冷风感。

空气龄指空气在被测点停留的时间，它能够代表新鲜空气替代旧空气的速度，它的值越小，表示空气越新鲜，能够形象地描述室内空气的新鲜度。图 4-22 所示是空气龄在人员工作断面的分布图，如图所示，由于风口的作用，房间底部和靠近外墙的空气龄最小，空气最新鲜，而当空气经过热源上升至楼板后，一部分气体形成回流，在角落聚集滞留，易形成死角，这一部分气体温度较高，但由于其不在工作区域内，所以不会对人员的工作环境造成很大影响。

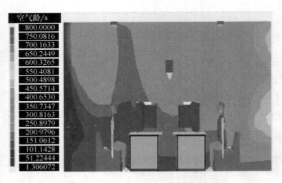

图 4-22　$Y = 1.6$m 空气龄分布图

4.2.4　结论

1) 建筑物的冷负荷大致可以分为围护结构冷负荷和人员冷负荷两类，可以通过不同的方式对它们进行不同的控制和处理。

2) 利用吹吸式通风控制围护结构负荷，可以直接将冷风作用于围护结构之上，将负荷阻挡在工作区域以外，并且不会影响工作区域内的空气品质。

3) 置换通风会在室内形成温度分层现象，送风温度较高，空气流速低，新风可以直接进入工作区域，舒适性较好。

4.3　用低温送风技术解决辐射供冷结露问题的研究

地板辐射供冷由于其众多的优点被广泛应用于工用和民用建筑。但是对于地板辐射供冷系统，若控制不好，很容易造成地面结露，影响生活和工作。近年来很多学者对此问题进行了研究，提出了与置换通风相结合的地板辐射供冷、启动湿负荷等观点。

为了研究解决结露的问题，建立了一个地板辐射供冷系统，对此进行了较为全面的结露状态的试验，以此为研究对象，并在此基础上对辐射供冷结露问题的防治进行了探讨。

4.3.1　试验模型建立

试验系统的埋管形式为蛇形串联式，如图 4-23 所示。整个实验室地面均匀地布置冷却管，地面上无任何大面积的落地家具和试验设备的干扰。

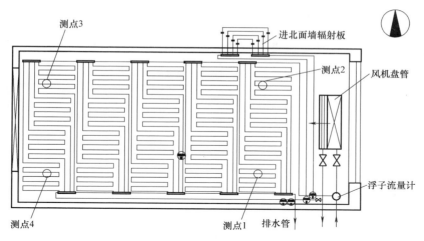

图 4-23　地板辐射空调试验房间水管布置平面

4.3.2　试验结果分析

（1）试验时的室外参数（见表 4-5）　在同一个实验室同一个系统进行了两次测试，测试时间均为上午 09：15 到下午 17：00。整个过程只运行地板辐射空调系统，且机组的开启、运行、控制等操作流程均统一。由于得到的两次的试验结果基本一致，故以下仅对其中一组数据进行分析。

表 4-5　室外试验参数

参数＼时间	9：15	9：45	10：00	10：30	11：00	11：30	12：30	13：00	13：30	14：00	14：30	15：00	15：30	16：00	16：30	17：00
室外温度/℃	33.2	33.1	33.5	33.8	34.3	33.1	34.1	34.5	34.2	35.1	34.4	35.3	33.7	33.7	33.4	32.4
室外湿度（%）	78	77.4	70	78	71.3	72	68.4	79	65.9	65.3	64.9	57.7	81	63.5	64.9	69
走廊温度/℃	30	30	30	29.9	30	30.6	31	31	31	31	31.2	31.5	31.5	31	31	31
走廊湿度（%）	88	88	88	88	88	84	79	76	76	74	74	76	66	71	71	70

（2）地板辐射空调初始运行阶段地板结露情况　在供冷初期，由于室内温度较高，露点温度也较高，则地板供冷表面温度不能太低，否则会结露。有文献表明：与常规的风机盘管或散热器系统不同，地板盘管所在的换热层具有相对较大的蓄热或蓄冷能力，具体表现为换热的迟滞。例如开动整个换热系统时，从系统启动到整个房间温度达到使用要求的时间如果使用风机盘管或散热器系统只需要 0.5～2h，那么地板换热系统则大约需要 1～3h。因此为避免室内地面结露，地板供冷供水温度应该是逐渐降低的，并与室内温度同步降低，如果一开始地板供冷供水温度便较低，由于盘管所在的换热层的迟滞，整个房间温度达到使用要求的时间较长，房间温度一时无法降到设定要求，这样很容易出现地板供冷表面露点温度低于室内露点温度而结露。由集中控制器既可以通过控制水泵流量也可以控制冷热源的供水温度来调节供热量或供冷量。但相关研究表明[4]，选择调节供水温度具有更好的系统响应速度和调节效果。例如，在地板供暖时，将供水温度提高 5℃会使供暖房间室内温度升高

3.5℃，而将系统供水流量提高50%，只会使供暖房间室内温度升高0.5℃。因此，最后通过供水管与回水管之间的三通阀调节控制使得初始时的冷水供水温度适当地高一些来提高供冷表面的露点温度。初始运行3个半小时之后地板结露情况见表4-6。

表4-6 初始运行时的地板结露情况

试验参数＼时间	9：15	9：45	10：00	10：30	11：00	11：30	12：30	13：00
供水温度/℃		12	10.3	9.5	9.6	9.1	9.4	9.1
1点地面温度/℃	33.4	28.6	26.4	24.8	24.4	23.4	25	26.2
2点地面温度/℃	41	31	28.4	25.4	24.2	22.8	24.2	26.4
3点地面温度/℃	32.2	28.6	27.8	26.6	26.4	25.2	24.4	26.6
4点地面温度/℃	32	29.4	27.6	27.2	26.2	25	25.8	26.6
地板温度/℃	32.4	30.3	29.5		29.1		28.3	
结露情况	—	无	无	无	无	无	无	轻微

在供冷初期即试验刚开始的初始阶段（9：15—12：30）时，由于提供的冷冻水温度相对较高，地板供冷表面温度不会太低，因此在这段时间内地板并没有出现结露情况，系统运行良好，但是正因为初始阶段室内温度较高即室内冷负荷较大，而冷冻水供水温度又相对较高，故此时地板供冷处理室内冷负荷的能力也受到限制，地面温度也较高，平均温度达到了27.41℃，所以为了达到地板不结露而采用提高供水温度的办法只能用于夏季冷负荷较小的地区和建筑中；对于冷负荷要求较大的地方，在地板辐射供冷初期由于为了防止地板结露而使得地板供冷处理室内冷负荷的能力也受到限制。

随着供冷时间的持续增加，由于空气热惰性的存在，室内空气温度降低较慢，其露点温度也将逐渐降低且速率较慢，此时供水温度的降低速率大于露点温度的变化速率，于是地面开始出现轻微的结露，即在13：00时，为了满足室内舒适度的要求，供水温度已从开始的12℃降到了9.1℃，温度的降低使地面出现了轻微的结露。

（3）地板辐射供冷持续运行时地板结露情况　根据表4-6的数据和现象的趋势可以推测，随着供冷时间的增加，地板的结露情况应该会逐渐严重，事实上又如何呢？为此，将该系统持续运行时的地面情况列于表4-7中。

表4-7 持续运行时的地板结露情况

试验参数＼时间	13：30	14：00	14：30	15：00	15：30	16：00	16：30	17：00
供水温度/℃	8.3	8.3	8.1	8.4	9.6	9.6	9.5	10.4
1点地面温度/℃	26.2	25.8	26.2	26	25.6	25.6	25.4	26.4
2点地面温度/℃	26.2	26.2	26.2	26.2	26.4	26.4	26.2	26.6
3点地面温度/℃	26.4	26.2	26.6	26.4	26.6	27.2	26.4	27.2
4点地面温度/℃	27.2	26.8	26.6	26.6	26.8	27.2	26.4	27.4
地板温度/℃		28.5		28.8		28.1		
结露情况	横	横，纵	横，纵	横，纵	横，纵	横	横	横
结露温度/℃	21	20.4，23	20.4，23	20.4，23	20.4，23	21	21	21

因为在建筑四周均匀布置着分水器和集水器，而根据地板辐射供冷的原理可知，从分水器至集水器冷冻水的温度沿程逐渐升高，那么相应的地板表面温度也应该是逐渐升高的。这样在分水器的周围地板表面温度就容易低于露点温度而引起结露，这也就是试验中先出现横向结露而后出现横、纵向均结露的原因。由太阳辐射和建筑物的蓄能作用，建筑物室内温度在 14：00—16：00 之间将会达到最高，即建筑物冷负荷在该时间段内将会达到最大，所以为了满足室内人员的舒适度要求，该时间段内的冷冻水供水温度也要相应地降低，但是在14：00 时虽然供水温度已降至 8.3℃，冷冻水供水温度的下降比起室内冷负荷的增加还是不足以消除多余的冷负荷，因此室内温度此时会有一个上升的过程，故室内的露点温度也就上升，此时即便是在供水管路的末端的地板表面的温度也低于室内露点温度，因此在14：00—15：30 会出现横、纵向均结露的情况。而后随着太阳辐射能量的减少，室内冷负荷的减少，此时即使提高供水的温度也可以消除室内的冷负荷。所以室内温度又将降低（相对 14：00—15：30 而言），室内露点温度随之降低，故又仅只有横向出现结露的情况。

因此，在夏季冷负荷较大的地区或建筑物内使用地板辐射供冷时，系统连续运行时易出现地板结露的现象。由于地板辐射供冷的制冷能力受到地板结露的限制，若是单独使用地板辐射供冷系统，宜用于夏季冷负荷较小的地区或者空气干燥而不会引起结露的冷负荷较大的地区。

4.3.3　冷辐射地板防结露措施的探讨

1. 方法提出

由以上的试验分析可知，当地板辐射供冷系统用于冷负荷和空气湿度均较大的地区时容易出现结露，影响系统的运行。鉴于此种情况，有如下几种方案与地板辐射供冷系统配合使用可以避免地板结露：

1）在房间内设置除湿机组处理室内空气以降低空气湿度。

2）与新风系统结合使用。选用新风除湿机组，通过向房间送入降温除湿处理过的干燥空气实现人员新风量的要求和房间内湿度的精确控制。此种结合新风系统的除湿方法根据送风方式的不同又可以有：

① 与置换通风相结合。由置换通风系统送入经过冷却除湿的空气，由置换通风的原理和特点可知，它将在地板表面形成一层空气湖，阻止热湿空气与冷地板直接接触，降低了冷地板表面的露点温度，能够保证足够低的供水温度，提高了冷地板的供冷能力。同时，置换通风的高换气效率也大大提升了室内空气环境的品质。

② 与地板送风系统相结合。地板送风空调方式利用室内架空地板将经过冷却除湿的空气通过布置在地板上的送风末端送入室内，与室内进行热湿交换后排出。地板送风系统既解决了室内新风问题，又大大降低了发生结露现象的可能性，新风的送入维持了室内一定的静压，阻止室外湿空气的进入，另外，风系统本身可承担一部分室内冷负荷和全部湿负荷，同时地板送风系统和地板辐射供冷均在混凝土地面上施工，施工简单。而且还可以提高辐射供冷系统的供冷能力，完全可以满足一般建筑物的负荷要求。

2. 计算举例

武汉某综合楼会议室面积 $300\mathrm{m}^2$，按室内 160 人计算得余湿 $W_r = 4.8\mathrm{kg/h}$，层高 3.5m，选择合适的地板辐射供冷加新风系统。

（1）方案的确定 探讨采用低温送风技术解决辐射供冷中的结露问题。独立的新风系统（DOAS）采用低温送风技术，回风与新风在带热回收的空气处理机中进行全热交换后经过冷却盘管得到 7.2℃ 的冷风，利用冷风承担室内全部潜热负荷、新风负荷及部分室内显热负荷，地板辐射系统仅承担室内显热负荷的剩余部分。

（2）计算新风显热、潜热冷负荷及各个状态参数 假设室内供冷地板不结露参数：$t_n = 27℃$，$\Phi_n = 40\%$，$d_n = 8.9g/kg$，$h_n = 50kJ/kg$；武汉平均每年不保证 200h 温度 $t_w = 32.9℃$，水气压 $p_w = 3420Pa$，则 $d_w = 24.9g/kg$，$h_w = 90.5kJ/kg$。

围护结构显热负荷：$Q_n = 18kw$（不考虑围护结构潜热负荷）。

人员全热冷负荷：$Q_r = Q_s + Q_q = n\varphi(q_s + q_q) = 20.6kW$，其中人体显热负荷 $Q_s = 8755W$，潜热负荷 $Q_q = 11827W$，照明负荷 $Q_z = 6kW$。

假定离开盘管的相对湿度 99%，出风温度 7.2℃，$h_1 = 23.0kJ/kg$，$d_1 = 6.2g/kg$，若考虑送风管 1.7℃ 温升和送风机 1.2℃ 温升，则最终的送风参数为 $dT_s = (7.2 + 1.2 + 1.7)℃ = 10.1℃$，$h_s = 26.0kJ/kg$，$d_s = 6.2g/kg$。

消除室内潜热负荷所需风量：$L = 11827/[3002 \times (0.0089 - 0.0062)]L/s = 1459L/s$，以此作为系统提供的新风量（假设不考虑系统的漏风量），即 $L_x = 5253m^3/h$，$G_x = 1.75kg/s$。

新风可以承担的室内显热负荷为[5]：$Q_{xs} = 1.24G_x(t_n - t_{xg}) = 30.6kW$

新风冷负荷：$Q_x = \dfrac{G_x}{3600}(h_w - h_n) = 70.9kW$

室内总冷负荷：$Q_0 = Q_r + Q_n + Q_x + Q_z = 115.5kW$

假设全热换热器的焓回收率为：$60\% = \dfrac{h_x - h_c}{h_x - h_n} = \dfrac{h_w - h_c}{h_w - h_n}$

所以新风经过换热器后焓值为：$h_c = 66.2kg/h$，算得热回收的冷量：$Q_h = 42.55kW$

假设全热换热器的温度回收率为：$70\% = \dfrac{t_x - t_c}{t_x - t_n} = \dfrac{t_w - t_c}{t_w - t_n}$

所以新风经过全热换热器后温度为：$t_c = 28.77℃$，湿度为 $d_c = 14.0g/kg$

（3）计算新风机组冷却盘管及地板辐射供冷系统承担的冷负荷 经过新风换气机后的新风再经低温送风冷却盘管冷却除湿后送入房间。因此新风机组冷却盘管的全热冷负荷应为：$Q_{xf} = G_x(h_c - h_1) = 75.6kW$。

然而因为新风机组只承担室内部分显热负荷，所以剩余的冷量应由地板辐射系统承担。

地板辐射系统承担的冷负荷为：$Q_d = (75.6 - 30.6 - 11.827)kW = 33.2kW$。

冷却盘管实际需要提供的冷量为（考虑风管温升和风机的温升）：

$$Q'_{xf} = 11827kW + 1.24 \times 1.459 \times (27 - 7.2)kW = 47.6kW$$

4.3.4 结论

1）当地板辐射供冷单独用于冷负荷较大的地区或建筑中时，连续运行阶段容易出现结露情况，而当其用于冷负荷较小或空气相对干燥的地区或建筑中时，才能比较良好的运行。

2）鉴于地板辐射供冷系统易于出现地板结露的现象，它可以与其他的方法结合使用达到满足室内人员舒适度的要求，本节着重讲述了地板辐射供冷系统与低温送风技术相结合以达到空调要求和防止地板结露的问题，笔者通过计算，认为这种方式在一定条件下是可行的，并且因为回风在带热回收的空气处理机中和新风进行全热交换后直接排至室外，不与新风掺杂，使得这种与独立新风系统结合的方式使得室内舒适度、卫生条件都可以得到很好的提高和改善。同时地板辐射系统只承担部分或者全部室内显热负荷，所以盘管的供水温度也可以适当提高。当然低温送风在与地板辐射供冷相结合时还有很多问题值得探讨，比如冷源的制取、送风末端、漏风量、保温技术、地板盘管进出水温度的确定、与常规系统经济性比较以及独立新风系统根据室内人员增减而自动调节风量的控制等。

4.4　地板辐射供暖的系统形式及相变蓄热材料的研究

　　低温地板辐射供暖是一种更为先进和舒适的供暖形式，该供暖形式已经在西方发达国家广泛应用，在我国的应用也越来越广泛。随着我国社会经济的发展和人们生活水平的提高，更为舒适的地板辐射供暖形式必会越来越多地被人们接受和使用。

　　地暖系统兼具多种优点，是一种理想的供暖系统。低温地板辐射供暖系统与外界的换热形式主要有两种：辐射和对流换热，其中辐射换热热量在 50% 以上，辐射换热无需传热介质，可以在更远的两物体之间换热，较传统的对流换热具有较大优势。另外，地暖系统可以有效利用各种低品位能源，具有节能效果，还兼具室内温度场温度梯度小、脚感温度高、卫生条件高、不占用室内使用面积、热舒适性好等优点。下面主要分析地暖系统的系统形式和蓄热材料等主要问题，探讨地暖系统更为合理的系统形式。

4.4.1　地板辐射供暖的原理和系统形式

　　地板辐射供暖系统的形式主要有低温热水辐射供暖和发热电缆地板辐射供暖。目前比较常见的就是低温热水地板辐射供暖系统，这种地暖系统的应用比较普遍。该系统一般包括：壁挂式供暖燃气热水炉或者电炉、蓄热水箱、循环水泵、控制阀以及地埋盘管等，具体形式如图 4-24 所示。

　　其地埋层的结构如图 4-25 所示，包括基础层、保温层、埋管层、混凝土层、砂浆找平层以及地板层。其中的保温层是关键层，决定了系统的热量损失。现在地暖保温材料常见的有：聚苯乙烯泡沫保温板（EPS）、聚苯乙烯挤塑保温板（XPS）和 YT 泡沫混凝土。

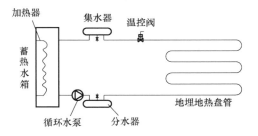

图 4-24　地板辐射供暖原理图

　　聚苯乙烯泡沫保温板（又名泡沫板、EPS板）由含有挥发性液体发泡剂的可发性聚苯乙烯珠粒，经加热预发后在模具中加热成型的白色物体，其有微细闭孔的结构特点，其导热系数一般小于或等于 0.041W/(m·K)。

　　聚苯乙烯挤塑保温板（XPS，简称挤塑板）是以聚苯乙烯树脂为原料，经特殊工艺连续挤出发泡成型的硬质板材，其内部为独立的密闭式气泡结构，是一种具有高抗压、不吸水、防潮、不透气、轻质、耐腐蚀、使用寿命长、导热系数低等优异性能的环保型保温材料，其压缩强度较泡沫板高，可以在有承压需求的地方重点使用，另外其导热系数、燃烧性能以及透湿性能一般都优于泡沫板，其导热系数一般小于或等于 0.030W/(m·K)。

泡沫混凝土通常是用机械方法将泡沫剂水溶液制备成泡沫，再将泡沫加入由硅质材料、钙质材料、水及各种外加剂等组成的料浆中，经混合搅拌、浇注成型、养护而成的一种多孔材料。由于泡沫混凝土中含有大量封闭的孔隙，使其具有较好的保温性、轻质性、低弹减振性、隔声性、抗压性、耐水性、施工简单、环保性、经济性等，其导热系数一般为 0.080 ~ 0.135W/(m·K)。地板辐射供暖地埋层结构图如图 4-25 所示。

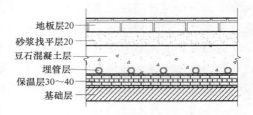

图 4-25　地板辐射供暖地埋层结构图

在地暖系统的地热盘管的敷设过程中，盘管的敷设方法对地暖系统的温度分布也有着重要的影响。一般来说，地暖系统的盘管敷设方式主要有三种：直列型、旋转型、往复型，如图 4-26 所示。

以上三种埋管形式最为常见，从实际应用情况来看，旋转型埋管方式应用最广，主要是因为其热工性能较好。采用该布置方式时，经过板面中心点的任一个剖面，埋管均为高温管、低温管间隔布置，易于形成"均化"效果，板面温度场均匀。而其他两种埋管方式的相邻管要么是线性变化，要么是温差不均，不利于地热的均匀分布。在特殊场合可以采用直列型或者往复型将热量进行人为的集中分配，对于一般的要求温度均匀的地热系统，推荐采用旋转型地热埋管方式。

图 4-26　地暖系统常用埋管方式

另外，由于低温地板辐射供暖系统的水温要求不高，可以低至 30℃，其热源可以根据各个地方的不同的能源经济特点制定一定的系统形式。比如在太阳能比较充裕的地区，可以采取太阳能热泵的热源形式，并加电加热进行辅助，设计更具节能潜力和环保价值的地暖系统——太阳能地板辐射供暖系统，该系统的原理图如图 4-27 所示。

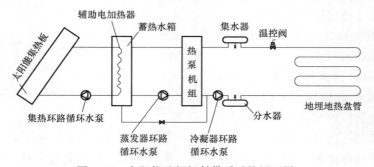

图 4-27　太阳能地板辐射供暖系统原理图

4.4.2　地板辐射供暖系统设计新工艺

如前所述，地板辐射供暖的总体结构可以发生很多的不同的搭配变化，依据热源形式不同可以分为低温热水地暖和发热电缆地暖，其中低温热水地暖又根据热源种类分为太阳能、热泵、燃气热水炉、电加热炉或其组合形式。依据蓄热形式的不同可以分为蓄热水箱和相变蓄热材料。

按照填充层的做法，该供暖方式又可以分为干式做法和湿式做法。

干式地暖又称超薄地暖，因相对于普通地暖安装方式无需地暖回填，故取名干式地暖。干式地暖是一种基于干式地暖模块内敷设管材的一种新型地暖方式。干式地暖最大的特点是无需像湿式地暖那样回填，节省了占用空间的高度。普通地暖从保温层到地面装饰层为 8cm 左右。干式地暖从保温层到地面装饰层占用层高在 4cm 及以下。与现行地面供暖的湿式做法相比，干式地板供暖结构的承重降低了 40%～50%、节省了 30%～40% 的空间、减少了 15%～20% 的材料用量。

湿式地暖是目前水暖型地暖最为成熟的安装工艺，价格相对较为低廉，是国内地暖市场的主导工艺。所谓湿式，就是指用混凝土把地暖管道包埋起来，然后在混凝土层之上再敷设地面、瓷砖等地面材料。这层混凝土不仅起到保护、固定水暖管道的作用，还是传递热量的主要渠道。湿式地暖最大的缺点就是施工繁琐，导热速度慢，施工厚度较干式地暖大，由于水泥的导热性能比较差，或者由于水泥涂抹的不均匀，导致地板局部受热过高，造成地板破裂等问题。另外，湿式地暖在出现管道破裂或者需要重新装修时，往往不易改动，或者改动成本很高。

采用干式地板供暖结构的地面不易变形，是因为没有填埋层。这样，一方面缓解了填埋的管材受热后纵向膨胀转化的内应力，避免了混凝土层开裂；另一方面消除了绝热保温垫层长期承压造成地面变形的隐患。以前的地板供暖系统是隐蔽性工程，而干式地板供暖系统更便于施工、查漏、维修和质量控制。此外，供暖地板散热的覆盖层可采用木、竹、大理石、瓷砖等材料，兼具装饰功能。虽然有以上优势，但相对于湿式地暖，干式地暖还有以下不足：

1）干式地暖造价比湿式地暖高，而且会存在地板噪声问题。

2）它不能安装在地砖、大理石等地面装饰材料下，因为这些材料在敷设时必须使用水泥进行固定。所以干式地暖是不能用在卫生间、厨房间的。

3）由于干式地暖没有蓄热层，地面辐射的温度不如湿式地暖均匀，常有局部过热、过冷的情况。

4）干式地暖没有豆石回填层，地暖盘管容易受损，在一定程度上降低了地暖的寿命甚至出现漏水等情况。

由于干式安装法在国内起步不久，安装数量相对于湿式较少，是否适合国内的气候环境及家庭装修材料状况还需经受更多的时间的检验。

4.4.3　地暖相变蓄热材料的试验研究

地板供暖采取不同的形式，可以采用太阳能和低谷电等环保能源，但是由于这两种能源形式都与供暖期不是十分吻合，如阳光最强烈的时候往往是供暖负荷最小的时候，电价低谷的时候往往是凌晨，这段时间只占供暖时段的一小部分。如果希望合理有效地利用这两种能源形式，必然会涉及蓄热保温的问题。低温热水地暖系统一般采用蓄热水箱进行蓄热，这种方式要求传热介质是水，且较占用建筑的使用空间。地暖比较不占用建筑使用面积的蓄热形式是地埋蓄热材料，下面介绍地暖相变蓄热材料的研究。

相变蓄热板的化学组成包括活化的碳酸钙粉末、石蜡、低密度聚乙烯、苯乙烯一丁一乙烯苯共聚物（SBS），将以上材料通过超高速粉碎机混合并加入螺杆挤出机挤出，用平板压机在130℃下热压成型。将所得板材包覆一层聚乙烯复合膜，再次放入模具，用平板压机热压封口后取出。如此，则得到所需的定型相变蓄热板。采用 DSC（示差扫描量热仪）测得材料的熔融曲线。不同比例的组分做出的蓄热板材具有不同的熔融温度和相变热。取三种不同比例成型板材进行 DSC 检测，熔融曲线示意图如图 4-28 和图 4-29 所示。

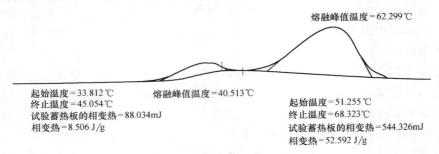

起始温度=33.812℃
终止温度=45.054℃
试验蓄热板的相变热=88.034mJ
相变热=8.506 J/g

熔融峰值温度=40.513℃

熔融峰值温度=62.299℃

起始温度=51.255℃
终止温度=68.323℃
试验蓄热板的相变热=544.326mJ
相变热=52.592 J/g

图 4-28　试样 1 DSC 检测结果

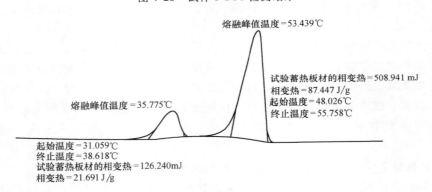

熔融峰值温度=53.439℃

试验蓄热板材的相变热=508.941 mJ
相变热=87.447 J/g
起始温度=48.026℃
终止温度=55.758℃

熔融峰值温度=35.775℃

起始温度=31.059℃
终止温度=38.618℃
试验蓄热板材的相变热=126.240mJ
相变热=21.691 J/g

图 4-29　试样 2 DSC 检测结果

由图 4-28 和图 4-29 可以看出试样板材 2 的蓄热性能好，熔融峰值温度为 53.439℃，相变热为 87.447kJ/kg。加膜以后的板材力学性能满足实际要求，采用干、湿法进行敷设均可。此种板材既可以和低温热水盘管，又可以和发热电缆进行配合使用。

用此相变蓄热材料配合低谷电进行供暖，构建由电加热和相变蓄热材料组成的地热系统试验平台，探讨蓄热系统的设计方法并检测相变蓄热材料的实际运用性能。该试验平台设置在武汉，武汉地区的电价情况见表 4-8。

表 4-8　武汉市分时电价和时段划分

时　段	时　间	电价/[元/（kW·h）]
峰时段	7：00—11：00，19：00—22：00	1.16
平时段	11：00—19：00，22：00—00：00	0.83
谷时段	0：00—次日 7：00	0.332

由表 4-8 可以看出，可以采用 0：00 ~ 次日 7：00 进行集中蓄热，这样的耗能费用将会大幅降低。主要的运行策略，可以采取表 4-9 所示的运行方案。

表 4-9　相变蓄热电加热地暖系统运行方案

时段(24 小时制)	供 热 情 况	时段(24 小时制)	供 热 情 况
0:00—7:00	发热电缆供热,蓄热板蓄热	8:00—18:00	仅蓄热板放热
7:00—8:00	发热电缆供热,蓄热板放热	18:00—0:00	发热电缆供热,蓄热板放热

4.4.4　模拟试验台蓄热量的研究

搭建一个模拟的实验室,设置在人员回家的时段内供暖室内温度为 18 ~ 20℃。维持室内无人时或有劳动时的温度为 13 ~ 15℃,根据武汉市的供电政策拟采取低谷电蓄能运行。经测试计算,地暖的试验台室温 18℃ 时负荷为 $Q = 1150W$,室温 13℃ 时负荷为 $Q = 864W$。经检测,相变材料的密度为 897.5kg/m³,相变热为 87.447kJ/kg。蓄热负荷取 864W,则所需蓄热材料质量为 503.73kg,如蓄热板材总面积为 10m²,则板材厚度为 0.056m。根据工程需要,材料吸热时间为 7h,放热时间为 14h。由负荷计算,地暖试验台最大负荷为 1150W,另加上蓄热负荷 864W × 14/7 = 1728W,则地暖系统的加热电暖总功率为 (1150 + 1728)W = 2878W。系统全天耗电情况为 $Q = (2878 × 7 + 286 × 4 + 1150 × 3)/1000kW · h/天 = 24.74kW · h/天$;系统全天耗电费情况为:$F = [(2878 × 7) × 0.332 + 286 × 4 × 1.16 + 1150 × 3 × 0.83]/1000$ 元/天 = 10.88 元/天。由计算可以看出,系统的运行费用还是处于较低的水平,依靠分时电价政策可以产生较大的社会效益和良好的经济效益。

以 2010 年 3 月 3 日为例,由当天的室外气象参数和试验测试数据整理分析得出,当天耗电费用明显低于采取其他方式供暖所需费用。据计算室外温度为 4℃,室内设计温度为 18.63℃ 时,建筑物平均热负荷为 1009.66W,全天 24h 热负荷为 24.23kW · h,实际耗电为 9.5kW · h。这说明辐射供暖不需要那么大的供热量就能保证室内工作区的温度要求,同时说明不同温度的设置运行时是可行的。实验室峰谷时段的运行为零,表明蓄热运行避开了高峰时段的用电,缓解了电网的供电压力,具有明显的社会效益。

4.4.5　新型地暖系统的优势和待解决的问题

新型地暖系统应该包括太阳能热泵地暖系统和相变蓄热材料地暖系统等。其主要优势有以下几个方面:

1) 节约能源。随着能源危机的加剧,能源问题越来越突出,而太阳能是取之不尽的,是目前最好的一种清洁能源,使用太阳能可以有效节约矿石能源的使用,维持环境和生态。低谷电地暖系统,一方面可以节约供暖费用,另一方面可以缓解电网压力,具有极大的社会效益,利于能源的有效利用。

2) 新型地暖系统具有更加舒适的供暖效果。蓄热材料使地面具有蓄热的功效,可以有效进行能量的储存和利用,使得在没电或者不开动地暖系统的时候都具有一定的供暖效果。这是以前系统所不具备的。

3) 具有地暖系统所具有的其他优点。比如说地暖安装不占使用面积、环保、卫生、健康、安静、能隔声等。由于盘管埋在地下,地下隐患较少,减少维修,同时埋地可以减少管道系统的老化和破坏等,延长了系统的使用年限。

虽然新型地暖系统有以上优势,但从实际出发,还有若干问题需要长期探讨和摸索才能得以解决。主要问题包括以下方面：

1）不便维修。地暖系统敷设在地板下面，地热盘管一旦出现问题，需要大面积卸开地板进行检测和维修。这方面的问题一方面需要提高地暖系统使用材料的性能，另一方面还应从技术上加以规避，尽量在系统初装之时将问题解决，更需要新地暖技术在应用中逐渐成熟，避免出现大的问题。

2）相对传统供暖系统，造价偏高。这一问题的解决有赖于地暖系统的广泛使用和材料技术等的发展，运用新的材料技术等可以降低这一成本，但相对舒适性的提高和节能环保这一优势来说，地暖系统还是很具竞争力的。

3）循环泵功率较传统散热器系统大。地暖的供回水温差一般为10℃，而散热器供暖系统的温差为25℃。因此，循环流量会增大，且由于地板辐射供暖采用盘管供暖，管线较长，与垂直串联系统比较，系统阻力会增大，故循环水泵的耗电随之增大。

4）相变蓄热地暖系统的运用要结合太阳能集热板的集热效果或者当地的电价措施进行设计，这方面缺乏相应的标准和规范的支持，需要做进一步的研究推广工作。

4.4.6 结论

地板辐射供暖的系统形式可以有多种形式的选取和结合，各种新的工程材料和施工方法，特别是蓄热材料的应用，必将推动地暖的普及和发展。虽然目前市场主要以燃气壁炉低温热水地板辐射供暖系统为主，但太阳能热泵、低谷电地板辐射供暖系统的应用也会在未来有较大发展，相变蓄热地暖系统具有较大的应用潜力，只要进一步开发合适的相变蓄热材料，可以进一步推进地暖的使用和发展。

4.5 地板辐射供暖的热舒适性试验研究

低温地板辐射空调系统由于其卫生舒适、热稳定性好、高效节能、运行费用低、美化空间、方便计量和使用寿命长等诸多优点而被广泛应用于各类建筑的制冷和供暖系统中。特别是在供暖系统中，由于它可以利用低品位热能来进行供暖，且在条件许可的情况下可以避免锅炉的使用，在目前国家大力倡导节能减排的形势下不失为一种很好的供暖方式。

有文献指出，低温热水地板辐射供暖以均匀的辐射方式向室内散热，温度由下而上逐渐减弱，热量集中在人体受益的高度内，在脚部较强，头部温和，给人以脚暖头凉的舒适感，符合人体生理学特点，且气流流速不大于0.2m/s，无燥热感，温度适宜，对人体能起到保健作用。由于地表面温度均匀，热空气对流波动小，速度慢，不会将室内灰尘扬起造成污浊空气对流，有较好的空气洁净度。但是在实际的应用中，它的地表面温度均匀性如何？在空间高度上，温度由下而上逐渐减弱的程度又将会如何呢？会不会影响人的舒适感呢？

为此特搭建了试验平台并做了地板辐射供暖试验，通过该试验对以上问题进行逐一分析。

4.5.1 试验模型

实验室采用的地板辐射供暖系统的热源为一台5P风冷热泵机组，为实现热量均匀分布到室内，室内埋管采用形式为蛇形串联式，使用直径为8mm的塑料盘管进行连接，并对整个房间分五组分集水器进行同程连接，每组分集水器上连接四根接管，五组分集水器的接管完全相同，接管的总长度一致，便于水力的平衡以及水量的均匀，其水流量由浮子流量计测定，通过供水管与回水管之间的三通阀调节控制热水供水温度。具体的地板辐射供暖试验房间水管平面布置如图 4-30 所示，图 4-31 为该系统对应的流程图。整个实验室地面均匀地布置加热管，地面上无任何大面积的落地家具和试验设备的干扰。

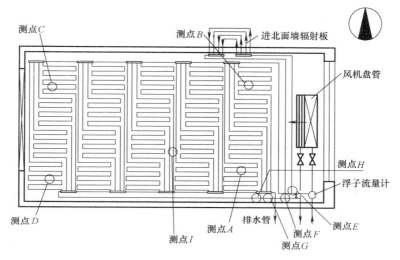

图 4-30　地板辐射供暖试验房间水管平面布置

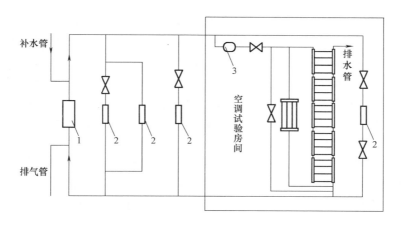

图 4-31　系统流程图

1—热泵机组　2—风机盘管　3—浮子流量计

4.5.2　冬季供暖运行试验结果分析

1. 试验环境

地板辐射供暖测试试验时的室外计算参数见表 4-10。试验期间保持机组一直运行正常。经过计算，机组运行稳定后，供水平均温度为 43.3℃，回水平均温度为 36.6℃，供回水平均温差为 6.7℃，供回水的平均温度为 39.95℃。

2. 试验结果分析

（1）水平方向的温度分布　为了便于直观地分析，现将试验结果制成曲线图。地面各点的温度分布如图 4-32 所示。

表 4-10　室外试验参数

参数 ＼ 时间	11:30	12:00	12:30	13:00	13:30	14:00	14:30	15:00	15:30	16:00
室外温度/℃	4.4	4.3	4.5	4.6	3.5	3.1	3.6	2.7	3.1	2.8
室外湿度(%)	78.0	77.8	78.6	79.0	83.5	86.6	84.1	87.2	84.8	86.1
机房温度/℃	4.4	5.4	6.4	6.2	5.9	4.6	4.8	5.0	4.6	4.1
机房湿度(%)	76.6	74.9	73.0	74.8	74.9	81.8	79.4	80.5	79.8	81.8

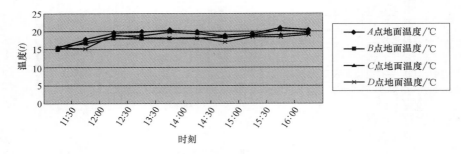

图 4-32　地面各点温度分布

由试验图表可知，各个时刻地面各点的温度基本相同，大致趋势是 C、D 两点的温度略低于 A、B 两点，这是因为 C、D 点位于西外墙，它们受外界环境的影响较大，维护结构热损失较多。所以在进行地板供暖埋管设计时靠近外墙的管路间距应适当减小，通过增加热媒流量来消除围护结构的影响。该试验各点的最大温差为 2.2℃，最小温差为 0.6℃，平均温度为 18.41℃，故温度的最大不均匀度为 12%，可近似认为地板辐射供暖的地面温度分布均匀。这样室内人员对室内环境的满意度将会提高，不会出现忽冷忽热的热不舒适性。

（2）垂直方向的温度分布　同样，为了分析的方便，将所测数据制成曲线图，在垂直方向上分别测出地面处、距地面 0.5m 和 1.5m 三处的温度。通过试验发现，A ~ D 四个测点的温度分布情况大致相同。现给出 A、C 点在垂直方向的温度分布情况，如图 4-33、图 4-34 所示。显然，地面处的温度均高于 0.5m 和 1.5m 处，但值得注意的是 0.5m 处的温度却略低于 1.5m 处，这显然与有关文献所得出的地板辐射供暖的温度在垂直方向上从下到上逐渐减弱是有出入的。1.5m 处的温度略高于 0.5m 处的原因在于：在房间低区，热地板面与周围物体进行辐射换热，并且还有部空间的对流换热，温度将会逐渐降低；而在房间高区，照明设备的散热量同样会使室内上部空间的空气温度升高。而且在房间的下部空间，温度的衰减是逐渐减弱的，根据这种趋势可以推断出，垂直方向上的温度最终将会趋于某个定值。地面的平均温度为 18.41℃，0.5m 处的平均温度为 14.1℃，而 1.5m 处的平均温度为 15.25℃，所以温度在最初的 0.5m 内衰减比较严重，衰减率达到了 8.62℃/m（有关文献指出，地板辐射供暖房间的温度衰减区域最严重的在距地面 0.2m 的范围内），因笔者仅测出了 0.5m 处的温度，故对该结论无法得到进一步的证实。而该区域也正好是人员活动比较多的区域，正好可以符合人的足部血液循环较差的特点，满足其舒适度要求，在空间的上方，从供暖的角度来讲，基本是一个能源浪费的无效区，且低温还可减少维护结构的无效耗热量，温度的变化正好和该理论不谋而合，这种温度分布不仅可以满足温度舒适度要求还可以节约能源。

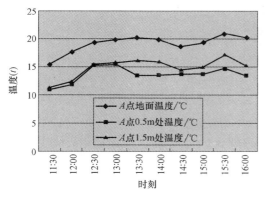

图 4-33　A 点垂直方向的温度分布

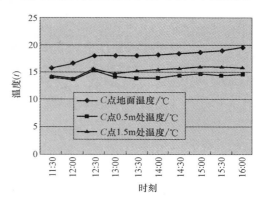

图 4-34　C 点垂直方向的温度分布

（3）湿度的分布情况　为了简化并便于分析，在此仅表示地面各点的湿度分布情况（图 4-35）和 A、C 两点垂直高度上的湿度变化情况（图 4-36、图 4-37），而其他两点垂直高度上的湿度分布情况和 A、C 点相似。

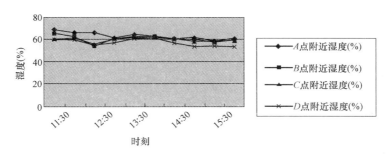

图 4-35　地面各点湿度分布

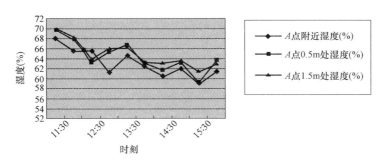

图 4-36　A 点垂直高度的湿度分布

由试验数据可以得知，地面上各点的湿度分布比较均匀，平均湿度为 60.47%，满足舒适度的湿度范围为 60% 左右，故湿度能很好地满足舒适度要求。而在垂直方向上，由图 4-36、图 4-37 可以看出，地面处的湿度最低，而 0.5m 和 1.5m 处的湿度就略微高于地面处

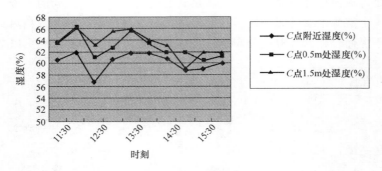

图 4-37　C 点垂直高度的湿度分布

且这两处的湿度也基本一致。这是因为人的生活区在 1.2m 左右处的空间，人的生活使得空间湿度增大，A、C 两点地面处的平均湿度分别为 63.07% 和 60.2%，而距地面 0.5m 处的平均湿度分别为 64.36%、62.92%，二者均在人的舒适度范围内。所以地板辐射供暖的湿度分布也是满足舒适度要求的。

3. 地板辐射供暖的热舒适性

人体热舒适是人体对所处热湿环境的综合感觉。室内热湿环境中，空气温度（T）、空气相对湿度（RH）、空气速度（V）、平均辐射温度（MRT）以及人体着衣热阻（I）、人体代谢率（M）等六个因素影响着人体与环境的热湿交换，影响着人体的生理过程，也直接影响人体热舒适感觉。P O Fanger 教授根据试验资料，提出了热舒适的评价指标：预期平均评价（PMV）及预期不满意百分率（PPD），并总结了基于上述六个因素的 PMV 计算公式和 PMV 与 PPD 的对应关系图。PMV 和 PPD 是人体状态（I, M）及热湿环境（I, RH, V, MRT）的综合作用的结果。在人体状态（I, M）稳定的情况下，热湿环境的另四个因素（T, RH, V, MRT）共同作用影响着人体的热舒适（PPD, PMV）。故在以对流为主的空调房间内以温度、湿度为控制对象，通过对送风量、送风湿度以及气流组织的控制可以满足舒适性要求。而在以辐射为主要特征的地板辐射供暖的房间，应综合考虑室内的温度、湿度及平均辐射温度。由于 PMV 及 PPD 计算过程的复杂性以及考虑因素的多样性，结合该试验的特点仅对影响热湿环境的其中三个因素（T, RH, MRT）进行定性的分析。

（1）室内空气温度梯度（T）　在舒适范围内，ISO 7730 标准中规定：在工作区的地面上方 1.1m 和 0.1m 之间的温差小于或等于 3℃，这实际上是考虑坐着工作的情况；美国 ASHRAE55-92 标准从可靠性角度建议，1.8m 和 0.1m 之间的温差小于或等于 3℃，这实际上是考虑站着工作的情况。

试验中垂直方向的平均温度分布如图 4-38 所示。地面温度与 1.5m 处的平均温差为 3.16℃，考虑到该系统中温度在最初的 0.5m 内衰减较严重的现象，那么 0.1m 和 1.1m 或者是 0.1m 和 1.5m 内的温差就可以满足标准中所规定的最大温差，即此时可以满足舒适度要求。

（2）室内空气的相对湿度（RH）　湿度对人体的影响也不容忽视，过高和过低的湿度环境都会增加人

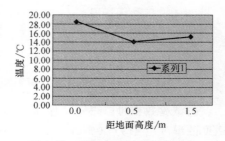

图 4-38　垂直方向平均温度分布

体的不舒适感，为此，ASHRAE（美国暖通空调制冷协会）提出了热舒适区的概念，这个标准将湿度的上限设为60%，结合适宜室内生物和化学污染物的湿度环境图得出适宜人体健康的湿度环境是40%~60%RH。而在本次地板辐射供暖的试验中，地板表面的平均相对湿度为60.47%，且地面各点的湿度分布也比较均匀，不会出现不舒适感以及需要对环境的湿度变化做出快速的适应的现象。垂直方向的湿度变化也满足了舒适要求。

（3）室内平均辐射温度（MRT）　地板辐射供暖系统中地板主要通过辐射和对流作用与房间进行热量交换。平均辐射温度（MRT）成为影响室内热舒适性的重要参数，平均辐射温度 T_r 和空气温度 T_a 的共同作用可以反映在作用温度 T_o 上：$T_o = \dfrac{h_c T_a + h_r T_r}{h_c + h_r}$，其中，$h_c$ 为人体表面换热系数，h_r 为人体辐射换热系数。根据该公式即可得出，地板辐射供暖房间的平均辐射温度 MRT 一般比室内空气温度高1~3℃。在试验中，供暖房间的空气平均温度为15.92℃，所以此时的平均辐射温度约为18.92℃，完全可以满足我国国家标准 GB 50736—2012《民用建筑供暖通风与空气调节设计规范》中对人员长期逗留区域空调室内热舒适度一般的温度18~22℃的规定。所以在达到相同的热舒适的情况下，地板辐射供暖的室内设计温度可以降低1~3℃，这样在与散热器或风机盘管等常规的供暖方式达到相同的室内温度时就可以节约部分能源。

（4）辐射换热具有良好的热舒适性　在舒适条件下，人体产生的全部热量，是以一定的比例散发的：大致为对流散热量 Q_c 占总热量的25%~30%，辐射散热量 Q_r 占45%~50%，呼吸和无感觉蒸发散热量 Q_e 占25%~30%，从中可以看出辐射换热对人体的舒适感是很重要的，而地板辐射供暖弥补了传统空调中以对流为主的不利因素，增加了人体的辐射换热量，有助于提高室内的舒适度。

4.5.3　结论

1）地板辐射供暖的地板表面平均温度是根据人体的舒适感及生理条件要求确定的，并且地面温度分布均匀性良好，不会给居住者造成忽冷忽热的感觉，对人体也可以起到保健作用。由于地表面温度均匀，热空气对流波动小，流速慢，不会将室内灰尘扬起造成污浊空气对流，不会将墙壁和顶棚熏黑。这样既舒适又环保。

2）地板辐射供暖在房间下部空间垂直方向上温度由下而上逐渐衰减，而在空间的上部会有一个轻微的温度上升的趋势，这样既在人的活动区域温度能满足舒适度要求，在非人员活动区域又可以因为温度的降低而减少维护结构的散热量。随着不同的高度方向，其温度形成了明显的温度层面，形成了一定的温度分布规律，这一"足热头寒"的温度分布特点，既符合空气的流动的需要，又接近于人体的热舒适要求。

3）地板辐射供暖的相对湿度（RH）分布在水平方向上同温度分布一样，湿度分布的均匀性非常好，但是在垂直高度上，湿度在人的活动区域基本是在缓慢地增加，这样就不会使居住者有过于干燥的感受，特别是在头部比脚部的湿度要大些，这样人的舒适感就会更加明显。

地板辐射供暖的平均辐射温度（MRT）一般比室内的空气温度高1~3℃，因此在达到相同的室内环境时，地板辐射供暖系统可以采用比较低的温度，这样就可以大大地节约能源。

第5章
可再生能源技术与应用

5.1 太阳能工位送风空调系统

地球上的一切能源主要来源于太阳能。根据相关文献记载，到达地球表面的太阳辐射能源为每年 $5.57 \times 10^{18} MJ$，为全世界目前一次能源消费总量的 1.56×10^4 倍，它相当于 190 万亿 t 标准煤。我国地处北半球欧亚大陆东部，位于温带和亚热带，幅员辽阔，有较丰富的太阳能资源，华北、西北的广大地区尤其充足，为利用太阳能服务于民提供了良好的条件。

鉴于太阳能资源的丰富性，而我国又是一个能耗大国，又限于目前进行太阳能空调较高的技术门槛和成本要求，建立了太阳能工位空调系统的概念。所谓太阳能工位空调系统，即利用太阳能资源，对工作台为单位形成的个人工作区域进行温度、湿度及产生的污染源的控制，保证工作区域有一个良好、舒适的环境的空调系统。

通过 CFD 模拟技术，对办公建筑的一个独立办公室分别采用背景空调在太阳能工位空调送风、太阳能空调整体送风以及分体空调整体送风方式进行数值模拟，得出各自送风形式下的速度场和温度场，从而得出一些结论。

5.1.1 太阳能工位空调系统的数值模拟

太阳能工位空调数值模拟工况为：背景空调送风速度为 0.4m/s，送风量为 325m³/h，送风温度为 16℃。工位空调送风速度为 1.2m/s，送风量为 130m³/h，送风温度为 23℃。根据此工况，对房间尺寸为 5m×4m×3m 的空调房间进行数值模拟。

1. 物理数学模型

物理模型为 5m×4m×3m 的空调房间，如图 5-1 所示，房间内有一个人、一台计算机、一盏荧光灯、一个桌子，桌子本身不是发热体，故未画出，门和窗户均用墙体代替，人、计算机、荧光灯用长方体代替。一个背景空调送风口，尺寸为 1000mm×200mm，一个工位送风口，尺寸为 300mm×100mm，一个回风口，尺寸为 1000mm×200mm。

2. 边界条件

设置模型各边界条件，各边界条件的定义及相关参数见表 5-1。

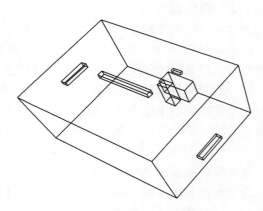

图 5-1 模拟空调房间模型图

表 5-1　边界条件定义

边界条件名称	边界条件	相关参数
背景空调送风口	速度入口	$V = 0.4\text{m/s}, t = 16℃$
回风口	压力出口	—
工位空调送风口	速度入口	$V = 1.2\text{m/s}, t = 23℃$
墙	固定热流量边界	$K = 40.7\text{W/m}^2$
计算机	固定热流量边界	$K = 51.4\text{W/m}^2$
人	固定热流量边界	$K = 63.5\text{W/m}^2$
地板、顶棚	绝热边界	—
荧光灯	固定热流量边界	$K = 60.2\text{W/m}^2$

3. 模拟结果分析

在物理数学模型给出的模拟工况下，模拟空调房间室内的温度场、速度场。选取三个代表性截面 A（Ozy 面，穿过人体中心）、B（Oxy 面，水平高度1.1m）和 C（Oxz 面，送风口至回风口的中心），对室内速度、温度分布以及工作区微环境进行分析与研究。

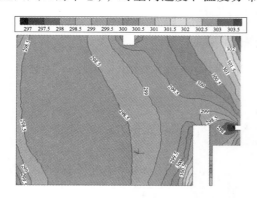

图 5-2　A 面，穿过人体中心的温度场
分布图（单位：K）

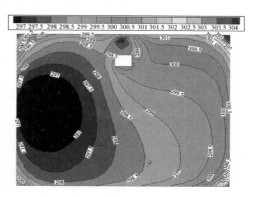

图 5-3　B 面，水平高度为1.1m处的
温度场分布图（单位：K）

（1）温度场分布　从图 5-2、图 5-3、图 5-4 可以看出，采用背景空调送风速度为 0.4m/s，送风量为 $325\text{m}^3/\text{h}$，送风温度为 16℃，工位空调送风速度为 1.2m/s，送风量为 $130\text{m}^3/\text{h}$，送风温度为 23℃进行办公室内空调制冷时，温度场分布在 25～28℃，满足 GB 50736—2012《民用建筑供暖通风与空气调节设计规范》的舒适性空调室内计算参数要求，温度分布合理。从图 5-2、图 5-3 可以看出，工位区域从计算机桌面到人的头部区域为 25℃，计算机桌面以下区域为 27℃。

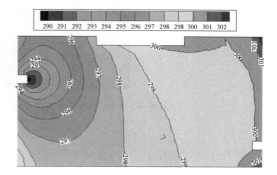

图 5-4　C 面，送风口至回风口中心的
温度场分布图（单位：K）

由图 5-2 可以看出，工作区及房间温度呈现分区分布，人体正好处于工位送风区，合理地利用了工位送风，工作区温度更好地满足人的舒适性要求。

（2）气流分布 在采用背景空调送风速度为 0.4m/s，送风量为 325m³/h，工位空调送风速度为 1.2m/s，送风量为 130m³/h，进行办公室内送风时，由图 5-5、图 5-6、图 5-7 可以看出，模拟室内的 A、B、C 面的气流速度为 0.1 ~ 0.3m/s，符合 GB 50736—2012《民用建筑供暖通风与空气调节设计规范》的舒适性空调室内计算参数要求。工位区域气流速度为 0.3 ~ 0.5m/s，略高于规范，可通过调整送风口的大小及位置控制工位区域的气流速度。

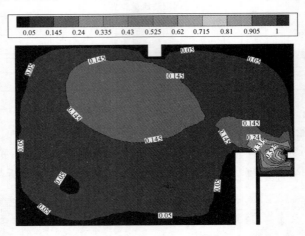

图 5-5 A 面，穿过人体中心的速度场分布图（单位：m/s）

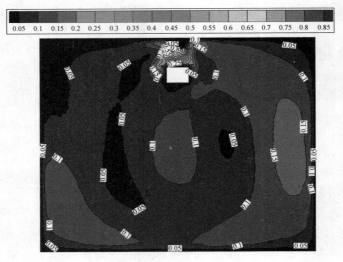

图 5-6 B 面，水平高度为 1.1m 处的速度场分布图（单位：m/s）

送风口直接将新风送到人体呼吸区，人体呼吸区正好处于送风气流区，气流较强，人体上部由于气流的卷吸作用，相对于邻近区域气流稍强。非工作区域气流流动均匀。当工位送风速度较低时，射程短，所能影响的范围小；送风速度越大，送风所能影响的范围越大，逐渐扩大到房间下部。

在一般情况下，室内的污染物相对于空气总量是较少的，其运动轨迹主要由气流组织所决定。本书虽然没有对室内空气品质进行量化分析，但是从气流的流线情况来看，该气流模式有利于污染物的排放，尤其是在人的呼吸区内，空气品质是优越的。

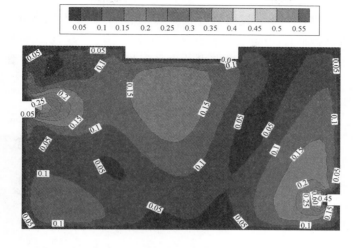

图 5-7　C面，送风口至回风口中心的速度场分布图（单位：m/s）

5.1.2　太阳能空调整体送风及分体空调整体送风的数值模拟

太阳能空调整体送风与分体空调整体送风均为对整个空调房间进行空气调节，满足空调房间人员的舒适性要求，不同的是前者所采用的热源能量全部由太阳能提供，初投资成本较高，后者分体空调为普通的电空调，通过市电来驱动空调制冷制热，初投资成本低，但会消耗电能。下面根据送风工况对整体送风进行数值模拟，检验其是否满足舒适性要求。

1. 整体送风系统的物理、数学模型

物理模型为 $5m \times 4m \times 3m$ 的空调房间，房间内有一个人、一台计算机、一盏荧光灯、一个桌子，桌子本身不是发热体，故未画出，门和窗户均用墙体代替，人、计算机、荧光灯用长方体代替。一个背景空调送风口，尺寸为 $1000mm \times 200mm$，一个回风口，尺寸为 $1000mm \times 200mm$。

按此设计，是为了保持与工位空调送风一致，便于在进行节能及经济性分析的时候比较优劣。

整体送风办公室布置图如图 5-8 所示。

2. 边界条件

设置模型各边界条件，各边界条件的定义及相关参数见表 5-2。采用 5.1.1 节选择的离散方法。

表 5-2　边界条件定义

边界条件名称	边界条件	相关参数
整体空调送风口	速度入口	$V = 1.1m/s, t = 16℃$
回风口	压力出口	—
墙	固定热流量边界	$K = 40.7W/m^2$
计算机	固定热流量边界	$K = 51.4W/m^2$
人	固定热流量边界	$K = 63.5W/m^2$
地板、顶棚	绝热边界	—
荧光灯	固定热流量边界	$K = 60.2W/m^2$

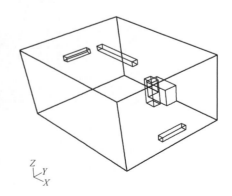

图 5-8　整体送风办公室布置图

3. 模拟结果分析

在整体送风系统的物理、数学模型给出的模拟工况下，模拟空调房间室内的温度场、速度场。选取三个代表性截面 A（Ozy 面，穿过人体中心）、B（Oxy 面，水平高度 1.1m）和 C（Oxz 面，送风口至回风口的中心），对室内速度、温度分布以及工作区微环境进行分析与研究。

（1）温度场分布 从图 5-9、图 5-10、图 5-11 可以看出，采用整体送风速度为 1.1m/s，送风量为 792m³/h，送风温度为 16℃，进行办公室内空调制冷时，温度场分布在 22 ~ 24℃，略低于 GB 50736—2012《民用建筑供暖通风与空气调节设计规范》的舒适性空气调节室内计算参数要求，但满足室内制冷需求。从图 5-9 可以看出，工位区域从计算机桌面到人的头部区域为 23℃，计算机桌面以下区域为 27℃。

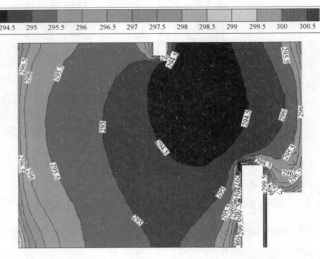

图 5-9 A 面，穿过人体中心的温度场分布图（单位：K）

由图 5-10、图 5-11 温度分布图可以看出，工作区及房间温度呈现温度分布一致，为 23 ~ 24℃，在送风口至房间中间区域，温度较低，为 21 ~ 22℃。

此送风工况能够满足人的舒适性要求，但房间内的大部分冷量消耗在非工作区域，不利于能量的充分合理利用，形成能量的无形浪费。

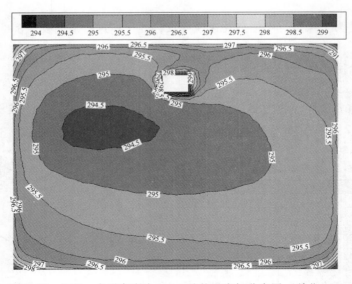

图 5-10 B 面，水平高度为 1.1m 处的温度场分布图（单位：K）

（2）气流分布　在采用整体空调送风速度为 1.1m/s，送风量为 792m³/h，进行办公室内送风时，由图 5-12、图 5-13、图 5-14 可以看出，模拟室内的 A、B、C 面的气流速度为 0.1～0.5m/s，部分区域的气流分布略高于 GB 50736—2012《民用建筑供暖通风与空气调节设计规范》的舒适性空调室内计算参数要求，但气流速度较高区域不在工作区内，工作区可保持 0.1～0.3m/s 的气流速度。

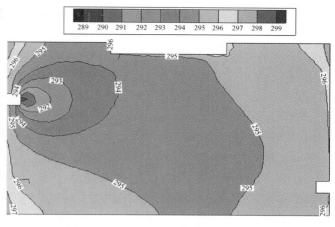

图 5-11　C 面，送风口至回风口中心的温度场分布图（单位：K）

从图 5-12、图 5-13 可以看出，在房间工作区斜对角的顶棚区域气流速度分布较大，为 0.5～0.6m/s。在工作区内，人的背面气流速度为 0.3～0.4m/s，人的正面区域，气流速度为 0.1～0.2m/s。从图 5-14 看出，从送风口至回风口，整个截面上的气流速度呈现分区分布，除送风口及回风口处，其他区域的气流速度为 0.05～0.3m/s。气流分布符合要求。

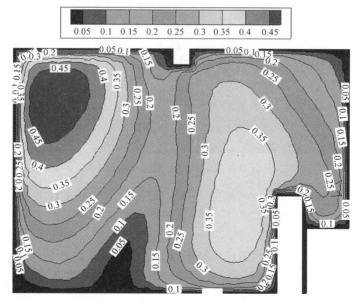

图 5-12　A 面，穿过人体中心的速度场分布图（单位：m/s）

5.1.3　三种送风模式下的经济性和能耗分析

1. 背景空调加太阳能工位空调的初期投资及能耗分析

（1）初期投资分析　根据此物理模型，为了达到满足室内人员舒适性要求，采用了一

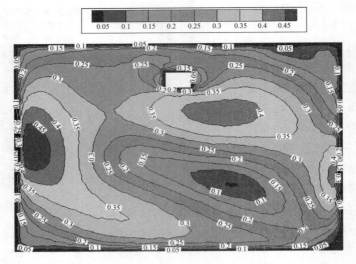

图 5-13　B 面，水平高度为 1.1m 处的速度场分布图（单位：m/s）

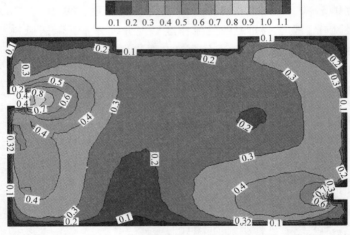

图 5-14　C 面，送风口至回风口中心的速度场分布图（单位：m/s）

台背景空调（送风量 325m³/h，送风温度 16℃）和按 5.1 节要求设计的太阳能工位送风空调（送风量 130m³/h，送风温度 23℃）共同承担室内负荷，模拟结果显示，能够很好地满足办公人员的舒适性要求。

　　表 5-3 给出安装此系统所需的费用估算，估算结合目前市场行情调查。

表 5-3　太阳能工位送风和背景空调系统初投资表

空调类型	规格	数量	价格
背景空调	风量:325m³/h,制冷量:1300W	1 台	1300 元
	其他辅助材料	1 项	200 元
太阳能工位空调	太阳能光伏板功率:150W	3 块	2400 元
	蓄电池蓄电量:300A·h	2 台	1000 元
	末端装置	1 台	800 元
	其他辅助材料	1 项	300 元
合计	—		6000 元

太阳能工位空调加装蓄电池主要是考虑阴雨天气时，太阳光辐射不足，无法满足工位空调的正常运行，为工位空调提供动力源保障。

从初投资表可以看出，对采用背景空调与工位空调相结合的空调系统，与传统分体空调整体送风相比，其投资成本较高。

（2）能耗分析　方案中的背景空调动力源由市电提供，工位空调动力源全部由太阳能光伏板提供，无需市电。背景空调的制冷量为 1300W，按目前市场上空调的 COP 值取 2.5，则此方案每小时耗电量为 $1300/2.5 \times 1000kW \cdot h = 0.52kW \cdot h$。同时，由于工位空调利用太阳能，每小时节约的电量为 $216/2.5 \times 1000kW \cdot h = 0.0864kW \cdot h$。

以一年的运行时间计算，夏季制冷季为 120 天，冬季供暖季为 100 天，平均每天运行 8h，则需消耗市电电量为：$0.52 \times (120 + 100) \times 8kW \cdot h = 915.2kW \cdot h$，太阳能工位空调节约的电量为：$0.0864 \times (120 + 100) \times 8kW \cdot h = 152kW \cdot h$。

2. 太阳能整体送风空调系统的初期投资及能耗分析

（1）初期投资分析　根据此物理模型，为了达到满足室内人员舒适性要求，采用一台太阳能整体送风空调承担室内负荷，其空调末端等同于分体空调室内机，室外机动力源由太阳能光伏板提供。由模拟结果显示，能够很好地满足办公人员的舒适性要求。

由于太阳能整体送风空调系统的动力源全部由太阳能光伏板提供，结合整体送风的空调负荷要求，空调负荷为 2500W，因此所需的太阳能光伏板功率为 $2500W/0.5 = 5000W$，转化效率按 0.5 计算，所需蓄电池容量为 $5000A \cdot h$，表 5-4 所示为安装此系统所需的费用估算，估算结合目前市场行情。

表 5-4　太阳能整体送风空调系统初投资表

空调类型	规格	数量	价格
太阳能整体送风空调	太阳能光伏板功率：150W	33 块	26400 元
	蓄电池蓄电量：300A·h	22 台	11000 元
	末端装置	1 台	1300 元
	其他辅助材料	1 项	500 元
合计	—		39200 元

（2）能耗分析　太阳能整体送风空调系统的动力源由太阳能光伏板提供，无需市电。按目前市场上空调的 COP 值，取 2.5，则此方案每小时节约的电量为：$2500/2.5 \times 1000kW \cdot h = 1.0kW \cdot h$。

以一年的运行时间计算，夏季制冷季为 120 天，冬季供暖季为 100 天，平均每天运行 8h，则每年可节约的电量为：$1.0 \times (120 + 100) \times 8kW \cdot h = 1760kW \cdot h$。

3. 分体空调系统的初期投资及能耗分析

（1）初期投资分析　分体空调的整体送风与太阳能整体空调送风一致，不同的是分体空调利用市电进行空调的制冷制热，而太阳能整体送风空调利用太阳能进行室内的制冷制热，由于已经对太阳能整体送风进行了模拟，且模拟结果也能很好地满足室内办公人员的舒适性要求，所以对于分体空调而言，在采用同等空调负荷的情况下，分体空调一样能达到与太阳能整体送风相同的效果。

根据目前的市场行情，采用一台分体空调所需的投资费用见表 5-5。

表 5-5　分体空调整体送风系统初投资表

空调类型	规格	数量	价格
分体空调	风量:750m³/h 制冷量:2500W	1 台	1800 元
	其他辅助材料	1 项	100 元
合计	—		1900 元

（2）能耗分析　分体空调系统的动力源全部由市电提供。按目前市场上空调的 COP 值，取 2.5，则此方案每小时耗用的电量为 $2500/2.5 \times 1000$kW·h $= 1.0$kW·h。

以一年内的运行时间计算，夏季制冷季为 120 天，冬季供暖季为 100 天，平均每天运行 8h，则每年消耗的电量为 $1.0 \times (120 + 100) \times 8$kW·h $= 1760$kW·h。

4. 三种空调形式的经济性及能耗性对比分析

（1）初期投资及能耗对比分析　从上述计算分析可知，在同样满足空调房间的舒适性的前提下，太阳能整体送风空调初投资费用最高，背景空调 + 太阳能工位空调次之，普通分体空调整体送风最低。在能耗方面，背景空调 + 太阳能工位空调方案年耗电量为 915.2kW·h，年节约电量为 152kW·h。太阳能整体送风空调方案不消耗市电，年节约电量为 1760kW·h，而普通分体空调整体送风方案年耗电量为 1760kW·h，无节约电量，按目前市场商业用电费用要求，以 1 元/（kW·h）电计，将结果列于表 5-6。

表 5-6　三种空调形式下的初投资、能耗及运行费用对比

空调形式	背景空调 + 太阳能工位空调	太阳能整体送风空调	普通分体空调整体送风
初投资费用	6000 元	39200 元	1900 元
年消耗电量	915.2kW·h	0	1760kW·h
年节约电量	152kW·h	1760kW·h	0
年运行费用	915.2 元	0	1760 元
年节约费用	152 元	1760 元	0

（2）空调全寿命周期的总投资对比分析　对空调全寿命周期的总投资，运用财务知识，可利用如下公式计算空调全寿命周期的总投资费用：

$$S = A (1 + p)^n + (B - C)\frac{(1 + p)^n - 1}{p} \tag{5-1}$$

式中　S——空调全寿命周期总投资费用（元）；

　　　p——年利率，取 3.5%；

　　　A——初投资费用（元）；

　B、C——年运行费用和年节约费用（元）；

　　　n——全寿命周期长，取 $n = 20$ 年。

利用上述公式，可计算得到背景空调 + 太阳能工位空调方案总投资费用为 33527.6 元，太阳能空调整体送风方案总投资费用为 28225.1 元，分体空调整体送风为 53563.8 元。

现将三种空调形式的初投资费用、总投资费用、空调房间总负荷列于表 5-7。

表 5-7　三种空调形式下的初投资、总投资及总负荷对比

空调形式	背景空调 + 太阳能工位空调	太阳能整体送风空调	普通分体空调整体送风
初投资费用	6000 元	39200 元	1900 元
总投资费用	33527.6 元	28225.1 元	53563.8 元
空调总负荷	1516W	2500W	2500W

通过比较分析，采用上述三种空调方案，太阳能整体送风空调方案初投资最高，背景空调＋太阳能工位空调方案初投资居中，且远小于太阳能整体送风空调方案，总投资费用略高于太阳能整体送风空调，但远小于分体空调整体送风方案。空调房间的总负荷，是三个方案中最低的，约为其他两个的一半，有利于节约能源，对节能有一定的指导意义。

因此，对办公室的空调方案，采用背景空调与太阳能工位空调相结合的方式，是一个不错的选择。

5.1.4　结论

本节分别对背景空调加太阳能工位送风空调系统、太阳能整体送风空调系统及普通分体空调整体送风进行了数值模拟，并对采用这三种空调形式下的初期投资成本及能耗做了对比分析。通过对这三种空调形式的研究，得出以下结论：

1）无论采用背景空调＋太阳能工位送风空调系统，还是太阳能整体送风空调系统及普通分体空调整体送风都能够很好地满足室内人员的舒适性要求，但采用背景空调＋太阳能工位送风空调系统所需承担的室内负荷较其他形式小。

2）太阳能工位送风是将处理过的空气直接送入人的呼吸区，而不是与室内空气混合后再送达人体，这样保证了空气的洁净度，与传统空调相比，减缓了传统空调房间内的沉闷感。

3）太阳能工位空调系统房间和工作区温度呈现分区分布，安装有工位送风口的工作区间平均温度低于未安装工位送风口的工作区间，人体周围温度明显低于背景温度，并且以人体为中心由内向外逐渐递增，工位送风效率很高。用较少的送风量就能达到满意的空调效果，利于节能。

4）由于人距离工位送风口很近，必须考虑送风参数，特别是送风速度、送风距离、送风口尺寸对送风效果和人体舒适性等方面带来的影响。

5）在相同的送风量下，送风口尺寸越小，工位区的气流速度就越大，会使用户产生吹风感。要达到所需的制冷要求，适当增大送风口尺寸，可能为用户提供较佳的温度、速度模式，即为用户提供较低温的新鲜空气。

6）从避免吹风感角度来说，太阳能工位送风末端不能过于靠近用户。

7）太阳能空调整体送风和普通分体空调整体送风可保证空调房间的舒适性要求，但其最佳空调效果区域不在工位区域，不能将其有效地送达工位区域，造成能量无形的浪费。

8）在三种空调形式的初投资上，太阳能整体送风空调方案最高，背景空调加太阳能工位送风空调方案次之，传统分体空调最低。

9）在三种空调形式的能耗及节能上，太阳能整体送风空调方案能耗全部来自于太阳能，不消耗其他能源，最节能；背景空调＋太阳能工位送风空调方案仅背景空调采用市电，工位送风利用太阳能，消耗较少的能量；普通分体空调动力源全部来源于市电，且承担室内全部负荷，能耗较大。

5.2　太阳能半导体制冷/制热系统的试验研究

太阳能是一种取之不尽、用之不竭的绿色能源，半导体制冷具有体积小、质量轻、无噪声和无泄漏等优点。通过设计利用太阳能光伏发电为半导体制冷器提供直流电对空间进行制冷/制热，该系统具有结构简单、可靠性高、无污染等优点，特别适合没有架设电网的边远地区的冷藏/暖藏箱等应用，对推进太阳能光伏发电半导体制冷/制热系统的市场应用有一定参考意义。

5.2.1　太阳能光伏电池最佳倾角测试

太阳能半导体空调器制冷/制热系统，主要研究其在夏季工况下的运行情况。选择夏季晴朗天气，调整太阳能光伏电池的倾斜角度，通过测试光伏板的开路电压、短路电流以及在特定负载（负载为 5Ω 和 20Ω 的额定电阻器）情况下的输出电压和电流，找到太阳能电池的最大输出功率，从而确定其最佳的倾斜角度。同时，根据理论计算，确定太阳能光伏板的最佳摆放位置。

试验中，采用 TES－1333 型太阳能表实时地测试太阳辐射强度，为了能够使得系统的工作状态更佳，测试的数据有效且符合试验的目的与要求，当太阳辐射强度不足 $100W/m^2$ 时，忽略数据的变化，不计入倾斜角的测试试验。试验过程中的太阳辐射强度均满足大于 $600W/m^2$ 的要求。

太阳能光伏板的倾斜角度，取值范围为 $0° \sim 90°$。为了缩短测试时间，提高测试效率，根据理论计算和相关参考文献，在 $0° \sim 45°$ 每隔 $5°$ 测试一次，在 $45° \sim 90°$ 任意选取几个角度进行测试。

工况一：太阳辐射强度 $680W/m^2$，环境温度 $33.7℃$，相对湿度 58%，平均风速 $2.2m/s$，风力 2 级，负载电阻 20Ω，开路电压和输出电压、短路电流和输出电流以及输出功率与倾角的关系如图 5-15 ~ 图 5-17 所示。

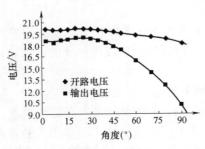

图 5-15　开路电压和输出电压与倾角关系

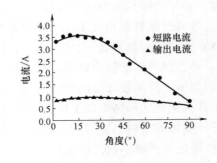

图 5-16　短路电流和输出电流与倾角的关系

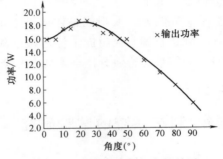

图 5-17　输出功率与倾角的关系

工况二：太阳辐射强度 $753W/m^2$，环境温度 34.1℃，相对湿度 52%，平均风速 2.4m/s，风力 2 级，负载电阻 20Ω，开路电压和输出电压、短路电流和输出电流以及输出功率与倾角的关系如图 5-18 ~ 图 5-20 所示。

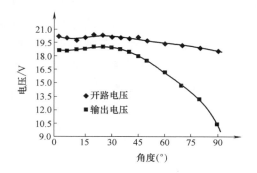

图 5-18　开路电压和输出电压与倾角的关系

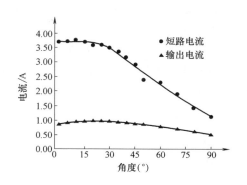

图 5-19　短路电流和输出电流与倾角的关系

从以上测试数据中可以看出：开路电压、输出电压、短路电流和输出电流随着太阳能光伏板倾斜角的变化在工况一、工况二中呈现出的变化规律基本一致。

由图 5-15 和图 5-18 所示电压随倾斜角的变化规律可以看出：开路电压和输出电压在总体上随着倾斜角的增大呈现出先增大后减小的变化趋势；当倾斜角位于 0°~35° 时，开路电压和输出电压的变化趋势基本一致，从图中反映出开路电压与输出电压之间的差值基本相等；随着倾斜角的不断增大，开路

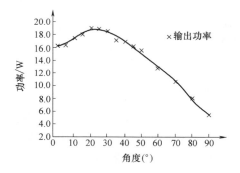

图 5-20　输出功率与倾角的关系

电压和输出电压都呈现出逐渐减小的变化规律，并且开路电压变化较为平缓，输出电压的变化幅度较大。

由图 5-16 和图 5-19 所示电流随倾斜角的变化规律可以看出：短路电流和输出电流在总体上随着倾斜角的增大呈现出先增大后减小的变化趋势；当倾斜角在 25° 左右时，短路电流和输出电流达到最大值；当倾斜角 $\beta < 25°$ 时，短路电流和输出电流变化趋势较为平缓，且二者之间的差值基本保持不变；当倾斜角 $\beta > 25°$ 时，短路电流急剧减小，而输出电流也减小但幅度不大。

通过输出电压和输出电流可以计算得出输出功率，由图 5-17 和图 5-20 所示输出功率随倾斜角的变化规律可以看出：由于输出电流变化较为平缓，输出功率的变化规律与输出电压的变化规律基本保持一致，当倾斜角从 0° 逐渐增大，输出功率先增大后急剧减小，且在倾斜角 $\beta = 25°$ 左右时，太阳能光伏板的输出功率达到最大值。将试验所得最佳倾斜角 $\beta = 25°$ 与理论计算值进行比较，倾斜角 $\beta = 25°$ 在理论计算范围 20°~26°。因此，在试验中，取太阳能光伏板的倾斜角为 25° 进行后续相关试验。

5.2.2　制冷试验结果及分析

1. 工作电流对制冷效果的影响

工作电流是影响半导体制冷器效果的主要因素，由前面的理论分析可知半导体制冷器在工作时存在着一个最佳值，即产生最大制冷量时对应的工作电流。试验中为了保证输出电压的稳定性，采用通过控制器后输出的 12V 直流稳压作为半导体制冷器的工作电压，环境温度为 27.8℃，将 4 块并联后的半导体制冷器与滑动变阻器相连，在保证其他条件不变的情况下，改变滑动变阻器的电阻值，测试并记录通过半导体制冷器的工作电流，同时记录每一个工作电流对应的制冷器冷端和制冷空间稳定后的温度，试验结果如图 5-21 和图 5-22 所示。

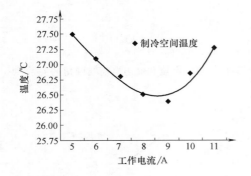　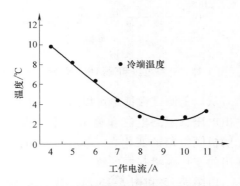

图 5-21　制冷空间温度与工作电流的关系　　图 5-22　冷端温度与工作电流的关系

由图 5-21 可以看出：制冷空间的温度随着电流的变化呈现抛物线的变化规律，随着电流的增大，制冷空间的温度先减小后增大，存在着一个最小值，即抛物线的最小值，对应的工作电流就是半导体制冷器最佳工作电流。产生上述变化规律，主要是因为构成半导体制冷器的电偶对，在工作电流增大时，冷端制冷量随之增大从而制冷空间温度降低，但工作电流继续增大后，半导体制冷器的热端也在不断产热，当热端的散热能力不足以将产生的热量及时散出时，半导体制冷器热端产生的富余热量就会向冷端传递，从而导致制冷空间的温度又会有所回升。

根据试验所得数据可知，当通过半导体制冷器的电流约为 8.6A 时，制冷空间的温度达到最小，由于试验中采用了 4 块半导体并联，因此制冷空间达到最低温度时，通过单片制冷器的最佳工作电流约为 2.15A。

由图 5-22 可以看出：同制冷空间温度随工作电流的变化规律一致，半导体制冷器的冷端温度也随着工作电流的增大先降低后升高，在工作电流为 9A 左右时，制冷器冷端温度达到最低，即单片制冷器的最佳工作电流为 2.25A，与上述测试制冷空间温度得出的最佳工作电流差别不大，从侧面说明了工作电流对制冷效果的影响的试验测试结果的准确性，确认了半导体制冷器的最佳工作电流约为 2.2A。

2. 有无蓄电池对制冷效果的影响

蓄电池是太阳能半导体制冷/制热空调系统的重要组成部分，是系统储能不可或缺的部分。但是从系统的初始成本看，蓄电池的成本相对较高，如果能够在保证制冷效果的前提下，可以不使用蓄电池，这对系统的成本和应用将有着重要意义。因此，通过试验的方式，测试并记录有蓄电池和无蓄电池时系统的工作电压和工作电流，如图 5-23、图 5-24 所示，通过测试数据比较分析在有无蓄电池的情况下，系统的制冷效果。

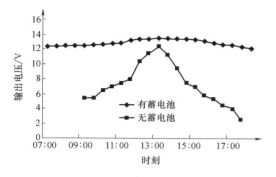

图 5-23　输出电压与有无蓄电池的关系

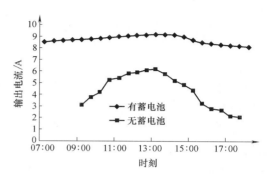

图 5-24　输出电流与有无蓄电池的关系

由图 5-23 可以看出：无论有无蓄电池，系统全天工作的输出电压都是呈现先增大后减小的趋势，在中午 13：00 左右输出电压达到最大值。同时，还可以看出在有蓄电池的情况下，系统的输出电压范围在 12.2 ~ 13.6V，全天变化幅度很小，工作状态稳定。但在无蓄电池的情况下，系统的输出电压在 2.5 ~ 12.5V 波动，系统工作很不稳定，并且在上午 9：00 之前和下午 17：30 之后，太阳辐射强度极弱，系统不能工作，整个系统全天出现了工作的不连续性。

由图 5-24 可以看出：输出电流的变化趋势与输出电压的趋势基本一致，随着时间的推移，输出电流先增大后减小，同样在中午 13：00 左右出现输出电流的最大值。当将蓄电池运用于系统时，系统全天的输出电流变化区间为 8.1 ~ 9.2A，保持着平稳的工作状态，当无蓄电池时，系统输出电流波动很大，一天中只在上午 9：00 到下午 17：30 为有效工作时间，不能保证系统运行的连续性。

为了更加直观地了解蓄电池对系统制冷效果的影响，在比较了输出电压和输出电流的情况下，同时比较制冷空间在有无蓄电池情况下的温度变化情况，从而分析蓄电池对制冷效果的影响情况，制冷空间温度详细变化如图 5-25 所示。

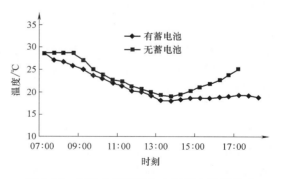

图 5-25　制冷空间温度与有无蓄电池的关系

由图 5-25 可以看出：在上午 9：00 之前，有蓄电池的情况下，制冷空间的温度平稳下降，而无蓄电池时，系统不工作，制冷空间的温度与环境温度一致；在上午 9：00 至中午 13：30，有无蓄电池两种情况下，制冷空间的温度变化曲线趋势基本一致，有蓄电池比无蓄电池时制冷空间的温度略低；在中午 13：30 后，有蓄电池情况下，制冷空间的温度基本稳定，保持不变，而无蓄电池的情况下，制冷空间的温度开始逐渐上升。

因此，从上述试验分析中，可以看出蓄电池是太阳能半导体空调系统中的一个重要组成部分，蓄电池的运用可以使系统的工作更加稳定，系统的工作状态具有连续性。同时，从节能的角度分析，蓄电池的运用，可以有效地储存丰富的太阳能转换后的电能，尤其是中午太阳辐射强度较大时，转换成的电能大于负载所需时，多余的能量可以利用蓄电池储存起来，当太阳辐射强度较弱或几乎没有时，再由蓄电池给负载供电，这样就能使太阳能的利用效率最大化。

5.2.3 制热试验结果及分析

根据制冷试验测试可以看出，半导体制冷器产热的响应速度很快，且根据热电制冷的理论知识可知半导体制热功能相对于制冷功能来说要容易很多，因为半导体制冷器热端产生的热量要大于其自身消耗的电功率。

通过试验进一步测试半导体制冷器的制热情况，改变通入半导体制冷器的工作电流方向实现半导体制冷器冷热两端的转换，测试时环境温度为15.6℃，同样采用滑动变阻器与三组半导体制冷器串联，改变滑动变阻器的阻值以达到改变工作电流的目的，测试并记录不同电流情况下，制热空间稳定后的温度，测试结果如图5-26所示。

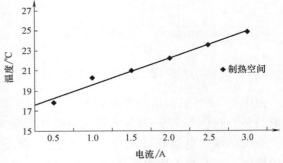

图 5-26　制热空间温度与电流的关系

由图5-26可以看出：制热空间稳定后的温度随着半导体制冷器的工作电流的增大而增大，根据半导体制冷器的产热量计算公式：

$$Q_h = (\alpha_p - \alpha_n)IT_c + (1/2)I^2R - K\Delta T \tag{5-2}$$

可知，制冷器热端产生的帕尔贴热值与工作电流成正比，焦耳热值与工作电流的二次方成正比，热端与冷端之间的导热与工作电流的大小无关，因此制冷器的热端产热量随电流的不断增大而增大。但是，半导体的产热和产冷是同时工作的，并不是将工作电流提高得越好对系统的运行情况越好，过大的电流可能引起半导体自身的热短路甚至结构毁坏，从而影响整个系统的运行情况。通过试验选取合适的工作电流即可。从图5-26中可以看出当工作电流在2~3A时，制热空间的温度与环境温度的温差已经达到6.6~9.3℃，制热效果较好。

5.2.4 结论

通过对半导体制冷/制热特点的分析，提出利用太阳能光伏发电为半导体制冷/制热系统提供直流电的新型制冷/制热方式，通过理论分析和试验测试，借助现代先进的测试技术，对太阳能半导体制冷/制热系统的性能进行深入的分析与探讨，得出结论如下：

固定式太阳能电池的输出功率与电池摆放有关，倾角应根据不同的地理条件和负荷全年分布进行设计，根据武汉的地理位置，经过测试得出武汉地区太阳能电池的最佳倾角为25°。

太阳能光伏电池的输出功率与太阳辐射强度及温度等有关，在气象条件一定的条件下，正确的安装方法是使电池板输出最大功率的关键。

半导体制冷器工作电流、热端散热情况和环境温度是影响制冷空间内部温度的重要因素。随着电流的不断增大，制冷空间的温度先减小后增大，存在着一个最小值，即抛物线的最小值，对应的工作电流就是半导体制冷器最佳工作电流。

在制热模式时，制冷器热端产生的帕尔贴热值与工作电流成正比，焦耳热值与工作电流的二次方成正比，热端与冷端之间的导热与工作电流的大小无关，因此制冷器的热端产热量随电流的增大而增大。但是，半导体的产热和产冷是同时工作的，并不是将工作电流提高得越好对系统的运行情况越好，过大的电流可能引起半导体自身的热短路甚至结构毁坏，从而影响整个系统的运行情况。通过试验选取合适的工作电流即可。从图 5-26 中可以看出当工作电流在 2~3A 时，制热空间的温度与环境温度之间的温差已经达到 6.6~9.3℃，制热效果较好。

5.3　空气源热泵冷、热、热水三联供系统研究

5.3.1　系统介绍及系统构建

制冷、供暖、供生活热水"三联供"系统实现的方法是在系统中设置两个冷凝器，一个为普通的空冷冷凝器来实现普通的热泵空调器的制冷、制热的功能，另加入一个水冷冷凝器，在需要热水的场合将制冷剂切换到水冷冷凝器中冷凝。实现同时制冷与制热水的目的和单独作为热泵热水器的目的。

1. 系统介绍

（1）工作原理

1）单独制冷。出压缩机的高温高压的制冷剂，经过翅片式换热器冷凝放热，将热量排到室外空气中，然后制冷剂经过节流装置变成低温低压状态，再流经室内侧换热器，在换热器中蒸发吸热成低温低压的蒸气，然后回到压缩机。

2）制冷兼制热水。出压缩机的高温高压的制冷剂，先经过板式换热器冷凝放热，将热量传递给经过板式换热器的水，水被加热作为生活热水，热水温度达到要求后或者有多余的热量，再通过翅片式换热器冷凝放热，将制冷剂中多余的热量释放到空气中，之后经过节流装置，高压的制冷剂变成低温低压的状态进入室内侧换热器，制冷剂在换热器中吸收热量后回到压缩机。

3）单独供生活热水。出压缩机的高温高压的制冷剂，先经过板式换热器冷凝放热，热量被循环流经板式换热器的水吸收，产生的热水供生活使用，之后制冷剂通过节流装置，在节流装置的作用下，变成低温低压的液态，再通过室外机侧换热器（翅片换热器）从空气中吸收大量的热量，然后回到压缩机。

4）单独供暖。压缩机起动，高温高压的制冷剂蒸气通过室内侧换热器，工质在换热器内冷凝放热，为房间提供热量，然后经过节流装置节流变成低温低压状态，再经过室外侧换热器，从空气中吸收热量，然后回到压缩机。

5）供暖兼供热水。原理同供生活热水及供暖，只是可以同时满足两者，既供暖的同时，还可以供应生活热水，而且还可以设置优先模式，供暖优先或者供应生活热水优先。

（2）现有系统结构的分析　"三联供"系统结构按热水换热器在系统中的连接方式划分，可分为前置串联式、后置串联式、并联式以及复合式。前置串联式系统是将热水换热器

串联在冷凝器之前，这种方式可回收制冷剂显热和部分凝结潜热。后置串联式系统是将热水换热器串联在冷凝器之后，这种方式可回收部分凝结潜热和制冷剂液体过冷的热量。并联式系统是利用切换装置，实现在任何运行模式下，制冷剂只流经热水换热器、冷凝器和蒸发器三个换热器中的两个换热器，即可完成一个完整的工作循环，这种方式可回收全部的冷凝热量，包括显热、潜热和过冷热量。而复合式则是上述三种基础连接方式间的组合。

对于"三联供"系统结构而言，形式多种多样，按热水制热方式划分，可分为一次加热式、循环加热式和静态加热式。一次加热式，即冷水经过一次加热，直接达到用户所需的水温；循环加热式，即冷水通过在机组和蓄热水箱间多次循环加热，逐渐达到用户所需的水温；而静态加热式则可分为蓄热水箱内绕盘管式和外绕盘管式，两种形式机组的制冷剂侧均是通过强制对流进行换热，水侧通过自然对流进行换热，将冷水逐渐加热至用户所需的水温。

1）前置串联式。前置串联式结构即热水换热器串接在压缩机排气口之后，风冷式换热器之前，它可以回收压缩机排出过热蒸气的显热和部分凝结潜热来加热水，如图5-27所示。

前置串联式形式的系统，全年可以制取生活热水，该形式是空气源热泵"三联供"技术领域研究起步最早，取得的研究成果最多的一种系统结构形式。

季杰等通过模型仿真和试验测试，对前置串联式结构形式的系统在制冷兼制生活热水模式和单独制热水模式下的系统工作性能、稳定性以及两种模式下的运行参数等进行了相关的模拟和试验研究。通过研究发现，当室外环境温度为35℃，同时室内环境温度为

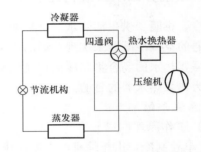

图5-27　前置串联式示意图

27℃时，系统在制冷兼制生活热水模式下的试验开始运行阶段，热水温度较低时，系统制冷量偏低。分析其原因，为当热水水温较低时，前置热水换热器所回收的冷凝热负荷占系统总冷凝热负荷的比例比较大，制冷剂在热水换热器出口处干度减小。在风冷换热器器内容积和制冷剂充注量一定的情况下，将导致风冷冷凝器总出口、节流机构前液态制冷剂无过冷，节流机构质量流量下降，蒸发器供液不足，系统性能下降。

江辉民等对前置串联式系统进行了改进。在低水温时，将热水换热器出口制冷剂直接从冷凝器进口旁通至出口，停用冷凝器，只使用热水换热器处理系统冷凝负荷，有效地解决了热水水温较低时制冷量衰减的问题。同时，对制冷热回收运行时热水供应量，机组制冷量，机组功耗随室外环境温度、热水温度以及蒸发温度变化的特性进行了试验研究，发现在室内、外环境温度基本恒定的条件下，系统制冷量会随着热水供水温度的上升而减少。这是由于热水供水温度的上升会导致系统冷凝压力的升高，冷凝器出口、蒸发器进口制冷剂比焓值增大，从而导致单位质量流量的制冷剂在蒸发器中蒸发的焓差减小，进而导致系统制冷量下降。江辉民等又在上述试验研究的基础上，建立了系统模型，通过计算机仿真，对在制冷热回收模式下风冷冷凝器风量、热水流量对系统特性的影响进行了分析，同时对单独制热水和制热兼制热水两种模式下系统的运行特性进行了研究。分析结果表明，提高热水换热器的换热能力，例如增大换热面积、提高水流量等，有利于提高制冷热回收和单独制热水模式下的

热水加热能力以及系统稳定性。但是在制热兼制热水模式下，因机组总制热能力有限，为避免室内制热量过小，应降低热水侧换热能力。

这种前置串联结构方式存在以下两个不足之处：

a. 制冷剂量的平衡问题，导致运行效果不好。制冷剂平衡是制冷系统安全稳定运行的最基本的条件，如果系统的制冷剂不足，会造成蒸发器内缺氟，蒸发压力下降，制冷量会严重下降。如果系统的制冷剂过多，多余的制冷剂液体会囤积于冷凝器内或直接冲入压缩机中，导致冷凝压力上升，压缩机负荷加大或导致压缩机损毁。对于"三联供"系统，其结构远比普通的制冷空调系统复杂。因为它的主要存储制冷剂的部件，除室外风冷换热器和空调换热器外，还有一个新增加的热水换热器。一般三种换热器的容积均不相同，在各种运行模式中，三个换热器分别组合成冷凝器和蒸发器，各种运行模式下所需要的制冷剂充注量和需求量相差较大，系统在单独制冷和单独制热模式下运行正常，运行模式切换后系统工作很不稳定，难以获得理想的效果。尤其在单独制取热水模式下，制冷剂通过热水换热器被冷凝后，体积大为减小，无法向后连续定量流动，在通过风冷换热器时，会存在储液现象，水温越低，制冷剂冷凝后密度越大，储液现象越明显，系统制冷剂量越显得不足，也会严重影响机组制冷或制热效果，从而使整个空调装置不能正常运行，继续充注制冷剂，则系统逐步恢复正常。

b. 化霜效果问题。由于机组冬季化霜运行时，压缩机排气仍需要先经过热水换热器，才进入风冷换热器进行化霜。当热水温度较低时，排气经过热水换热器已经被冷却，进入室外换热器的冷媒温度不够高，导致化霜时间延长，化霜效果不理想。而且大量制冷剂储存在热水换热器和风冷换热器内，系统严重缺氟，冷媒循环不畅，长期运行会导致压缩机缺油烧毁。

2）后置串联式。后置串联式结构是将热水换热器串接在风冷换热器之后，如图 5-28 所示。该方式主要是利用制冷剂过冷部分的显热热量加热热水，这一部分热量大约占总冷凝热量的 10% ~ 15%。在这种结构系统下，制冷剂在流经热水换热器时已为液体，没有发生相变放热，该方式可以避免出现制冷剂量的平

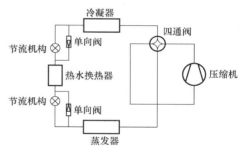

图 5-28　后置串联式示意图

衡问题，且过冷部分有利于提高系统的制冷量、性能系数和运行的稳定性。但是缺点是回收热量少，要想回收更多的热量，就必须采取增加热水换热器的面积等措施，这样一来，不仅增加了设备的造价，还导致设备体积增加。

这种结构方式与前面提到的后置串联式结构方式相比，在制冷剂平衡和化霜效果两个问题上得到一定的改善，但不能从根本上解决这两个问题。对于制冷剂平衡问题，由于热水换热器放置于风冷换热器和空调换热器之间，所以不管是正向循环还是逆向循环，在高压冷凝侧，热水换热器都是处于空气侧换热器的后面。又由于水冷换热时传热系数比风冷换热时传热系数要大近 30 倍，同样换热量情况下，水冷冷凝器制冷剂流道容积要比风冷冷凝器流道容积小很多，所以冷凝后液体通过水冷冷凝器比通过风冷冷凝器储液现象更轻微些，对制冷剂平衡影响更小些。而且在制热水工况下，过热制冷剂蒸气先经过风冷换热器再在热水换热

器内被冷凝，水温波动，不会导致在空调侧换
热器内产生储液现象。

3）热水换热器与风冷换热器和空调换热器
并联连接方式。并联连接方式即热水换热器与
风冷冷凝器和空调换热器并联，如图 5-29 所
示，通过一个四通换向阀和一个三通阀的切换，
三个换热器中任意两个换热器均可实现制冷制
热，并且制冷剂不经过不工作的换热器，且不
工作的换热器管路一直与压缩机进气口相通，
即一直处于低压气体状态，其中储存的制冷剂

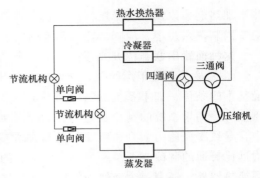

图 5-29　并联式示意图

量很少。该方式很好地解决了以上两种方式存在的因系统中加入一个水冷式换热器所导致的
制冷剂量不平衡的问题，且可实现夏季制冷兼制生活热水，春秋冬季相当于空气源热水器。

但是，由于制冷剂在水冷式换热器的后半段被冷凝成过冷液体后形成储液现象，而且系
统没有配置储液器等制冷剂平衡装置，制冷剂量略有不足，系统能效水平没有得到充分发
挥。该系统只有在三个换热器容积相差不多时，才不存在不同运行模式下制冷剂量平衡的问
题，可使系统处在较佳运行状态，否则，需要设置一个储液器，用来储存不同运行模式切换
时多余的制冷剂并在工况变动时调节和稳定制冷剂的循环量。另外，该系统较好地利用了单
向阀和电磁阀控制制冷剂的流动，不存在制冷剂的迁移问题，较好地解决了长期停机起动时
压缩机液击的问题。

对于并联式结构的系统，李舒宏等研究了制冷兼制生活热水模式时，室内环境温度变化
对系统制热水能效比的影响，同时对制冷兼制生活热水模式和单独制热水模式下热水出水温
度变化对系统制热水能效比的影响进行了分析。试验结果表明，在制冷兼制生活热水模式
时，随着室内环境温度的升高，系统制热水能效比明显升高，上升速度逐渐趋缓。这是由于
受节流机构的限制，室内环境温度的升高引起的系统蒸发温度的升高逐渐趋缓。在制冷热回
收和单独制热水时，由于热水出水温度会直接影响系统冷凝压力，随着热水出水温度的提
高，系统制热水能效比几乎直线下降。

根据以上对各种形式系统结构的分析发现，目前很多研究多侧重于系统多功能化的实
现，而很少考虑不同运行模式下，系统所需制冷剂充注量和需求量变化很大的问题，系统自
动调节能力较差，运行效果不理想，所以本节对现有的结构形式进行分析，然后找到各自结
构的优缺点。

（3）现有热水加热方式分析　热水加热方式对于"三联供"机组的性能和可靠性具有
重要的影响，而各种制热水方式具有各自的特点，根据水冷式换热器水侧水循环方式的不
同，常用的有循环加热系统、静态加热式系统和即热式系统（即一次加热系统）。

1）循环加热系统。循环加热系统是利用循环水泵提供动力，使循环水一直在水冷式
换热器和蓄热水箱之间循环流动，水不断吸收制冷剂冷凝释放出来的热量，直至蓄热水
箱的出水温度达到设定温度。如图 5-30 所示，常用的水冷式换热器为套管式换热器和板
式换热器。

该方式采用水泵强制循环，水流速度快，换热效果好，但是每循环一次水温只能升高
4~5℃，否则水的流速过小，换热效果迅速恶化。且该方式下，蓄热水箱中的水将经历一个

由低温到高温的循环加热过程，直至达到所要求的出水温度，即水冷式换热器水侧水温一直处于动态变化，则其制冷剂侧的冷凝压力和冷凝温度也将时刻变化，从而导致系统运行工况时刻变化，这将可能会直接影响系统的制冷（热）量。另外，刚开始加热时，水箱水温较低，冷却效果好，制冷剂在经过水冷式换热器时被充分冷凝，此时流向蒸发器的制冷剂减少，造成蒸发压力偏低，制冷量/吸热量减少；而加热一段时间后，水箱水温升高到接近设定温度时，冷却效果急剧恶化，冷凝压力过高，系统效率降低，且系统负荷忽高忽低的状况，会使压缩机运行工况恶化，缩短压缩机的使用寿命。

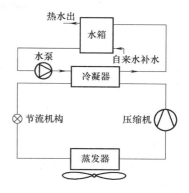

图 5-30　循环加热示意图

　　2）静态加热式系统。静态加热式系统又根据加热盘管在蓄热水箱的位置不同，分为内置盘管静态加热式和外置盘管静态加热式，如图 5-31、图 5-32 所示。

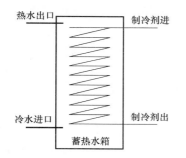

图 5-31　内置盘管静态加热示意图

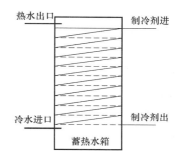

图 5-32　外置盘管静态加热示意图

　　内置盘管静态加热式是将换热盘管直接浸没在蓄热水箱中。将水冷式换热器与蓄热水箱合二为一，制冷剂在盘管内流动和冷凝，利用管壁加热的水产生自然对流进行换热。其优点是结构简单，水垢直接结在换热管表面，易于清除，而且不需要配置热水水泵，减少机组运转噪声和故障点，而其缺点是换热效果差，换热盘管易腐蚀或结垢。在制取热水过程中，主要靠水的自然对流进行换热，水流动性较差，换热效果减弱，换热盘管的制冷剂侧表面换热系数、换热管的导热系数都较高，而水侧的自然表面换热系数较低，导致换热盘管壁面温度较高，特别是制冷剂进口的过热段。对于铜换热盘管，如果水质呈酸性则极易发生腐蚀现象。为此采用耐腐蚀的不锈钢盘管代替铜盘管，或者在换热盘管表面进行搪瓷处理，是目前应对腐蚀问题的主要方法。但是对于换热盘管表面的结垢问题，目前还没有很好的解决措施。

　　外置盘管静态加热式是将换热盘管缠绕在水箱内胆外壁上，制冷剂的热量依次通过换热管和水箱内胆传递到水中。这种加热方式的优点是避免了换热盘管腐蚀和结垢的问题，但是，由于换热管只有部分面积和内胆接触，且换热管和内胆间存在接触热阻，因此这种加热方式的换热效率要低于内置盘管静态加热式。

　　3）即热式系统（即一次加热系统）。即冷水一次性流过换热器即被加热到所要求的温度。常采用套管式换热器、板式换热器、壳管式换热器。与前两种加热方式相比，即热式系统具有热水出水速度快，即开即出热水的优点，且其利用自来水的水压进水，不需要循环水泵，减少了电能的消耗；同时，水一次性加热，无冷热水的混合，冷凝压力相对稳定，压缩

机运行工况稳定，机组可靠性高。系统原理如图 5-33 所
示。从原理上来讲，即热式加热系统无需水箱，降低了初
投资、节省空间。但夏季制冷回收冷凝热制取热水的时间
与用户用热水时间不一致，如果要达到实际需求，就需要
给即热式系统配备一个保温效果良好的蓄热水箱，将热水
储存在水箱中，等需要用热水的时候，再从水箱中取得。

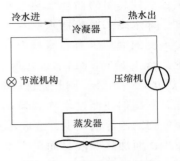

图 5-33　一次加热示意图

　　总的来说，一次加热式和循环加热式的共同点在于都
是利用水泵驱动冷水流经热回收换热器进行强制对流换热，
因此相对于内置或外置盘管静态加热式，换热系数高，且
热水换热器壁面温度低，不易发生腐蚀和结垢现象。不同
点是一次加热式将冷水通过一次加热直接达到目标水温，因此需根据进水温度的不同，进行
变水流量控制，或者将冷水和热水按一定比例混合再经过热回收换热器，以维持恒定的出水
温度；而循环加热式是将冷水经过多次循环加热，逐渐达到目标温度。所以一次加热式的控
制复杂、成本相对较高，但用户可在机组制热水过程中使用热水；而循环加热式则要等水箱
中的冷水逐渐加热到较高水温后，用户才可使用，但控制简单、成本相对较低。

　　（4）现有热水换热器的选用分析　水冷换热器的设计主要有两种形式，一种是桶浸泡盘
管式，另一种是逆流式。

　　1）桶浸泡盘管式。这种方式是把圆柱螺旋形的盘管置于储热水箱内，制冷剂在管内流
动和凝结，依靠管壁加热的水产生自然对流换热，但在水温接近于冷凝温度时传热性能迅速
降低，并会迫使主机冷凝压力升高。

　　2）逆流式水冷换热器。原则上，壳管式、板式和套管式的换热器都可做逆流换热器
用。一般来说，逆流式换热器的传热性能优于桶浸泡盘管式水冷换热器，制热水时冷凝压力
相对较低，热泵效率也相对提高了。

　　（5）蓄热水箱的选择分析　"三联供"机组在夏季制冷热回收运行时，存在空调运行
时间与热水使用时间不一致的矛盾；而在冬季，则可能出现同时需要制热和制热水的情况。
因此，为了解决上述问题就必须为三联供机组配置合适的蓄热水箱。

　　1）冷凝热与热用户间的日不平衡性。冷凝热是随着冷负荷的变化而变化的，而冷负荷
又是随着室外气象参数、人员流动、地理位置以及时间等参数变化，因此冷凝热的变化规律
受多因素的影响；比如旅馆类建筑中，存在很多用热场所，但各用热场所均为动态运行，其
运行规律受工作制度、人员生活习惯、年龄结构以及天气情况等因素制约。

　　2）冷凝热与热用户的季节性不平衡。空调冷凝热是夏季的产物，在过渡季节、冬季，
冷凝热将逐渐减少，以至于没有。因此，一年当中，冷凝热也是随季节而变化的，而无论哪
个季节，人们都会有热量的需求，并且需求量不随季节变化，这就会引起冷凝热与热用户在
季节上的不平衡。蓄热水箱的设计要综合考虑用户的需求和技术上的可能性。一方面要考虑
用户热泵空调的时间及习惯等因素，另一方面要能从技术上保证在机组正常的运行时间内，
能够以合适的方式将热水加热到设计要求的温度（50℃），以及实现连续出水。

　　有学者专门通过理论计算，对比分析了长方形、圆柱形以及球形 3 种蓄热水箱的漏热损
失。通过研究发现，在其他条件相同的情况下，长方形水箱的漏热损失最大，圆柱形次之，
球形最小。因此，结合现场安装的便利性，蓄热水箱优先选择设计成圆柱形。对于蓄热水箱

的容积选择，需要考虑空调器的出力及运行方式、换热器的换热效率、入口温度、水流速度、系统管路设计及热水的使用方式和使用量等因素。还需要通过了解不同用户的用水方式，模拟和预测动态用水过程，并进行全年的能耗及经济性分析等来确保水箱容积设计的合理性。但是这些研究都只限于定性分析，没有给出具体的计算方法。

（6）提出的新型"三联供"机组系统设置　根据上述对各种形式的系统结构、加热方式、换热器的选用以及蓄热水箱的选用的分析和研究，对目前的系统进行了相关的改进，该系统不仅仍然可以在五种不同的模式下运行，而且在一定程度上自动调节所需制冷剂量，克服常规系统存在的各种问题，使系统稳定、平衡、高效地运行。其原理如图 5-34 所示。

与目前的系统相比，本节提出的新系统主要有以下特点：

1）设置两个压缩机，一大一小。由于生活热水负荷于空调负荷来说小很多，当在过渡季节，不需要制冷或者制热的时候，开启小的压缩机，运行单独制热水模式来获得生活热水，避免了大马拉小车，提高了压缩机的运行效率，更加节能；当在冬季，室外环境温度低的情况下，同时机组既需要制热又需要制生活热水的时候，系统需要的输入能耗很大，此时开启两台压缩机，以解决冬季供暖兼制热水同时进行时功率不足的问题。夏季开启大的压缩机制冷并回收冷凝水，当空调在部分负荷的时候，也可以开启小的压缩机来运行。

2）系统的结构采用复合式结构。不管是采用串联还是并联，系统都存在各种各样的问题，采用复合结构的方式，在一定的程度上可以缓解制冷剂不平衡的缺点。

3）增加了储液器。由于"三联供"系统要满足五种模式，除了要具有制冷制热的功能以外，还需要能够制取生活热水，所以与常规的热泵空调相比，需要添加设置一个热水换热器，夏季空调的冷负荷、冬季的热负荷、生活热水负荷相差很大，所以三种换热器的容积、换热量均不相同，在各种运行模式中，三个换热器分别组合成冷凝器和蒸发器，各种运行模式下所需要的制冷剂量也会不一样，不同模式的切换会导致系统制冷剂不足问题的出现，从而影响系统工作的效果。系统增加储液器，用于储存在换热器放热后的高压液态制冷剂，防止系统中制冷剂过多时，制冷剂液体淹没冷凝器的传热面，使其换热面积不能充分发挥作用，并可以在工况变化时调剂和补偿液态制冷剂的供应，从而保证压缩机和制冷系统正常运行。

4）系统设置了一个三通调节阀。可以控制进入热水换热器中的制冷剂流量，来调节室内供热量和制取热水热量的分配。调整制冷剂流经板式换热器和直接进入空调换热器的比例，使一部分制冷剂在板式换热器中与水换热，另一部分直接与空调换热器换热，这样可以解决冬季供暖兼制热水同时进行时无法按需要调节的问题。

5）对风冷换热器设置了一个旁通管。在夏季制冷兼制生活热水时，开启旁通风量换热器，由于系统刚起动时，储水箱中的水温较低，热水换热器可以完全吸收压缩机排放的制冷剂的冷凝热量，这时室内所需的冷负荷均由板式换热器独立承担。储水箱中的水在板式换热器中与制冷剂换热。但随着热水温度逐渐升高，压缩机的排气温度和排气压力逐渐升高，冷凝压力提高，系统的效率下降。新的系统结构，当压缩机排气温度达到一定值时，关闭旁通管上的阀门，开启风冷换热器上的阀门，让制冷剂通过风冷换热器，同时开启风机，热水不能吸收的多余冷凝热量由风冷换热器排放到室外，此时冷凝热由热水换热器和风冷换热器共同承担，从而使机器不会因为冷凝热量排不出去而导致机器制冷能力下降或者停机。通过一系列的控制措施，可以尽可能多地回收空调的冷凝热量，减少风机的运行时间，不仅保证了机器正常运行，还节约了电能。

序号	名称
1	大压缩机
2	小压缩机
3	气液分离器
4	电动四通阀
5	止回阀
6	三通调节阀
7	空调换热器
8	电子膨胀阀I
9	平衡阀
10	经济器
11	电子膨胀阀II
12	过滤器
13	储液器
14	单向阀组
14-1	单向阀组下接口
14-2	单向阀组右接口
14-3	单向阀组上接口
14-4	单向阀组左接口
15	风冷换热器
16	变速风机
17	电动二通阀
18	电动二通阀
19	热水换热器
20	电动二通阀
21	变速水泵
22	压缩机进口
23	压缩机进口
24	压缩机进口
25	整个机组

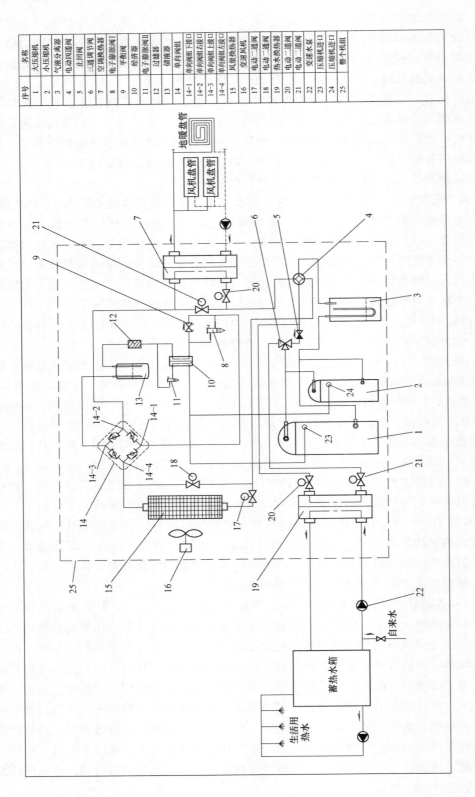

图 5-34 "三联供"系统原理图

6）风机设计为变速风机。循环水泵设计为变速水泵，通过二者的流速变化组合，控制调节系统的冷凝压力，使系统得以稳定运行，以弥补系统存在的不稳定性。

7）设置生活热水蓄热水箱。由于空调负荷和热水负荷在大多数情况下存在不一致的矛盾，因此生活热水的热负荷主要由蓄热装置解决。系统增加一个蓄热水箱，当需要使用时，从水箱中调取。

8）系统设置了一个经济器。将来自冷凝放热后的高压液态制冷剂的一部分未冷却的气态制冷剂通过经济器和压缩机的连通管道，重新进入压缩机继续压缩，进入循环。通过膨胀制冷的方式稳定液态制冷介质，以提高系统容量和效率。

9）热力膨胀阀设计为可调节的电子膨胀阀。"三联供"运行模式较多，变化情况复杂，若节流装置为可调节的电子膨胀阀，可以适应不同运行模式的节流需要，以保证制冷运行与制热运行的顺利。

10）将空调换热器设成水冷换热器，对于普通热泵式空调器的蒸发器采用风冷，新的系统采用水冷换热器，换热效率更高。机组在夏季提供的是冷水，冬季提供的是低温热水，不需要与之配制专门的内机，夏季或者冬季末端可以采用风机盘管，扩展性更强，对于家庭用户，可以做出中央空调形式，不再需要像传统方式一样，一个房间安装一个空调器。更重要的是，随着南方对供暖的呼声越来越高，若在冬季供暖末端采用低温地板辐射系统，并且由"三联供"机组提供低温的供暖热水，采用辐射供暖时室温由下而上，随着高度的增加温度逐步下降，这种温度曲线正好符合人的生理需求，给人以脚暖头凉的舒适感受，所以更加舒适，由于热源是低温的供暖热水，所以具有更加高效、节能、低运行费用等优点，末端安装是地板下还为室内节约了空间。

2. 系统运行模式及流程

本节提出的空气源热泵"三联供"系统具有多功能、全年运行的特点，通过电磁阀的调节，系统可实现以下五种运行模式

1）单独制冷模式。

2）单独制热模式。

3）单独制热水模式。

4）制冷兼制热水模式。

5）制热兼制热水模式。

空气源热泵"三联供"运行不同的模式，制冷剂流程也就不同，从而所实现的功能也就不同。为了能更清楚地了解各种运行模式的工作流程，下面分别对不同运行模式下的工作原理进行描述。

（1）单独制冷模式　这种运行模式和常规空调系统的制冷方式是相同的。此时电磁阀18、21关闭，制冷剂的流程是：压缩机1→三通阀6→四通换向阀4→电磁阀17→风冷换热器15→单向阀组左接口14-4→单向阀组上接口14-3→储液器13→过滤器12→经济器10→热力膨胀阀8→单向阀组下接口14-1→单向阀组右接口14-2→空调换热器7→电磁阀20→四通换向阀4→气液分离器3→压缩机1。

白天只有大压缩机工作，夜间负荷小时，可以切换成小压缩机运行，节约能耗。

（2）单独制热模式　该模式下，制冷剂在三通阀的调节下，不经过热水换热器。此时电磁阀18、21关闭，制冷剂的流程为：压缩机1→三通阀6→四通换向阀4→电磁阀20→空

调换热器 7→单向阀组右接口 14-2→单向阀组上接口 14-3→储液器 13→过滤器 12→经济器 10→热力膨胀阀 8→单向阀组下接口 14-1→单向阀组左接口 14-4→风冷换热器 15→电磁阀 17→四通换向阀 4→气液分离器 3→压缩机 1。

夜间只有大压缩机工作，白天负荷小时，可以切换成小压缩机运行，减少能耗。

（3）单独制热水模式　在过渡季节，不需要制冷或者制热，但室内仍需要生活热水，"三联供"系统可以作为一个空气源热泵热水器来仅仅制取生活热水。此时，电磁阀 18、20 关闭，制冷剂的流程为：压缩机 2→三通阀 6→热水换热器 19→四通换向阀 4→电磁阀 21→单向阀组右接口 14-2→单向阀组上接口 14-3→储液器 13→过滤器 12→经济器 10→热力膨胀阀 8→单向阀组下接口 14-1→单向阀组左接口 14-4→风冷换热器 15→电磁阀 17→四通换向阀 4→气液分离器 3→压缩机 1。

（4）制冷兼制热水模式　该模式是该系统设计的最好的运行模式，在该模式下，刚开始的时候，电磁阀 17、21 关闭，制冷剂全部经过风冷换热器，制冷剂的流程为：压缩机 1→三通阀 6→热水换热器 19→四通换向阀 4→电磁阀 18→单向阀组下接口 14-1→单向阀组上接口 14-3→储液器 13→过滤器 12→经济器 10→热力膨胀阀 8→单向阀组下接口 14-1→单向阀组右接口 14-2→空调换热器 7→电磁阀 20→四通换向阀 4→气液分离器 3→压缩机 1。

当蓄热水箱内的热水温度不断上升时，系统的冷凝温度也不断提高，待水温升高到一定程度时，打开电磁阀 17，关闭电磁阀 18，通过风冷换热器排放掉多余的热量，保证系统高效的运行。

（5）制热兼制热水模式　该模式在冬季进行运行，此时制冷剂具有两条线路，在压缩机出口处通过三通调节阀的调节可以控制进入热水换热器中的制冷剂流量，来调节空调换热器的换热量和制取热水热量的分配。

一部分制冷剂的流程为：压缩机 1→三通阀 6→热水换热器 19→四通换向阀 4，另外一部分制冷剂：压缩机 1→三通阀 6→四通换向阀 4。

然后通过电磁阀 20→空调换热器 7→单向阀组右接口 14-2→单向阀组上接口 14-3→储液器 13→过滤器 12→经济器 10→热力膨胀阀 8→单向阀组下接口 14-1→单向阀组左接口 14-4→风冷换热器 15→电磁阀 17→四通换向阀 4→气液分离器 3→压缩机 1。

整个运行流程中，当制冷剂通过过滤器后，少量的制冷剂通过热力膨胀阀 11→经济器 10，回到压缩机，通过膨胀制冷的方式来稳定液态制冷介质，以提高系统容量和效率。

5.3.2　系统的优化匹配分析

空气源热泵"三联供"系统需要在不同的季节条件下运行，全年供冷、供暖及生活热水负荷均不相同，系统中各部件的匹配、环境温度、自来水进水温度的波动都会给系统的运行稳定性带来一定的影响，因此，需要准确了解装置在不同工况下的热力学特性以及系统各部件之间的匹配关系，才能实现优化运行。

空气源热泵"三联供"系统部件主要包括三个换热器、压缩机、蓄热水箱等，故有必要通过对系统中的主要部件进行优化匹配计算设计，使系统能满足 5 种运行模式的需要，并使系统功能最大优化。

1. 不同工作模式对应的系统工况及各换热器的工作状态

根据空气源热泵"三联供"系统的 5 种运行模式，在不同的工作模式下，系统各部件的工作状态也不一样，表 5-8 所示为不同工作模式对应的系统工况及各换热器的工作状态。

表 5-8 不同工作模式对应的系统工况及各换热器的工作状态

模式	室外参数	热水温度	冷媒水温度	热水换热器	风冷换热器	空调换热器
夏季单独制冷	干球 35℃	20℃/40℃	12℃/7℃	—	制热	制冷
冬季单独制热	干球 7℃ 湿球 6℃	5℃/45℃	45℃/50℃	—	制冷	制热
夏季制冷兼制生活热水	—	20℃/40℃	12℃/7℃	制热	—	制冷
过渡季节制取生活热水	干球 20℃ 湿球 15℃	15℃/45℃	—	制热	制冷	—
冬季制热兼制生活热水	干球 7℃ 湿球 6℃	5℃/45℃	45℃/50℃	制热	制冷	制热

2. 热力循环设计计算

在该系统中，夏季采用风冷翅片换热器和板式换热器并联作为蒸发器，由于系统存在 5 种不同的工作模式，对应的循环工况也不一样，所以需要分别进行计算设计。综合考虑用户对于供冷、供暖热量和生活热水供应要求。热水负荷占冷负荷和热负荷的比例都很小，系统主要功能是满足房间的供冷和供暖需求，制取生活热水为辅助，所以对于大压缩机，空调换热器、风冷换热器的计算设计以制冷循环热力计算来确定；小压缩机及热水换热器的计算设计以制热水循环热力计算来确定，蓄热水箱则根据用户逐时热水负荷分布情况计算来确定。以其他运行模式来校核计算设计。

（1）冷凝温度 t_c 的确定　冷凝温度越高，制冷性能系数 COP 就越小。因此在保证系统正常运行的前提下，适当降低冷凝温度对于保证系统的节能性，提高压缩机的制冷量，减少功率消耗，提高运行的经济性至关重要。但冷凝温度也不应该过低（尤其在冬天需特别予以注意），否则将会影响制冷剂的循环量，反而使制冷量下降。冷凝温度过高不仅制冷量下降，功率消耗增加，而且会使压缩机的排气温度增高，润滑油温度升高，黏度降低，影响润滑效果。所以要确定一个合适的冷凝温度。

（2）蒸发温度 t_e 的确定　蒸发温度的选取与常规空调系统类似，与所选择的蒸发器的型式以及冷却介质的出入口参数有关。

（3）过冷度 Δt_u　在制冷循环中，过冷度与制冷能力的增加成正比，与压缩机的功耗关系不大，但它却与热力膨胀阀的选择型号有关。若过冷度小了，由于管道阻力导致高压液体制冷剂提前汽化，故会导致制冷剂在进入热力膨胀阀之前的干度加大，从而导致节流机构流量减少，制冷量下降。若过冷度取得过大，又将导致冷凝面积要选得较大，必然会增加设备的初投资。

（4）过热度 Δt_{sh}　吸气过热度的大小对于压缩机的运行性能及寿命都有较大的影响。提高吸气过热度，一方面可以避免压缩机的湿压缩，另一方面又可以增加压缩机的预热系数，从而提高压缩机的容积效率。但由于过热度太大，导致压缩机的吸气比体积增大，制冷剂流量减小，制冷量下降，压缩机排气温度剧增，严重影响压缩机的可靠性和耐久性。

3. 制冷工况设计计算

在制冷工况下，该系统采用风冷翅片换热器作为冷凝器，板式换热器为蒸发器，制冷剂选用 R22，结合所计算的冷负荷，制冷量为 14.6kW。参考 GB/T 21362—2008《商业或工业及类似用途的热泵热水机》、JB/T 7659.4—2013《氟代烃类制冷装置用辅助设备 第 4 部分：翅片式换热器》及相关文献[44]，在制冷模式下，系统设计工况参数见表 5-9。

表 5-9 制冷循环设计工况

项目	蒸发温度	冷凝温度	过冷度	过热度
	℃	℃	℃	℃
数值	2.0	50	5.0	10

根据以上确定的工况，查制冷剂 R22 饱和及过热热力性质表，利用 Solkane7.0 软件，可以直接选型到各个工况点的状态参数，软件界面如图 5-35 所示，可得到 lg$p$-h 图（图 5-36）中各点的参数值，见表 5-10。

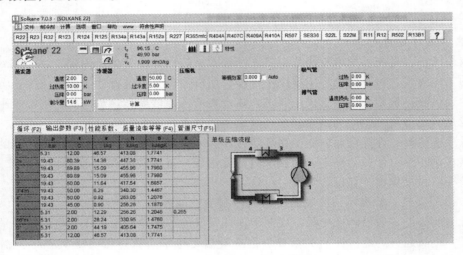

图 5-35 Solkane7.0 软件计算界面

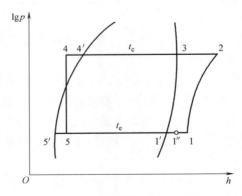

图 5-36 热力循环 lg$p$-h 图

表 5-10 工质循环各状态点参数值

参数	p_c	p_e	h_1'	h_1	h_2	h_3	h_4	h_5	v_1
	MPa	MPa	kJ/kg	kJ/kg	kJ/kg	kJ/kg	kJ/kg	kJ/kg	m³/kg
数值	1.94	0.53	405.64	413.08	455.96	417.54	256.26	256.26	0.04657

单位质量制冷量：

$$q_0 = h_1 - h_5 = (413.08 - 256.26)\,\mathrm{kJ/kg} = 156.82\,\mathrm{kJ/kg}$$

制冷剂质量流量：

$$q_m = Q_0/q_0 = 14.6/156.82\,\mathrm{kg/s} = 0.093\,\mathrm{kg/s} = 335.16\,\mathrm{kg/h}$$

单位压缩功：

$$\omega_1 = h_2 - h_1 = (455.96 - 405.64)\,\mathrm{kJ/kg} = 50.32\,\mathrm{kJ/kg}$$

压缩功：

$$P = q_m\omega_1 = 335.16 \times 50.32\,\mathrm{kJ/h} = 16865.25\,\mathrm{kJ/h} = 4.6\,\mathrm{kW}$$

冷凝器单位热负荷：

$$q_k = h_2 - h_4 = (455.96 - 256.26)\,\mathrm{kJ/kg} = 199.7\,\mathrm{kJ/kg}$$

冷凝器热负荷：

$$Q_k = q_m q_k = 335.16 \times 199.7\,\mathrm{kJ/h} = 66931.45\,\mathrm{kJ/h} = 18.59\,\mathrm{kW}$$

4. 大压缩机优化匹配（增加一个性能曲线）

压缩机的作用是将制冷剂蒸气从低压状态压缩到高压状态，然后制冷剂蒸气在冷凝器中冷凝放热，经过节能元件的等焓降温过程变为制冷剂液体，在蒸发器中低温蒸发吸热，再次经压缩机压缩升温升压。另外，由于压缩机不断地吸入和排除制冷剂的气体，才使得制冷剂在整个系统中运行起来，所以压缩机被称为热泵空调器的"心脏"。系统中的其他部件都必须以所使用的压缩机的性能为依据进行设计，通过对压缩机的各种匹配计算完成各种部件的选型。

现在的小型热泵机组用的压缩机的功率都较小，一般都是全封闭式压缩机。这种全封闭式的压缩机主要有三种形式广泛应用于热泵机组中：第一种是活塞式的压缩机，第二种是滚动转子式的压缩机，第三种是涡旋式的压缩机。由于涡旋式压缩机结构简单，体积小，质量轻，零部件少，可靠性好。它与同型号的活塞式压缩机相比，体积小 40%，质量减轻 15%，且无吸排气阀损失，无余隙容积，对液击不敏感，振动小，噪声低。同时采用了轴向和径向的柔性密封，减少了泄漏损失。这大大提高涡旋式压缩机的容积效率，其容积效率一般在 0.95 ～ 0.98，比活塞式压缩机的容积效率提高约 10%。故涡旋式压缩机在小型热泵机组中的应用越来越广泛，所以系统选用涡旋式压缩机。初步选定美国谷轮公司（COPLAND）生产的 ZR 系列柔性涡旋式压缩机，其型号是 ZR61KCE-TFD。该压缩机具体的性能参数见表 5-11。

表 5-11　大压缩机性能参数

型号	马力	排气量	制冷量	输入功率	质量	高度
	hp	$\mathrm{m^3/h}$	W	W	kg	mm
ZR61KCE-TFD	5.08	14.34	14.6	44.3	35.8	456.9

注：1hp = 745.700W。

5. 换热器优化匹配

系统中包括三个换热器，一个空调换热器，一个热水换热器，一个风冷换热器。空调换热器夏季用来制取 7℃/12℃ 的冷冻水，冬季用来制取 50℃/45℃ 的低温热水，输送到末端给房间供冷供暖，热水换热器全年用来制取生活热水，冷风换热器在夏季当作冷凝器，将热量释放到空气中，冬季及过渡季节用来吸收低品位的空气能加热供暖及生活热水。对于散热器的类型，考虑到各自换热器的介质及条件，风冷换热器采用翅片换热器，空调换热器及热水换热器采用板式换热器。

（1）风冷换热器的优化匹配　风冷冷凝器在制冷工况模式下，将在室内吸收的热量排放到周围环境中；而在制热工况时则是作为蒸发器，吸收周围环境中的热量为室内供暖。

翅片采用亲水波纹铝箔，冬季做蒸发器使用时水珠形成后，由于铝箔的亲水性，水珠不易在蒸发器上停留，不会形成水桥，避免换热器冬季结冰，确保空调整机的正常运行。采用波纹铝箔，风通过换热器时，不能像通过平板式铝箔换热器时那样顺畅，而是顺着换热器铝箔的波纹扭动式通过，从而尽可能大地带走了换热器上的冷（热）量，充分提高散热器的换热能力。不采用百叶窗翅片，是避免室外灰尘等脏物堵塞翅片。

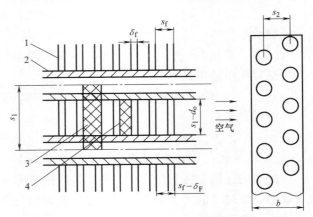

图 5-37　翅片管簇结构示意图
1—翅片　2—传热管　3—微元迎风面积　4—微元最窄面积

1）风冷换热器的结构参数。参照文献[45]的研究方法，换热铜管选用 $\phi9.52\text{mm}\times0.35\text{mm}$ 内螺纹纯铜管，翅片选用 $\delta_f=0.115\text{mm}$ 厚的铝套片，翅片间距 $s_f=2.0\text{mm}$。管束按正三角形叉排排列，垂直于流动方向管间距 $s_1=25.4\text{mm}$，沿流动方向管排数 $n=2$，迎面风速 $w_y=2.2\text{m/s}$。其结构图如图 5-37 所示，其基本参数见表 5-12。

表 5-12　风冷换热器基本参数

序号	名　称	计算公式	参数	单位
1	翅片式冷凝器铜管外径 d_o		9.520	mm
2	翅片式冷凝器铜管壁厚 δ_o		0.350	mm
3	翅片式冷凝器铜管内径 d_i	$d_i=d_o-2\delta_o$	8.820	mm
4	翅片式冷凝器铝箔片厚 δ_f		0.115	mm
5	翅片式冷凝器铝箔片间距 s_f		2.000	mm
6	翅片式冷凝器迎风面上管中心距 s_1		25.400	mm
7	翅片式冷凝器侧面管间距 s_2	$s_2=3^{1/2}s_1/2$	21.997	mm
8	翅片式冷凝器翅片根部外沿直径 d_b	$d_b=d_o+2\phi_f$	9.750	mm
9	每米管长翅片侧面面积 a_f	$a_f=2(s_1s_2-\pi d_b^2/4)/s_f$	0.484	m²/m
10	每米管长翅片间管面面积 a_b	$a_b=\pi d_b(s_f-\delta_f)/s_f$	0.029	m²/m
11	每米管长翅片侧总面积 a_{of}	$a_{of}=a_f+a_b$	0.513	m²/m
12	每米管长管内面积 a_i	$a_i=\pi d_i$	0.028	m²/m

2）风冷翅片换热器进出口空气状态参数的确定。根据计算，风冷翅片换热器在制冷模式下，冷凝温度为 50℃，对于风冷翅片蒸发器，根据 GB/T 21362—2008《商业或工业及类

似用途的热泵热水机》对于空气源热泵热水机空气侧温度的规定，选取进风温度为 35℃，出风温度为 41℃，则通过查空气热物理性质表可得到相应状态下空气的参数，详细见表 5-13。

表 5-13 进出口空气状态参数

序号	名 称	计算公式	参数	单位
1	冷凝温度 t_c		50.0	℃
2	过冷度 Δt_u		5.0	℃
3	进风温度 t_{a1}		35.0	℃
4	出风温度 t_{a2}		41.0	℃
5	空气平均温度 t_m	$t_m = (t_{a2} + t_{a1})/2$	38.0	℃
6	进出风温差 Δt_a	$\Delta t_a = t_a - t_{a1}$	6.0	℃
7	空气的比定压热容 $c_{p,a}$	根据 t_m 查空气热物理性质表	1013.0	J/(kg·K)
8	空气的导热系数 λ_a	根据 t_m 查空气热物理性质表	0.027	W/(m·K)
9	空气的运动黏度 ν_a	根据 t_m 查空气热物理性质表	0.000019	m^2/s
10	空气的密度 ρ_a	根据 t_m 查空气热物理性质表	1.135	kg/m^3
11	对数平均温差 θ_m	$\theta_m = (t_{a2} - t_{a1})/\ln[(t_c - t_{a1})/(t_k - t_{a2})]$	11.746	℃

3）计算设计。由进出空气的参数和翅片的基本参数，通过优化匹配，确定风冷翅片换热器的排数及总的长度。详细匹配过程见表 5-14。

表 5-14 风冷换热器匹配设计计算

序号	名 称	公 式	结果	单位
1	冷凝负荷 Q_k	$Q_k = q_m q_k$	18.59	kW
2	空气体积流量（即风量）q_v	$q_v = Q_k/[\rho_a c_{p,a}(t_{a2} - t_{a1})]$	9701.2	m^3/h
3	冷凝器迎面风速 w_y	（根据设计要求取）	2.0	m/s
4	冷凝器迎风面积 A_y	$A_y = q_v/w_y$	1.347	m^2
5	冷凝器迎风面宽度 l	即有效单管长，根据机型取	1200	mm
6	冷凝器迎面管排数 N	$N = A_y/(l s_1) - l/2$	43.593	排
7	冷凝器在空气流通方向上的管排数 n		2.0	列
8	冷凝器翅片的宽度 b	$b = n s_1 \cos 30°$	43.994	mm
9	微元最窄截面的当量直径 d_e	$d_e = 2(s_1 - d_b)(s_1 - \delta_f)/[(s_1 - d_b) + (s_f - \delta_f)]$	3.365	mm
10	最窄截面风速 w_{max}	$w_{max} = s_1 s_f w_y/[(s_1 - d_b)(s_f - \delta_f)]$	3.444	m/s
11	比值 b/d_e		13.075	—
12	雷诺数 Re	$Re = w_{max} d_e/\nu_a$	609.91	—
13	空气侧表面传热系数式中的系数 C	查表	1.214	—
14	空气侧表面传热系数式中的系数 ψ	查表	0.284	—
15	空气侧表面传热系数式中的指数 n	查表	0.536	—
16	空气侧表面传热系数式中的指数 m	查表	-0.231	—
17	空气侧表面传热系数 α_{of}	$\alpha_{of} = C\psi\lambda_a Re^n (b/d_e)^m \times 1.1 \times 1.2/d_e$	63.667	W/(m²·K)
18	翅片表面效率 η_0		0.850	

（续）

序号	名　称	公　式	结果	单位
19	壁面温度 t_w	取 t_w 需保证热平衡式 1≈热平衡式 2	45.50	℃
20	R22 的物性集合系数 B	查表	1325.4	—
21	R22 在管内凝结的表面传热系数 α_{ki}	$\alpha_{ki} = 0.555 B d_i^{-0.25} (t_k - t_w)^{-0.25}$	648.05	W/(m²·K)
22	热平衡式 1	$1 = \alpha_{ki} a_i (t_c - t_w)$	205.4	
23	热平衡式 2	$2 = \alpha_{of} \eta_0 a_{of} (t_w - t_m)$	208.2	
24	管壁与翅片间的接触热阻 r_b		0.005	m²·K/W
25	纯铜管的导热系数 λ		393.0	W/(m·K)
26	纯铜管每米管长的平均面积 a_m	$a_m = 3.14(d_i + d_o)/2$	28.794	mm
27	冷凝器的总传热系数 K	$K = 1/[a_{of}/(\alpha_{ki} a_i) + \delta_o a_{of}/(\lambda a_m) + r_b + 1/(\alpha_{of} \eta_0)]$	28.958	W/(m²·K)
28	冷凝器所需的传热面积 A_{of}	$A_{of} = Q_k/(K\theta_m)$	54.65	m²
29	冷凝器有效翅片总管长 L	$L = A_{of}/a_{of}$	106.54	m
30	空气流通方向上的管排 $n = L/(lN)$	要求此处 n 接近上面假定的 n	2.036	排
31	冷凝器的分路数 n_1		3	路

系统风冷换热器的最佳参数见表 5-15。

表 5-15　系统风冷换热器的最佳参数

序号	名　称	单位	数值
1	空气体积流量（即风量）q_v	m³/h	9701.197
2	冷凝器所需的传热面积 A_{of}	m²	54.65
3	冷凝器有效翅片总管长 L	m	106.54
4	冷凝器迎风面宽度 l	mm	1200
5	冷凝器迎面管排数 N	列	43.593
6	冷凝器在空气流通方向上的管排数 n	路	2.0
7	冷凝器的分路数 n_1	排	3.0

　　根据计算结果，选用冷凝器结构尺寸为 $\phi9.52\text{mm} \times 0.35\text{mm}$ 内螺纹纯铜管，0.115mm 厚波纹铝套片，翅片间距 2.0mm。2 排 44 列结构，迎风面长度 1200mm，有效翅片总管长 106.54m。

　　（2）空调换热器的优化匹配　空调换热器采用板式换热器。由于板式换热器具有传热系数高，为一般壳管式换热器的 3～5 倍；对流平均温差大，末端温差小；结构紧凑，占地面积小，体积仅为壳管式的 1/5～1/10；质量轻，仅为壳管式的 1/5 左右；价格低廉，换热面积大；清洗方便，易改变换热面积及流程组合，适应性较强等优点，系统采用逆流式板式换热器作为水冷冷凝器。

　　1）板式空调换热器的单板片结构参数。系统拟采用应用最广泛的钎焊式板式蒸发器，其板片为人字形波纹，制冷剂和水采用逆流并联单通程方式。其中结构参数见表 5-16。

　　2）制冷模式下空调换热器冷媒水进出口状态参数。从循环热力计算可知蒸发温度为 2.0℃，设计冷冻水的进口温度为 12℃，出口为 7℃，故冷冻水的平均温度 $t_m = (7 + 12)/2℃ = 9.5℃$。同时，蒸发器内的蒸气的入口干度 $x_1 = 0.265$，出口干度 $x_2 = 1.0$，故蒸气平均干度 $x = (x_1 + x_2)/2 = 0.6325$。

表 5-16 板式空调换热器结构参数

序号	名称	计算公式	参数	单位
1	单板有效面积 f_b		0.05	m^2
2	单通道横截面面积 S_b		2.4×10^{-4}	m^2
3	当量直径 d_e	4 × 流道体积/湿周面积	0.0047	m
4	流程长度 L_b	包括 20% 的波纹展开长度	0.5	m
5	板厚度 δ_b		0.6	mm
6	板宽度 B_b		0.111	m

3）计算设计。由板式空调换热器的基本结构参数，通过优化匹配，确定板式空调换热器的片数及总的传热面积。详细匹配过程见表 5-17。

表 5-17 空调换热器匹配设计计算

序号	名称	公式	结果	单位
1	制冷量 Q_e		14.6	kW
2	循环水体积流量 V_w	$V_w = Q_e/(\rho c_{pw} \Delta t_w)$	2.50	m^3/h
3	初选水流速 ω'	根据设计要求取	0.17	m/s
4	流道数 n_w	$n_w = V_w/(S_b \omega')$	17	道
5	实际水流速 ω_{wo}	$\omega_{wo} = V_w/(S_b n_w)$	0.17	m/s
6	R22 侧流道数 n_R	$n_w = n_R$	17	道
7	初选换热面积 A_b'	$A_b' = (2n_w - 1)f_b$	1.65	m^2
8	R22 液相流速 w_1	$\omega_1 = M_R(1-x)/(n_R S_b \rho_1)$	0.0063	m/s
9	R22 气相流速 ω_v	$\omega_v = M_R x/(n_R S_b \rho_v)$	0.5618	m/s
10	液相雷诺数 Re_1	$Re_1 = \omega_1 d_e/\gamma_1$	146.96	
11	气相雷诺数 Re_v	$Re_v = \omega_v d_e/\gamma_v$	4998.1	
12	液相摩擦阻力系数 f_1	根据 $Re_1 = 146.96 < 1000$ 及 $Re_v = 4998.1 > 1000$ 判断液相为层流，气相为紊流。查文献可得气相 $f_v = 1.7$，液相 $f_1 = 0.65$，系数 $C = 12$	1.7	
13	气相摩擦阻力系数 f_v		0.65	
14	气相摩擦压降 Δp_v	$\Delta p_v = 4f_v(L_b/d_e)\rho_v \omega_v^2/2$	1010.4	Pa
15	液相摩擦压降 Δp_l	$\Delta p_l = 4f_l(L_b/d_e)\rho_l \omega_l^2/2$	18.55	Pa
16	马丁尼利参数 X	$X_2 = \Delta p_l/\Delta p_v$	0.135	
17	摩阻分液相系数 Φ_l^2	$\Phi_l^2 = 1 + C/X + 1/X_2$	144.76	
18	制冷剂侧压降 Δp_e	$\Delta p_e = 1.25 \Delta p_l \Phi_l^2$	3356.59	Pa
19	对数平均温差 Δt_m	$\Delta t_m = (t_{w1} - t_{w2})/\ln[(t_{w1} - t_e)/(t_{w2} - t_e)]$	6.69	℃
20	水侧壁温 t_{b1}	初始假设 $t_{b1} = 6.9$	6.9	℃
21	水侧雷诺数 Re_w	$Re_w = \omega_{wo} d_e/\gamma_w$	600.89	
22	水侧换热系数 α_w	$\alpha_w = Nu\lambda_w/d_e$	4551	$W/(m^2 \cdot ℃)$
23	R22 侧壁温 t_{b2}	$t_{b2} = t_{b1} - \alpha_w(t_{w,m} - t_{b1}) \times 5.25 \times 10^{-5}$	6.279	℃
24	水侧换热系数 α_w	$\alpha_w = 7792.62 Pr_{b1}^{-0.25}$	4551	$W/(m^2 \cdot ℃)$
25	水侧压降 Δp_w	$\Delta p_w = 1843 \times Re_w^{-0.25}\rho_w \omega_{wo}^2$	11.82	kPa

（续）

序号	名　称	公　式	结果	单位
26	通道每平方米横截面质量流量 G_1、G_v	$G_1 = M_R(1-x)/(n_R S_b)$ $G_v = M_R x/(n_R S_b)$	8.09 16.14	kg/(m²·s)
27	马提内利系数 X_{tt}	$X_{tt} = (G_1/G_v)^{0.9}(\rho_v/\rho_1)^{0.5}(\mu_1/\mu_v)^{0.1}$	0.098	
28	压力损失修正系数 Φ_{tt}	$\Phi_{tt}^2 = 1 + 21/X_{tt} + 1/X_{tt}^2$	17.83	
29	修正系数 F	$F = \Phi_{tt}^{0.89}$	12.98	
30	影响系数 S	查文献可得 $S = 1.0$	1.0	
31	池沸腾换热系数 α_b	$\alpha_b = 0.00142(\lambda_1^{0.9} c_{pl}^{0.45} \rho_1^{0.49} g_c^{0.25})/(\sigma_l^{0.5} \mu_l^{0.29}$ $r_l^{0.24} \rho_v^{0.24})(t_{b2}-t_e)^{0.24}(p_{b2}-p_e)^{0.75}$	2498	W/(m²·℃)
32	两相表面换热系数 α_{tp}	$\alpha_{tp} = 0.023(\lambda_l/D_e)(D_e G_1/\mu_l)^{0.8}(c_{pl}\mu_l/\lambda_l)^{0.4}F$	464.4	W/(m²·℃)
33	沸腾换热系数 α_b	$\alpha_b = S\alpha_b' + \alpha_{tp} = 2.49\Delta t_R^{0.24}\Delta P_R^{0.75} + 478.03$	2962	W/(m²·℃)
34	水侧换热量 q_1	$q_1 = \alpha_w(t_{w,m}-t_{b1})$	11832.6	W/m²
35	R22 侧换热量 q_2	$q_2 = \alpha_b(t_{b1}-t_e)$	11294	W/m²
36		由 $(q_1-q_2)/q_1 = 4.56\%$ 知，初选壁温满足一定精度要求，不必迭代		
37	传热系数 K_e	$K_e = (\alpha_w-1 + \alpha_b-1 + R_f + R_p)^{-1}$	1640	W/(m²·℃)
38	设计计算所需传热面积 A_b	$A_b = Q_e/(K_b\Delta t_m)$	1.33	m²
39		由 $(A_b'-A_b)/A_b' = 18.32\%$ 知初选水流速使换热面积有一定余量，不必迭代		
40	板片数 N_b	$N_b = 2n_w + 1$	35	片

6. 制热水工况设计计算

制热循环计算与常规空调系统设计类似。参考文献[32]的相关内容，并根据我国制定的风冷热泵冷热水机组的设计标准，在冬季室外环境设计工况为 7℃，即进风温度 $t_{f1} = 7℃$，出风温度 $t_{f2} = 3℃$；则蒸发温度 $t_e = t_{f2} - \Delta t_e$，而 $\Delta t_e = 4.5 \sim 5.5℃$。取 $\Delta t_e = 5℃$，则 $t_e = t_{f2} - \Delta t_e = -2℃$，即蒸发温度为 $-2℃$。室内供热水设计温度按 45℃（为一般用户需求）计算，可取冷凝温度为 50℃。由于板式换热器若存在过冷度会大大降低其换热效率，按照 JB/T 7659.4—2013《氟代烃类制冷装置用辅助设备　第 4 部分：翅片式换热器》标准设计时将过冷度取为 5℃；吸气过热度根据文献，并按照 JB/T 7659.4—2013《氟代烃类制冷装置用辅助设备　第 4 部分：翅片式换热器》标准，取为 10℃。

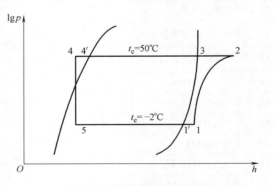

图 5-38　制热循环 $\lg p$-h 图

制热循环 $\lg p$-h 图如图 5-38 所示。

根据以上确定的工况，制热量为热水负荷 1.85kW。查制冷剂 R22 饱和及过热热力性质表，利用 Solkane7.0 软件，可以直接选型到各个工况点的状态参数值，见表 5-18。

表 5-18　工质循环各状态点参数值

参数	p_c	p_e	h_1'	h_1	h_2	h_3	h_4	h_5	v_1
	MPa	MPa	kJ/kg	kJ/kg	kJ/kg	kJ/kg	kJ/kg	kJ/kg	m^3/kg
数值	1.318	0.272	397.32	406.07	449.40	423.38	263.90	263.90	0.07806

冷凝器单位热负荷

$$q_k = h_2 - h_4 = (449.40 - 263.90)kJ/kg = 185.5kJ/kg$$

制冷剂质量流量：

$$q_m = Q_k/q_k = 1.85/185.5kg/s = 0.00997kg/s = 35.91kg/h$$

单位压缩功

$$\omega_1 = h_2 - h_1 = (449.40 - 406.07)kJ/kg = 43.33kJ/kg$$

压缩功

$$P = q_m\omega_1 = 35.91 \times 43.33kJ/h = 1555.98kJ/h = 0.44kW$$

7. 小压缩机的优化匹配

在系统中，大压缩机用来满足夏季供冷及冬季供暖要求，小压缩机只需满足过渡季节的热水负荷，所以小压缩机只需根据单独制热水模式要求，当冬季既供暖又供生活热水导致功率不足时备用，选取一台压缩机，其型号规格参数见表 5-19。

表 5-19　小压缩机性能参数

型号	马力	排气量	制冷量	输入功率	质量	高度
	hp	m^3/h	W	W	kg	mm
ZR61KCE-TFD	5.08	14.34	14.6	44.3	35.8	456.9

注：1hp = 745.700W。

8. 热水换热器的匹配

由于水冷式换热器换热效率高，热损失小，具有良好的换热效果，能实现冷凝热的最大化利用，而且具有结构紧凑轻巧，占用空间小，使用寿命长等特点，系统热水换热器也选用板式换热器。

设计工况下进水温度为 5℃ 左右，出水温度为 45℃，取冷凝温度为 50℃，制冷剂 R22 在板式热水换热器内发生相变，应将换热过程分成三段即过热段、两相段和过冷段，分别计算三段所需换热面积。

（1）过热区　制冷剂进口温度 72.5℃，出口温度 50℃；水进口温度 40℃，出口温度 45℃，则过热区对数平均温差（逆流）为 $\Delta t_{m1} = 17.3℃$，根据参考文献得知类似换热条件下传热系数约为 $600W/(m^2 \cdot ℃)$，过热区换热量按冷凝热负荷的 15% 计。

$$Q_k = KA\Delta t_m \tag{5-3}$$

式中　Q_k——热水负荷（kW）；

　　　A——换热面积（m^2）；

　　　Δt_m——温差（℃）。

所以过热区所需换热面积为

$$A_1 = \frac{1850 \times 15\%}{600 \times 17.3}m^2 = 0.0267m^2$$

（2）两相区 Djordjevi′c 指出板式换热器中制冷剂冷凝传热系数约为 $2000W/(m^2 \cdot ℃)$，在此取两相区冷凝传热系数为 $2000W/(m^2 \cdot ℃)$，制冷剂温度不变为 $50℃$，水进口温度 $15℃$，出口温度 $40℃$，对数平均温差为 $\Delta t_{m2} = 19℃$，两相区换热量按冷凝热负荷的 70% 计，则两相区换热面积约为

$$A_2 = \frac{1850 \times 70\%}{2000 \times 19}m^2 = 0.0341m^2$$

（3）过冷区 制冷剂进口温度 $50℃$，出口温度 $40℃$，水进口温度 $5℃$，出口温度 $15℃$，对数平均温差为 $\Delta t_{m3} = 14.8℃$，从相关参考文献得知类似换热条件下传热系数约为 $800W/(m^2 \cdot ℃)$，两相区换热量按冷凝热负荷的 15% 计，则两相区换热面积约为

$$A_3 = \frac{1850 \times 15\%}{800 \times 14.8}m^2 = 0.0234m^2$$

则板式换热器的换热面积为 $A = (0.0267 + 0.0341 + 0.0234)m^2 = 0.0842m^2$

考虑到板式换热器在运行一段时间后，由于水中含有一定量的钙、镁离子，在加热过程中容易在换热器表面结垢，导致水侧传热热阻增大，传热系数减小，换热器性能下降。因此在计算换热面积时，先按清洁表面的传热系数值计算出所需的传热面积，然后再增加一定百分数的富余面积（一般为 $20\% \sim 25\%$）。在此取富余面积 25%，则板式换热器的换热面积为

$$A_0 = 1.25A = 1.0525m^2$$

选用与空调换热器一样类型的换热器，需要的片数是 3 片。该类型的换热器的结构参数见表 5-16。

9. 蓄热水箱的优化匹配

由于空调负荷与热水负荷具有不同步性，为了解负荷不平衡问题，使冷凝热回收热泵系统安全高效地运行，用蓄热水箱解决空调冷凝热负荷与热水供应负荷之间日逐时的波动不平衡问题，延长空调冷凝热的利用时间，从而达到最佳的节能效果。

当夜间需要用热水的时候，若系统即时产水量无法满足供水要求，或者此时系统制取的热水量小于生活热水用水量，设置蓄热水箱来满足热水用水量的需要。当空调冷凝热回收机组制备热水量大于生活热水消耗量时，富余部分的热水进入蓄热水箱储存起来。

水箱容积与许多因素有关，如机组的运行方式、用户的类型、用水方式、用水量等。从空调负荷与热水负荷特性分析可知，明显存在一个最佳的设计容量值，既可以使机组满足生活热水供应的需求，又能在空调期内的绝大部分时间起动机组，最大限度利用机组的冷凝热[48]。当然空调在夏季运行时，其冷凝负荷一般都要大于用户的热水负荷，没有必要将空调冷凝热完全回收。

空调在运行时间，热水耗量约占全天热水供应量的 63% 以上，而在空闲的时间，热水耗量约占全天热水供应量的 37%，因此在设计蓄热水箱容积时，应考虑在空调不运行的时间热水的蓄存量，同时，又要考虑在空调运行时间其容积能够满足用户最大的用水量需求。对于典型的四口之家平均每天的用热水量为 $320L/d$，在总的用水量当中，最大连续用水量莫过于用户淋浴水量，根据相关的调查，淋浴用水量为 $5 \sim 8L/(min \cdot 人)$，淋浴时间 $10 \sim 15min$，故而每个人的淋浴最大用水量大约为 $120L$ 左右，淋浴适合温度为 $40 \sim 45℃$。因此，对于典型的四口之家，其蓄热装置应该要容纳 $160L$ 左右的水量。系统的蓄热装置容积的设计是以满足家庭最大用水需求为目的的，设计的蓄热装置的容积可以容纳 $120L$ 左右的水量。

在夏季制冷兼制生活热水模式下，系统加热 120L 水从 20℃到 40℃，所用的时间 T 为：

$$T = L\rho c_p (40 - 20)/Q_k = 120 \times 10^{-3} \times 1000 \times 4.1868 \times 20/18.59\text{s} = 541\text{s} = 9\text{min}$$

从计算结果可以得出，夏季在制冷兼制生活热水模式下将 120L 的自来水从 20℃加热至 40℃所需要的时间只需 9min 左右，加热速度比较快。

5.3.3 "三联供"系统的数学模型及系统仿真

空气源热泵三联供系统需要在不同的季节运行，全年热水负荷变化大，系统各部件的匹配、环境温度、进水温度的波动都会给系统的运行带来一定的影响，加之空气源热泵三联供系统运行模式较多，与普通的常规热泵空调器相比，多了单独制热水模式、制冷兼制热水模式和制热兼制热水模式，在这几种模式下，由于系统增加了制取生活热水的装置，系统运行的大部分时间蓄热装置内的水温是时刻变化的，从而导致了整个系统在运行的过程中都处在一个动态的变化过程中，系统在任何时刻的输出值不仅取决于当前时刻的输入值，同时也与过去时刻的输入值有关。若要详细了解三联供系统的运行过程及特性，就需要建立该系统各部件及整个系统的动态计算数学仿真模型，然后编制计算程序，通过计算结果了解系统的运行特性。因此，准确详细了解三联供系统在不同工况下的热力学特性及运行过程特性，是实现优化运行的基本前提。为了深入了解系统在不同工况下的热力学特征以及系统各部件之间的匹配关系，运用热泵空调的计算机仿真技术，建立该系统各部件及整个系统的动态计算数学仿真模型，然后编制计算程序，通过数学模型得到关于各个参数对系统性能的影响评价，用计算结果来指导系统优化运行。

下面主要内容是建立空气源热泵三联供系统各主要部件的数学模型，并通过质量守恒、动量守恒和能量守恒将部件模型有机结合构建系统的仿真模型。以此来验证系统优化匹配设计的合理性，并为控制策略提供一定的依据。

1. 压缩机模型

压缩机是空气源热泵三联供的最核心部件之一，其性能的优劣以及与制冷装置其他部件的匹配程度直接影响整个系统的性能。通常情况下，压缩机生产厂家只提供压缩机的性能参数，而不提供有关压缩机内部结构的结构参数，所以无法对压缩机内部的热力过程建立合适的分布参数模型。

目前压缩机的建模方法很多。各种建模方法主要取决于使用模型的目的，由于研究者建立模型时出发点不同，某一状况下较先进的模型在另一场合未必就是最佳模型。数学模型的形式不仅取决于实际对象的性质，还取决于待解决的问题以及求解数学模型的条件。由于在系统中压缩机的作用是为制冷剂的循环提供动力，研究的是制冷剂通过压缩机后的状态，而不是研究压缩机内部结构和性能，故不需要建立太复杂的压缩机模型。

由于压缩机进行周期性的吸气与排气，确定制冷剂各状态参数点比较困难，因此需要对压缩机的模型进行简化，这里做以下假设：

1）压缩机稳态运行时，制冷剂各点具有稳定的参数。

2）制冷剂在每一状态点具有均匀的物性。

3）制冷剂在压缩机内作一维运动。

4）压缩机的压缩过程为多变过程。

压缩机模块的已知条件有：吸气压力 p_s，排气压力 p_d 和压缩机入口过热度 ΔT_{sh}、吸气比体积，需要求出压缩机出口的制冷剂状态和质量流量。下面采用压缩机的指示效率、机械效率、电机效率和输气系数四个指标说明压缩机的性能，从而得到所需参数，如电功率和质量流量，以此来建立压缩机的数学模型。

（1）压缩机输入参数（制冷剂的状态）

压缩机的吸气温度：
$$T_1 = T_0 + T_{sh} \tag{5-4}$$

制冷剂的吸气比体积：
$$v_1 = f(T_0, T_{sh}) \tag{5-5}$$

压缩机吸气压力：
$$p_s = f(T_0) \tag{5-6}$$

压缩机排气压力：
$$p_d = f(T_0) \tag{5-7}$$

制冷剂压缩多变过程：
$$\frac{T_2}{T_1} = \left(\frac{p_d}{p_s}\right)^{\frac{m-1}{m}} \tag{5-8}$$

式中 T_{sh}——吸气过热度（℃）；

T_2——压缩机的排气温度（℃）；

m——多变指数，对于氟利昂压缩机，$m = 1.05 \sim 1.18$，此处取 1.18。

（2）制冷剂质量流量的确定

压缩机的理论质量输气量：
$$G = \frac{V_h}{v_1} \tag{5-9}$$

压缩机的实际输气量：
$$V_r = \eta_v V_h \tag{5-10}$$

容积效率：
$$\eta_v = \lambda_v \lambda_p \lambda_t \lambda_1 \tag{5-11}$$

容积系数：
$$\lambda_v = 1 - \alpha(\varepsilon^{\frac{1}{m}} - 1) \tag{5-12}$$

压力系数：
$$\lambda_p = \frac{p_1}{p_{s0}} \tag{5-13}$$

温度系数：
$$\lambda_t = \frac{T_{s0}}{T_1} \tag{5-14}$$

式中 V_h——理论容积输气量（m^3/h）；

v_1——吸气状态下的气体的比体积（m^3/kg）；

α——名义压力比；

p_1——进气终了工作腔中的压力（Pa）；

p_{s0}——名义进气压力（Pa）；

λ_1——泄漏系数，其值不能直接测量，通常是间接估算，一般取 $0.95 \sim 0.98$；

m——余隙容积内高压气体随活塞回行所发生膨胀过程的多变指数；

ε——压缩比。

（3）压缩机功率的计算

1）指示功的计算。

$$W_i = \frac{h_{dk} - h_{s0}}{\eta_i} \tag{5-15}$$

式中 h_{dk}——压缩机排气状态的比焓（kJ/kg）；

h_{s0}——压缩机吸气状态的比焓（kJ/kg）；

η_i——压缩机的指示效率。

2）指示功率：

$$P_{\mathrm{i}} = \frac{\eta_v V_{\mathrm{h}} W_{\mathrm{i}}}{v_1} = \frac{\eta_v V_{\mathrm{h}}}{v_1} \frac{h_{\mathrm{dk}} - h_{s0}}{\eta_{\mathrm{i}}} \tag{5-16}$$

3）轴功率：

$$P_{\mathrm{e}} = \frac{P_{\mathrm{i}}}{\eta_{\mathrm{m}}} \tag{5-17}$$

式中　η_{m}——压缩机的机械效率。

2. 室外风冷翅片管换热器模型

空气源热泵三联供系统的室外空气侧换热器采用的是翅片管换热器，在夏季制冷模式时，室外风冷翅片管换热器充当系统的冷凝器；在冬季和过渡季节单独制热模式、单独制热兼制取生活热水时，室外风冷翅片管换热器则充当的是系统的蒸发器。由于工作模式不同，所以建立翅片管换热器的数学仿真模型时，就需要分别建立冷凝器和蒸发器两种数学模型。

（1）室外风冷翅片管换热器作为冷凝器的数学模型　图 5-39 所示为室外风冷翅片管换热器作为冷凝器的数学模型的模型示意图，图 5-40 所示为翅片冷凝器微元示意图。翅片管换热器的数学模型主要由管内制冷剂侧、管壁及管外空气侧三部分模型组成。下面分别建立这三部分的冷凝器的模型。

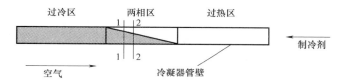

图 5-39　冷凝器的模型示意图

1）制冷剂侧模型的建立。进入冷凝器中的制冷剂通常先后经历三个过程，即过热气态制冷剂放热变成饱和气态制冷剂，饱和气态制冷剂再放热变成饱和液态制冷剂，饱和液态制冷剂再放热变成过冷液态制冷剂。故可分为两相区和单相区两个区段分别进行建模。为了简化冷凝器的数学模型，便于计算和分析，对模型作如下的假设：

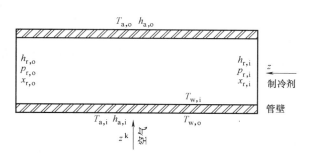

图 5-40　翅片冷凝器微元示意图

① 制冷剂沿水平管作一维流动。

② 两相流在同一流动截面上气相和液相的压力相等。

③ 气液界面上的凝结量以液相速度流动。

④ 对于单相流，认为同一流动截面上是物性均匀的介质，且制冷剂物性仅沿着流动方向发生变化。

⑤ 各相的动量方程不计重力的影响。

⑥ 忽略管壁的轴向导热。

a. 两相区。如图 5-40 所示，将冷凝器划分为若干微元，对于任一微元，可建立两相区的质量、动量和能量守恒方程。

质量守恒方程：

气相：

$$\frac{\partial}{\partial t}(<\alpha>\rho_v) + \frac{\partial}{\partial z}(<\alpha>\rho_v u_v) = -m_{lv} \tag{5-18}$$

液相：

$$\frac{\partial}{\partial t}(<\alpha>\rho_l) + \frac{\partial}{\partial z}(1-<\alpha>\rho_l u_l) = m_{lv} \tag{5-19}$$

动量守恒方程：

气相：

$$\frac{\partial}{\partial t}(<\alpha>\rho_v) + \frac{\partial}{\partial z}(<\alpha>\rho_v u_v^2) = -<\alpha>\frac{\partial p}{\partial z} - \frac{\tau_i s_i}{A} - u_l m_{lv} \tag{5-20}$$

液相：

$$\frac{\partial}{\partial t}[1-(<\alpha>\rho_l u_l)] + \frac{\partial}{\partial z}[1-(<\alpha>\rho_l u_l^2)] = -(1-<\alpha>)\frac{\partial p}{\partial z} + \frac{\tau_i s_i}{A} - \frac{\tau_o s_o}{A} + u_l m_{lv} \tag{5-21}$$

能量守恒方程：

$$\frac{\partial}{\partial t}[<\alpha>\rho_v h_v + (1-<\alpha>\rho_l h_l)] + \frac{\partial}{\partial z}[<\alpha>\rho_v u_v h_v + (1-<\alpha>)\rho_l u_l h_l] = \frac{\partial p}{\partial t} - \left(\frac{\pi d_i}{A}\right)q_{tp} \tag{5-22}$$

$$q_{tp} = \alpha_{tp}(\overline{T}_{r,tp} - T_{w,i}) \tag{5-23}$$

式中　　$<\alpha>$——空泡系数，它表示在控制单元内气相占的体积份额；

ρ_v、ρ_l——制冷剂的气、液相密度（kg/m^3）；

u_v、u_l——制冷剂的气、液相流速（m/s）；

m_{lv}——制冷剂的凝结率（蒸发率）$[kg/(m^3 \cdot s)]$；

τ_i、τ_o——气液相间和液相与管壁间的剪切力（Pa）；

p——制冷剂的压力（Pa）；

A——管道截面面积（m^2）；

s_i、s_o——气液相间和液相与管壁间的湿周（m）；

h_v、h_l——制冷剂的气、液相焓（kJ/kg）；

q_{tp}——两相热流密度（W/m^2）；

d_i——管内径（m）；

α_{tp}——两相表面换热系数 $[W/(m^2 \cdot ℃)]$；

$\overline{T}_{r,tp}$——微元体制冷剂进出口平均温度（℃）；

$T_{w,i}$——管内壁温度（℃）。

整理上述气液相质量和动量方程，得到：

$$\frac{\partial}{\partial t}[<\alpha>\rho_v + (1-<\alpha>\rho_l)] + \frac{\partial}{\partial z}[<\alpha>\rho_v u_v + (1-<\alpha>)\rho_l u_l] = 0 \tag{5-24}$$

$$\frac{\partial}{\partial t}[<\alpha>\rho_v u_v + (1-<\alpha>\rho_l u_l)] + \frac{\partial}{\partial z}[<\alpha>\rho_v u_v^2 + (1-<\alpha>)\rho_l u_l^2] = -\frac{\partial P}{\partial z} - \frac{\tau_o s_o}{A} \tag{5-25}$$

b. 单相区（包括过热段和过冷段）。

质量守恒方程：

$$\frac{\partial}{\partial t}(\rho_s) + \frac{\partial}{\partial z}(\rho_s u_s) = 0 \tag{5-26}$$

动量守恒方程：

$$\frac{\partial}{\partial t}(\rho_s u_s) + \frac{\partial}{\partial z}(\rho_s u_s{}^2) = -\frac{\partial p}{\partial t} - \frac{\tau_s s_s}{A} \tag{5-27}$$

能量守恒方程：

$$\frac{\partial}{\partial t}(\rho_s h_s) + \frac{\partial}{\partial z}(\rho_s u_s h_s) = \frac{\partial p}{\partial t} - \left(\frac{\pi d_i}{A}\right)q_s \tag{5-28}$$

$$q_s = \alpha_s(\overline{T}_{r,ts} - T_{w,i}) \tag{5-29}$$

式中　ρ_s——单相制冷剂的密度（kg/m^3）；

　　　u_s——单相制冷剂的流速（m/s）；

　　　h_s——单相制冷剂的比焓（kJ/kg）；

　　　τ_s——单相制冷剂与管壁间的剪切力（Pa）；

　　　s_s——制冷剂与管壁间的湿周（m）；

　　　q_s——单相热流密度（W/m^2）；

　　　α_s——单相表面换热系数［$W/(m^2 \cdot ℃)$］；

　　　$\overline{T}_{r,ts}$——微元体单相制冷剂进出口平均温度（℃）。

2）管壁和肋片部分模型的建立。

能量守恒方程：

$$dQ_r - dQ_a = c_{p,PF} M_{PF} \frac{\partial T_{PF}}{\partial t} \tag{5-30}$$

式中　dQ_r——制冷剂放出的热量（kW）；

　　　dQ_a——空气吸收的热量（kW）；

　　　$c_{p,PF}$——管子和肋片的平均比热容［$kJ/(kg \cdot ℃)$］；

　　　M_{PF}——微元管子和肋片的平均质量（kg）；

　　　T_{PF}——管子和肋片的温度（℃）。

考虑到管子与肋片材质的不同，采用平均比热容：

$$c_{p,PW} = \frac{c_p M_P + c_F M_F}{M_{PW}} \tag{5-31}$$

式中　c_p、c_F——管子、肋片的比热容［$kJ/(kg \cdot ℃)$］；

　　　M_P、M_F——管子、肋片的质量（kg）。

3）管外空气侧模型的建立。考虑到空气侧的热容量较小，其质量和能量的积聚可以忽略不计，因此采用稳态的方法建立模型。

质量守恒方程：

$$\frac{dm_a}{dz^k} = 0 \tag{5-32}$$

动量守恒方程：

$$\frac{\mathrm{d}}{\mathrm{d}z^{k}}(\rho_a u_a^2) = -\frac{\mathrm{d}p}{\mathrm{d}z^{k}} - F_a \tag{5-33}$$

能量守恒方程：

$$\frac{\mathrm{d}}{\mathrm{d}z^{k}}(m_a h_a) = (\pi d_o) q_a \tag{5-34}$$

$$q_a = \alpha_a (T_{w,o} - \overline{T_a}) \tag{5-35}$$

式中 ρ_a——空气的密度（kg/m^3）；

m_a——空气的质量流量（kg/s）；

u_a——空气流速（m/s）；

F_a——空气侧的阻力（Pa/s）；

q_a——空气侧的热流密度（W/m^2）；

h_a——空气的比焓（kJ/kg）；

d_o——管外径（m）；

α_a——空气的换热系数［$W/(m^2 \cdot ℃)$］；

$\overline{T_a}$——空气进出口平均温度（℃）；

$T_{w,o}$——管外壁温度（℃）。

4）换热系数的计算：

① 单相制冷剂（包括过热气体和过冷液体）。对于冷凝器单相流体管内紊流换热，采用迪图司-贝尔特（Dittus－Boelter）关联式：

$$\alpha_s = 0.023\, Re_s^{0.8}\, Pr_s^{1/3} \frac{\lambda_s}{d_i} \tag{5-36}$$

式中 Re_s——单相制冷剂的雷诺数；

Pr_s——单相制冷剂的普朗特数；

λ_s——单相制冷剂的导热系数［$W/(m \cdot ℃)$］。

L 为管长，定性温度为单位管长流体平均温度，定性尺寸为管内径。

② 两相制冷剂。对于冷凝器两相流体的管内紊流换热，制冷剂的换热系数采用 Shah 推荐的关联式：

$$\alpha_{tp} = \alpha_s (1-x)^{0.8} + \frac{3.8x^{0.76}(1-x)^{0.04}}{Pr_{tp}^{0.83}} \tag{5-37}$$

式中 x——制冷剂的干度；

Pr_{tp}——两相制冷剂的普朗特数。

③ 空气侧的换热系数。对于翅片管形式的换热器，空气侧换热系数的计算采用李妩等人试验得出的换热综合关联式：

$$\alpha_a = 0.772\, Re^{0.447} \left(\frac{S_1}{d_e}\right)^{-0.363} \left(\frac{NS_2}{d_e}\right)^{-0.217} \frac{\lambda_a}{d_e} \tag{5-38}$$

式中 S_1——翅片间距（m）；

S_2——沿空气流动方向管间距（m）；

d_e——翅片管的当量直径（m）；

N——管排数；

λ_a——空气的导热系数 [W/(m·℃)]。

（2）室外风冷翅片管换热器作为蒸发器的数学模型

1）制冷剂侧模型的建立。一般来说，制冷剂在蒸发器内流动换热主要经历两个区段，即两相区及单相区（过热区）。由于在蒸发器内制冷剂主要呈环状流的形式流动，故下面对于翅片管蒸发器两相流仅以环状流进行建模。在建立节点动态模型之前拟作如下假设。

① 制冷剂沿水平管作一维流动。

② 两相流在同一流动截面上气相和液相的压力相等。

③ 制冷剂侧能量方程中忽略动能和势能的影响。

④ 忽略管壁的轴向导热。

⑤ 不考虑管壁上的结霜。

参考图 5-39 所示的微元段，可建立制冷剂在两相区和单相区的质量、动量和能量守恒方程，具体的建立过程同室外风冷换热器作为冷凝器一样，这里不再重复。

2）管壁和肋片部分模型的建立。具体的方法同室外风冷换热器作为冷凝器一样。

3）管外侧空气部分模型的建立。与冷凝器不同，室外空气在蒸发器中被冷却，可能有水蒸气析出。故质量守恒方程不同于冷凝器的质量守恒方程。

质量守恒方程：

$$\frac{\mathrm{d}m_a}{\mathrm{d}z^k} = (\pi d_o)\omega_a \tag{5-39}$$

式中　ω_a——空气中水蒸气的流量 [kg/(m²·s)]。

动量守恒方程和能量守恒方程同室外换热器作为冷凝器时管外侧空气部分模型一样。

4）换热系数的计算。

① 单相制冷剂（过热气体）。对于蒸发器单相流体管内紊流换热，采用如下计算式：

$$\alpha_s = 0.023\, Re^{0.8} Pr_s^{0.4} \frac{\lambda_s}{d_i} \tag{5-40}$$

② 两相制冷剂。采用由 Teraga 和 Guy 提出的一种计算公式：

$$\alpha_{tp} = \begin{cases} \alpha_r(x) \\ \alpha_r(x_d) - [(x-x_d)/(x-x_d)^2](\alpha_r(x_d) - \alpha_s) \end{cases} \tag{5-41}$$

其中：

$$\alpha_r(x) = 3.4\left(\frac{1}{X_n}\right)^{0.45}\alpha_1 \tag{5-42}$$

$$\alpha_1 = 0.023(\lambda_1/d_i) Re_l^{0.8} Pr_l^{0.3} \tag{5-43}$$

$$x_d = 7.943[Re_v \times 2.03 \times 10^4\, Re_v^{-0.8}(T_{w,i} - T_e) - 1]^{-0.161} \tag{5-44}$$

式中　α_1——全液相制冷剂换热系数 [W/(m²·℃)]；

λ_1——液相制冷剂导热系数 [W/(m·℃)]；

Re_1——全液相制冷剂雷诺数；

Pr_1——全液相制冷剂普朗特数；

Re_v——全气相制冷剂雷诺数；

x_d——蒸干点的干度。

③ 空气侧的换热系数。由于蒸发器可能处于干、湿两种工况下，故本书采用 j 因子法确

定空气侧的显热换热系数 $\alpha_{a,s}$ 和全热换热系数 $\alpha_{s,t}$。

$$\alpha_{a,s} = \frac{1.2m_a c_{p,a} j_s}{A_{min} Pr_a^{2/3}} \qquad (5\text{-}45)$$

$$\alpha_{a,t} = \frac{1.2m_a c_{p,a} j_t}{A_{min} Sc_a^{2/3}} \qquad (5\text{-}46)$$

式中　$\alpha_{a,s}$——显热换热系数 $[W/(m^2 \cdot ℃)]$；

$\quad\;\;\alpha_{a,t}$——全热换热系数 $[W/(m^2 \cdot ℃)]$；

$\quad\;\;j_s$——显热换热的 j 因子；

$\quad\;\;j_t$——全热换热的 j 因子；

$\quad\;\;Pr_a$——空气的普朗特数；

$\quad\;\;Sc_a$——空气的施密特数；

$\quad\;\;c_{p,a}$——空气的平均比热容 $[kJ/(kg \cdot ℃)]$。

全热换热的 j 因子 j_t 由下式确定：

$$j_t = \frac{1 - 1280N\,Re_1^{-1.2}}{1 - 5120\,Re_1^{-1.2}}[0.0014 + 0.2618JP(0.95 + 4 \times 10^{-5}Re_3^{1.25})]F_s^2 \qquad (5\text{-}47)$$

显热换热的 j 因子 j_s 由下式确定：

$$j_t = \frac{1 - 1280N\,Re_1^{-1.2}}{1 - 5120\,Re_1^{-1.2}}[0.0014 + 0.2618JP(0.84 + 4 \times 10^{-5}Re_3^{1.25})] \qquad (5\text{-}48)$$

其中：

$$JP = Re_2^{-0.4}\left(\frac{A_t}{A_o}\right)^{-0.15}, Re_1 = \frac{m_a S_2}{A_{min}\mu_a}, Re_2 = \frac{m_a d_o}{A_{min}\mu_a}, Re_1 = \frac{m_a S_1}{A_{min}\mu_a}, F_s = \frac{S_1}{S_1 - \delta_f} \qquad (5\text{-}49)$$

式中　A_o——管外表面积 (m^2)；

$\quad\;\;\delta_f$——翅片厚度 (m)。

3. 板式换热器（空调、热水换热器）模型

在空气源热泵三联供系统中，空调换热器和热水换热器都是采用的板式换热器，空调板式换热器夏季作为蒸发器，冬季则作为冷凝器。热水换热器全年四季一直作为冷凝器。板式换热器的换热方式为不同流道内的制冷剂通过板片同板另一侧的水进行热交换。而这种换热伴随着制冷剂的相变：在冷凝器内存在着凝结现象，在蒸发器内存在着蒸发现象。由于在二者中的换热现象不同，因此，需要对板式冷凝器和板式蒸发器分别进行建模。

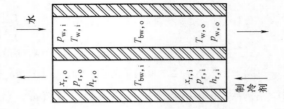

（1）板式换热器作为蒸发器的数学模型　图 5-41 所示为板式换热器的微元示意图。用分布参数法对每个微元段进行建模，针对每个微元段分为三个部分，即制冷剂侧、传热板片壁以及水侧。

图 5-41　板式换热器的微元示意图

在建立模型之前，也需要对模型做一些必要的假设：

① 制冷剂沿竖直板空间作一维流动。

② 两相流在同一流动截面上气相和液相的压力相等。

③ 忽略板片的垂直方向导热。

1）制冷剂侧模型的建立。同翅片管换热器一样，制冷剂在板式蒸发器中流动换热主要由两相区和单相区组成，其中两相流主要以环状流为主，单相区主要是过热蒸汽。

a. 两相区。

质量守恒方程：

$$\frac{\partial}{\partial t}\left[<\alpha>\rho_v+(1-<\alpha>)\rho_1\right]+\frac{\partial}{\partial z}\left[<\alpha>\rho_v u_v+(1-<\alpha>)\rho_1 u_1\right]=0 \tag{5-50}$$

动量守恒方程：

$$\frac{\partial}{\partial t}\left[<\alpha>\rho_1 u_1+\frac{\partial}{\partial z}(1-<\alpha>)\rho_1 u_1\right]+\frac{\partial}{\partial z}\left[<\alpha>\rho_v u_v{}^2\right.$$

$$\left.+(1-<\alpha>)\rho_1 u_1{}^2\right]=-\frac{\partial p}{\partial z}-\frac{\tau_o s_o}{A}-g\rho_{tp} \tag{5-51}$$

能量守恒方程：

$$\frac{\partial}{\partial t}\left[<\alpha>\rho_v h_v+(1-<\alpha>\rho_1 h_1)\right]+\frac{\partial}{\partial z}\left[<\alpha>\rho_v u_v h_v+(1-<\alpha>)\rho_1 u_1 h_1\right]=\frac{\partial p}{\partial t}-\left(\frac{s_r}{A}\right)q_{tp} \tag{5-52}$$

$$q_{tp}=\alpha_{tp}(T_{bw,i}-\overline{T}_{r,tp}) \tag{5-53}$$

b. 单相区（过热期）。

质量守恒方程：

$$\frac{\partial}{\partial t}(\rho_s)+\frac{\partial}{\partial z}(\rho_s u_s)=0 \tag{5-54}$$

动量守恒方程：

$$\frac{\partial}{\partial t}(\rho_s u_s)+\frac{\partial}{\partial z}(\rho_s u_s{}^2)=-\frac{\partial p}{\partial t}-\frac{\tau_s s_s}{A}-g\rho_s \tag{5-55}$$

能量守恒方程：

$$\frac{\partial}{\partial t}(\rho_s h_s)+\frac{\partial}{\partial z}(\rho_s u_s h_s)=\frac{\partial p}{\partial t}-\left(\frac{s_r}{A}\right)q_s \tag{5-56}$$

$$q_s=\alpha_s(T_{bw,i}-\overline{T}_{r,s}) \tag{5-57}$$

式中　τ_o——液相制冷剂与板壁表面的剪切力（Pa）；

s_o——液相制冷剂与板壁间的湿周（m）；

A——板式换热器的流通截面面积（m²）；

g——重力加速度（m/s²）；

s_r——板式换热器制冷剂侧的流通湿周（m）；

τ_s——单相制冷剂与板壁间的剪切力（Pa）；

s_s——制冷剂与板壁间的湿周（m）；

$T_{bw,i}$——板壁内表面的温度（℃）。

2）管壁和肋片部分模型的建立。

能量守恒方程：

$$dQ_w - dQ_r = c_{p,bw} M_{bw} \frac{\partial T_{bw}}{\partial t} \tag{5-58}$$

式中 dQ_r——制冷剂吸收的热量（kW）；

dQ_w——水放出的热量（kW）；

$c_{p,bw}$——板壁的比热容［kJ/（kg·℃）］；

M_{bw}——板壁的质量（kg）；

T_{bw}——板壁的温度（℃）。

3）水侧模型的建立。

质量守恒方程：

$$\frac{\partial}{\partial t}(\rho_w) + \frac{\partial}{\partial z}(\rho_w u_w) = 0 \tag{5-59}$$

动量守恒方程：

$$\frac{\partial}{\partial t}(\rho_w u_w) + \frac{\partial}{\partial t}(\rho_w u_w^2) = -\frac{\partial p}{\partial z} - F_w + g\rho_w \tag{5-60}$$

能量守恒方程：

$$\frac{d}{dt}(\rho_w h_w) + \frac{\partial}{\partial z}(\rho_w u_w h_w) = \frac{\partial p}{\partial t} - \left(\frac{s_w}{A}\right) q_w \tag{5-61}$$

$$q_w = \alpha_w (\overline{T}_w - T_{bw,o}) \tag{5-62}$$

式中 ρ_w——水的密度（kg/m³）；

u_w——水的流速（m/s）；

h_w——水的比焓（kJ/kg）；

F_w——水侧阻力（Pa）；

s_w——水侧湿周（m）；

α_w——水侧换热系数［W/（m²·℃）］；

$T_{bw,o}$——板壁外表面的温度（℃）；

$\overline{T}_w$——微元进出口水的平均温度（℃）。

4）换热系数的计算。

a. 单相制冷剂（包括过热气态制冷剂和水）。板式换热器中单相工质的换热系数计算均采用如下的计算公式：

$$Nu = 0.2121 Re_f^{0.78} Pr_f^{1/3} \left(\frac{\lambda_s}{d_i}\right)^{0.14} \tag{5-63}$$

其中，板式换热器的当量直径为

$$d_e = \frac{2W_b S_b}{(W_b + S_b)} \tag{5-64}$$

式中 d_e——板式换热器的当量直径（m）；

W_b——板宽（m）；

S_b——板间距（m）。

b. 两相工质。板式蒸发器中两相流区的两相流换热系数公式：

$$\alpha_{b,tp} = a\alpha' + b\alpha'' \tag{5-65}$$

式中　α'——两相流强制表面换热系数 $[W/(m^2 \cdot \text{℃})]$；

　　　a——两相流强制对流传热增强修正系数；

　　　b——泡核沸腾影响的系数；

　　　α''——泡核沸腾换热系数 $[W/(m^2 \cdot \text{℃})]$。

其中：

$$\alpha' = 0.023 \frac{\lambda_1}{d_e} Re_1^{0.8} Pr_1^{0.4} \tag{5-66}$$

式中　λ_1——制冷剂液相导热系数 $[W/(m \cdot \text{℃})]$；

　　　Re_1——制冷剂液相雷诺数；

　　　Pr_1——制冷剂液相普朗特数。

$$b = \begin{cases} 1.0 & (Re_{tp} \leqslant 1.5 \times 10^4) \\ 2.855 - 0.1887\ln(Re_{tp}) & (1.5 \leqslant Re_{tp} \leqslant 4 \times 10^6) \\ 0 & (4 \times 10^6 \leqslant Re_{tp}) \end{cases} \tag{5-67}$$

$$a = \begin{cases} 1.0 & Re_{tp} \leqslant 1.5 \times 10^4) \\ 0.4\left(\dfrac{Re_{tp}}{Re_1}\right) & (1.5 \times 10^4 \leqslant Re_{tp} \leqslant 4 \times 10^6) \end{cases} \tag{5-68}$$

$$\alpha'' = 0.00122 \left(\frac{\lambda_1^{0.79} c_{p,1}^{0.45} \rho_1^{0.49} g^{0.25}}{\sigma^{0.5} u_1^{0.25} r^{0.24} \rho_v^{0.24}} \right) (\Delta T)^{0.24} (\Delta p_{tp})^{0.75} \tag{5-69}$$

式中　Re_{tp}——制冷剂两相雷诺数；

　　　$c_{p,1}$——制冷剂液相比定压热容 $[kJ/(kg \cdot \text{℃})]$；

　　　ρ_1——制冷剂液相密度 (kg/m^3)；

　　　ρ_v——制冷剂气相密度 (kg/m^3)；

　　　u_1——制冷剂液相动力黏度 $(Pa \cdot s)$；

　　　r——汽化热 (kJ/kg)；

　　　ΔT——制冷剂与板壁温度差 (℃)；

　　　Δp_{tp}——制冷剂两相压降 (Pa)。

（2）板式换热器作为冷凝器的数学模型　板式冷凝器的结构与板式蒸发器相同，同样是由一系列的并排排列的传热板片组成，同水顺流换热。同板式蒸发器一样，可以将板式冷凝器分为单相和两相两个区段，并分别进行建模，对于板式冷凝器的建模与板式蒸发器类似，板壁部分模型、水侧部分模型、摩擦压力降计算模型及空隙率计算模型分别同板式换热器作为蒸发器一样，同板式换热器作为蒸发器不同的是制冷剂从上向下流动，只是将动量方程的重力项的负号改成正号，只是换热系数的计算存在差异。

对于板式冷凝器换热系数的计算如下：

1）单相工质（包括过热气态制冷剂、过冷液态制冷剂和水）。同板式换热器作为蒸发器计算一样。

2）两相工质：

$$Nu = 0.0143 Re_{vl}^{0.86} Pr_1^{1/3} \cdot \frac{1}{2}\left[\sqrt{1 + x_i \left(\frac{\rho_1}{\rho_{tp}} - 1\right)_i} + \sqrt{1 + x_o \left(\frac{\rho_1}{\rho_{tp}} - 1\right)_o} \right] \tag{5-70}$$

式中　Re_{vl}——通过两相流混合物的总流量及液体黏度求得的雷诺数；

　　　　Pr_l——制冷剂液相普朗特数；

　　　　ρ_{tp}——制冷剂气液两相密度（kg/m³）；

　　　　ρ_l——制冷剂液相密度（kg/m³）；

　　x_i、x_o——微元段制冷剂进出口干度。

4. 热力膨胀阀模型

图 5-42 所示为热力膨胀阀的膜片受力图，通过分析热力膨胀阀的工作原理，利用力平衡法建立热力膨胀阀的数学模型。当热力膨胀阀动作时，主要受到三种力的作用，分别是作用于膜片顶部的感温包内的压力 F_b、膜片下部的蒸发压力 F_r 以及弹簧力 F_s。当制冷剂流动达到稳定的时候，作用在膜片上的力达到平衡。

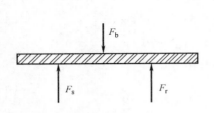

图 5-42　膨胀阀受力示意图

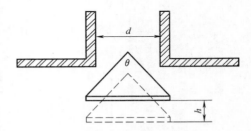

图 5-43　膨胀阀流通示意图

$$F_b = F_s + F_r \tag{5-71}$$

F_b 与感应温度及充注的工质种类有关，可以通过感温包内的工质的压力和温度关系得到。对弹簧力 F_s 可由下式计算：

$$F_s = F_{s,0} + F_f + K_s h \tag{5-72}$$

式中　$F_{s,0}$——阀门全开时的弹簧力（N）；

　　　　F_f——开启阀门的摩擦力（N）；

　　　　K_s——弹簧的弹性模量（N/m）；

　　　　h——阀芯的位移（开启度）（m）。

$F_{s,0}$、F_f 和 K_s 可通过厂家提供的数据得到。当已知过热度和蒸发压力时，就可根据上两式得到热力膨胀阀的开启度 h。热力膨胀阀的流通示意图如图 5-43 所示。从图中可以看出，已知膨胀阀的结构尺寸（可通过厂家得到）和开启度 h，就可得到热力膨胀阀在一定工况下的流通面积 A_{exp}。

流通面积 A_{exp} 可由下式计算：

$$A_{exp} = \pi h \left(d - \frac{h}{2}\sin\theta \right) \sin\frac{\theta}{2} \tag{5-73}$$

式中　θ——阀体锥角；

　　　　d——针孔直径（m）。

热力膨胀阀在一定的进出口状态和过热度下，其制冷剂流量 m_{exp} 特性可由下式计算得到：

$$m_{exp} = 447.2 C_D A_{exp} \sqrt{\rho_{exp,i} \Delta p_{exp}} \tag{5-74}$$

式中　C_D——流量系数；

A_{exp}——流通面积（m^2）；

$\rho_{exp,i}$——膨胀阀入口密度（kg/m^3）；

Δp_{exp}——膨胀阀前后压差（bar）。

流量系数 C_D 可由下式计算：

$$C_D = 0.02005 \sqrt{\rho_{exp,i}} + 0.634 v_{exp,o} \tag{5-75}$$

式中　$v_{exp,o}$——膨胀阀出口比体积（m^3/kg）。

制冷剂在通过节流阀时可以视为一个等焓的过程，因此在节流阀的进出口焓值相等，热力膨胀阀的进出口焓值相等，其能量方程为

$$h_{exp,i} = h_{exp,o} \tag{5-76}$$

5. 整体系统模型算法设计

在对系统的各部件数学仿真模型求解时，对控制方程组实现离散化的操作，依次求解。通过三个约束条件：质量守恒、动量守恒和能量守恒，使各部件数学仿真模型有机结合起来，组成完整的系统仿真模型。并且补充设置边界条件和初始状态值，确定正确合理的算法，然后进行迭代计算。输出计算结果。

利用美国 MathWorks 公司开发的商业数学软件 Matlab 编写了三联供系统的仿真程序，通过输入相关的环境参数、部件结构参数和系统运行的初始参数等，按照一定的时间步长和空间步长，计算出系统在上述五种模式下运行的特性。由于系统在单独制热和单独制冷模式下与常规系统是相同的，故下面只给出在制热水模式、制冷兼制热水模式和制热兼制热水模式下的系统。图 5-44 所示为系统整体模型仿真算法流程。

6. 系统仿真结果

利用前面介绍的数学仿真模型，结合 5.2 节各部件的优化匹配参数值，对空气源热泵三联供空调系统在夏季制冷兼制取生活热水、过渡季节制热水、冬季供暖兼制取生活热水等工况下的性能进行了仿真模拟，重点研究分析了生活热水出水温度变化对系统能效比的影响情况。

（1）夏季制冷兼制取生活热水工况下的性能仿真　通过图 5-45 所示夏季制冷兼制取生活热水工况下的性能仿真曲线可以看出，随着热水出水温度的升高，综合能效比 EER 几乎是直线下降，在设计出水温度为 40℃时，综合能效比 EER 为 4.46，此时，冷凝温度不高，系统回收了大量的冷凝器热，当热水出水温度升高到 55℃以上时，制热水能效比已降到 3.0 以下。这是由于为保证出水温度的不断提升，流经冷凝换热器的水流量就要不断减少，同时冷凝温度（即冷凝压力）也会逐渐提高，而在蒸发压力基本不变的情况下，压缩机的压比增大，输气系数减小，系统单位容积制冷量降低，比体积功增加。

（2）在过渡季节制取生活热水工况下的性能仿真　通过图 5-46 所示过渡季节制取生活热水工况下的性能仿真曲线反映了制热水性能系数 COP 随着热水出水温度变化的响应情况，从图中可以看出，和夏季情况一样，随着热水出水温度的升高，制热水性能系数 COP 几乎直线下降，当热水出水温度升高到 50℃以上时，制热水能效比已降到 3.0 以下，但接近60℃时仍可达到 2.0 左右。同时由于过渡季节的蒸发温度比夏季低，自来水进水温度比夏季自来水温度低，所以压缩机在制取相同出水温度的热水时，要比夏季耗功增加不少。

（3）在冬季供暖兼制取生活热水工况下的性能仿真　通过图 5-47 所示冬季供暖兼制取生活热水工况下的性能仿真曲线可以看出冬季综合性能系数 COP 随着热水出水温度降低而

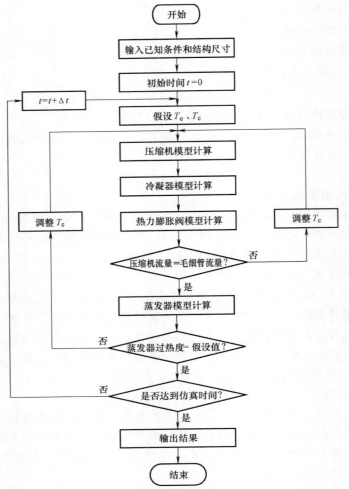

图 5-44 系统整体模型仿真算法流程图

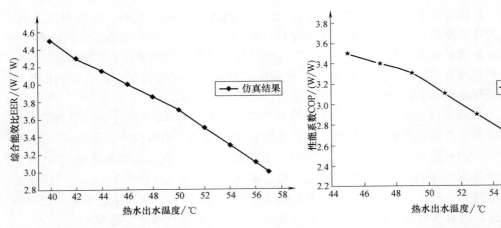

图 5-45 夏季制冷兼制取生活热
水工况下的性能仿真曲线

图 5-46 过渡季节制取生活热水
工况下的性能仿真曲线

减小，规律与夏季和过渡季节情况一样，在设计热水出水温度为 45℃ 时，综合性能系数 COP 为 2.8 左右，与其他季节相比，相同的出水温度，性能系数要低得多。这主要是因为冬季室外温度较低，而且自来水进水温度比过渡季节自来水温度更低，与此同时，系统还要满足两个功能，既要供暖，还要制取生活热水，此时系统的稳定性就会变差，除此之外，冬季有两个压缩机工作，在各种不利因素的影响下，冬季系统在相同的热水出水温度时，性能系数是最小的。

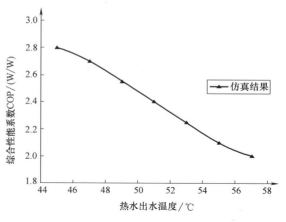

图 5-47　冬季供暖兼制取生活热水工况下的性能仿真

5.3.4　机组运行策略优化分析

空气源热泵"三联供"系统在实际运行中，房间的冷负荷、热负荷及热水负荷往往是随着全天时间和季节的变化而改变的，负荷的变化给系统的稳定性能增加了很多不确定因素，因此采用的控制模式要能够保证在负荷变化时，系统仍然能够保持最优的热力学性能，运行效果最好、最稳定、最节能。

1. 系统的控制策略

由于系统有 5 种运行模式，不同模式下，系统的工作状态都不一致，流通环路也不尽相同，所以针对不同的模式，需要指定不同的控制策略，以保证整个"三联供"系统安全、稳定运行，而且好的控制策略还可以减小能耗，节省系统运行费用。

（1）单独制冷模式　在此模式下，系统的功能是常规的空调机组的原有功能，所以可以采用原控制策略。

（2）单独制热模式　在此模式下，系统的功能是常规的空调机组的原有功能，所以可以采用原控制策略。

（3）制冷兼制热水模式　此模式是在夏季运行，根据前面几个章节所得出的结论，在夏季，热水负荷占冷凝负荷的量很少，所以在制冷兼制热水模式下首先要保证系统的制冷功能。开始的时候热水平均温度较低，热水换热器可以消耗全部的冷凝热，旁通室外换热器。随着蓄热水箱中水的温度升高，压缩机排气温度和排气压力也随之升高。当压缩机出口温度高于 48℃ 时，取消旁通，将多余的热量由室外换热器将热量排放到室外空气中。当热水达到要求时，切换成单独制冷模式。在连续用水的情况下，开启补水。

（4）单独制热水模式　此时，开启小压缩机，室外风机运行，室内换热器运行，当热水温度大于 45℃ 时停止运行，制热水结束。此模式下与常规的空气源热泵热水器运行模式一致。

（5）制热兼制热水模式　此模式下如果需要开启两台压缩机，通过调节三通阀，来改变通过热水换热器和空调换热器的制冷剂流量，可以实现制取低温的供暖用水优先或者制取生活热水优先。室外换热器一直开通，使两个压缩机一直处于高效工作。当制取低温的供暖用水优先时，使大部分制冷剂进入空调换热器，当室内温度达到要求时，使压缩机排出的高温高压的制冷剂一部分进入热水换热器，开始加热水；如果保证制取生活热水优先，则刚好相反。

系统各模式控制策略见表 5-20。

表 5-20　系统各模式控制策略

	单独制冷模式	制冷兼制热水模式	单独制热水模式	单独制热模式	制热兼制热水模式
空调板式换热器	换热	换热	旁通	换热	换热
空调水泵	开	开	停	开	开
室外风机	开	停	开	开	开
室外风冷换热器	换热	旁通	换热	开	开
热水板式换热器	旁通	换热	换热	旁通	控制旁通与换热比例
热水水泵	停	开	开	停	开
压缩机	大	大	小	大	一大一小

单独制冷模式和单独制热模式与常用的风冷热泵的方式一样，控制运行策略比较简单；另外三种模式：制冷兼制热水模式、单独制热水模式、供暖兼制热水模式运行模式相对复杂，而且不同的模式之间有时候还需要切换，控制运行策略较为复杂。

2. 控制运行策略流程图

由于制冷兼制热水模式、单独制热水模式和供暖兼制热水模式控制比较复杂，下面分别给出它们的系统控制流程图。图 5-48 所示为制冷兼制热水控制运行策略流程图，图 5-49 所示为单独制热水控制运行策略流程图，图 5-50 所示为供暖兼制热水控制运行策略流程图。

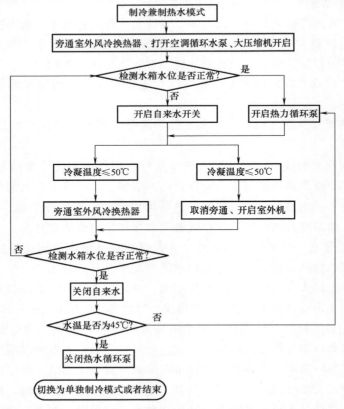

图 5-48　夏季制冷兼制热水模式控制运行策略流程图

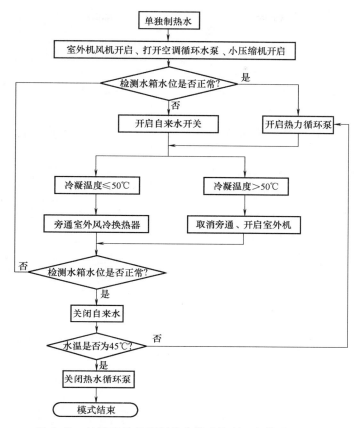

图 5-49　过渡季节单独制热水模式控制运行策略流程图

5.3.5　结论

本节着眼于节约能源和保护环境，将常规的空气源热泵空调机组与空气源热水器合二为一，提出了一种集供冷、供暖、供热水等多种功能为一体的节能环保型的空气源热泵"三联供"系统，该系统不仅能够缓解常规空调器在夏季运行时存在的能源浪费和对室外环境的热污染问题，而且还能够节约大量的用于生活热水加热的一次能源，完全符合我国大力提倡的能源和环境可持续发展的政策，是一种值得推广和应用的节能环保型空气源热泵系统。

本章提出的一种家庭用新型空气源热泵"三联供"系统，即基于此原理和系统构成。针对武汉地区家庭用户需要，在此基础上对系统的各部件进行了优化匹配计算，得出了一些重要匹配参数。然后利用热力学理论及相关制冷原理，建立了系统中各主要部件的数学仿真模型，以此验证系统优化匹配设计的合理性及整体能效，通过研究，得出如下主要的成果及结论：

1）系统设置 3 个换热器：空调换热器、热水换热器、风冷换热器。在夏季，水冷冷热水换热器和风冷换热器一起作为冷凝器，可以充分回收大量的冷凝器，让排放到室外的热量减到最少，冷凝热被用来加热生活用水，使系统的综合能效比达到很高，节能效果明显。

2）随着热水出水温度的上升，系统能效比 EER、性能系数 COP 都有不同程度的减少。在不同的季节，在设计的热水出水温度下，系统的能效比和性能系数可以达到很高的数值，即使温度升高，也不会降低很多。只要合理地设置热水的出水温度，该系统就能高效稳定可靠地运行达到节能环保的目的。

3）在制冷兼制热水模式下运行能够充分利用空调的冷凝热量提供免费的热水；在制热水模式下充当热泵热水器为室内提供生活热水；在制热兼制热水模式下，当室外环境温度较高时，可利用设备多余的热量加热热水，当室外环境温度较低时，则充当普通的热水器和热泵空调器使用。因此，在全年室外环境温度较高、供冷期较长且同时需要供冷和热水供应的地区和场合下，空气源热泵"三联供"系统的使用意义尤其显著。

4）系统包括五种运行模式，分别为单独制冷、制冷兼制热水、单独制热水、单独供暖、供暖兼制热水。系统采用集中控制，操作方便，可满足用户在不同季节的制热、制冷、生活热水的需求。

5）阐述了针对家用空气源热泵"三联供"系统的设备选型及匹配计算。基于夏季冷负荷为 14.6kW，冬季热负荷为 3.9kW，冬季热水负荷为 1.46kW 的空气源热泵"三联供"系统，并根据制冷循环热工

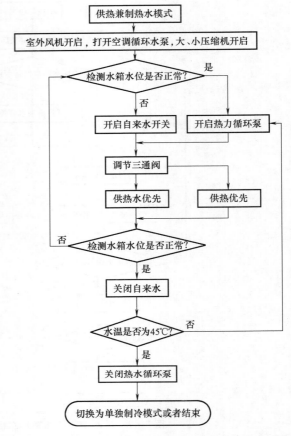

图 5-50　冬季供暖兼制热水模式控制运行策略流程图

计算、换热器设计计算理论，对样机各主要部件（包括压缩机、换热器、节流机构）进行理论匹配优化计算。

6）根据制冷热动力学理论，建立了空气源热泵"三联供"系统数学仿真模型，并利用 Matlab 软件对系统进行了仿真模拟，重点模拟了生活热水出水温度变化对系统能效比的影响情况，结果表明系统的能效比较高，具有较高的节能性。

7）针对空气源热泵"三联供"系统的五种运行模式，提出了针对制冷兼制热水控制运行策略、单独制热水控制运行策略、供暖兼制热水控制运行策略，确保系统以最优的模式运行，让系统发挥最好的热力学性能。

第 6 章
自然冷源技术与应用

　　自然冷源是指在常温环境中存在的低温差低温热源。大自然中的温差无处不在，它们广泛存在于空气、土壤、水库及江河湖泊中，属于潜能巨大的低品位能源。

　　随着经济的快速发展，空调在国民生产、生活中得到了越来越广泛的应用。然而，空调行业在快速发展的同时也带来了很多问题，比如对环境的污染，对能源的大量消耗等，尤其是大量耗电所带来的电力超负荷的问题已严重影响了人们的生产和生活。为此，一些新型空调系统应运而生，比如蓄冷空调用来缓解电力高峰，地（水）源热泵系统利用天然的地热能（水能）来提供空调冷热源等，这些系统都在很大程度上节省了能源。对于一些蕴含丰富的可利用的自然冷热源的地区，若能对其天然冷源进行合理利用，将会产生很好的节能、环保的效果。下面就一个工程实例来进行探讨。

6.1　工程概况

　　该项目为某广场建设项目，位于湖北省宜昌市。宜昌市地理环境独特，山水资源丰富，在空调设计方面可以因地制宜，充分利用现有的自然资源，尽可能地节约能源，合理利用自然资源。该项目中，塔楼后方有一地下通道区域（以下称 A 区），将该区域与塔楼连接起来，该区域靠山体土壤的一壁，温度可以达到 19℃。另外，由于宜昌地下水资源丰富，从山体侧还流出大量 19℃的冷水。冷水和冷墙壁都可以为空调设计提供很好的冷源，节约了能源，也是对自然资源的合理利用。现欲利用这些自然冷源，向中庭（以下称 B 区）送新风冷风，如图 6-1 所示。

图 6-1　建筑平面示意图

6.2　风量的确定

　　宜昌市的气象参数可查手册得知，见表 6-1。

表 6-1　宜昌市夏季气象参数

空调室外干球计算温度	空调室外湿球计算温度	室外日平均温度	室外通风计算温度	风速	大气压
35.8℃	28.1℃	31.5℃	33℃	1.7m/s	989.1bar

注：$1bar = 10^5 Pa$。

该项目欲利用冷壁和冷水这些自然冷源为中庭送新风。送风量按换气次数法确定。B 区底面积平均为 $1714m^2$，高为 27m。故 B 区的体积为 $V = 46278m^3$。现取该大空间区域的换气次数为 1 次/h。根据公式：

$$换气次数 = G/V \tag{6-1}$$

式中　G——送风量（m^3/h）；

　　　V——房间体积（m^3）。

带入数据可得送风量为 $G = 46278m^3/h$。

6.3　冷壁供冷量的确定

B 区新风的冷量由 A 区冷壁和山水提供。室外空气进入通道 A 区，先由 A 区冷却，然后不足的冷量由冷水补充提供。首先确定 A 区所能提供的冷量。A 区平面及断面图如图 6-2 和图 6-3 所示。

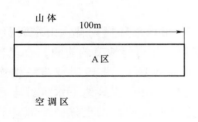

图 6-2　A 区平面图

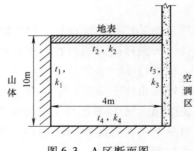

图 6-3　A 区断面图

由图 6-3 可知，室外空气要与通道的 4 个壁进行换热。其中 $t_1 = 19℃$，$k_1 = 5.8W/(m^2 \cdot K)$[1]；查宜昌市夏季的地表平均温度为 28℃[2]，而该地表又处于建筑的背阴面，故其表面温度要低于该地表平均温度，取为 25℃，该侧传热系数取值同 k_1，即 $t_2 = 25℃$，$k_2 = 5.8W/(m^2 \cdot K)$；通道内地面侧及靠空调区侧的壁面传热系数根据 GB 50189—2015《公共建筑节能设计标准》来确定。$t_3 = 26℃$，$k_3 = 0.835.8W/(m^2 \cdot K)$，$t_4 = 19℃$，$k_4 = 0.835.8W/(m^2 \cdot K)$。空气温度为室外空气温度，即 $t_f = 35.8℃$。根据传热学公式计算传热量：

$$Q = KA(t_f - t_i) \tag{6-2}$$

式中　Q——换热量（W）；

　　　K——传热系数 [$W/(m^2 \cdot K)$]；

　　　A——换热面积（m^2）；

t_i——壁面温度（℃）；

t_f——空气温度（℃）。

据此公式计算各个面的换热量，具体计算结果见表 6-2。

表 6-2 各壁面的换热量

编号	壁面温度 t_i/℃	传热系数 k_i/[W/(m²·K)]	壁面面积 A /m²	换热量 Q /kW	换热总量 /kW
1	19	5.8	1000	97.44	
2	25	5.8	400	25	136.12
3	26	0.83	1000	8.1	
4	19	0.83	400	5.58	

由以上计算的换热量可以进一步计算出空气经此降温后所达到的温度。

可根据下式计算温差：

$$Q = cG\rho\Delta t/3600 \tag{6-3}$$

式中　Q——换热量（W）；

c——空气比热容，$c = 1.005\text{kJ/(kg·K)}$；

G——风量（m³/h）；

ρ——空气密度，$\rho = 1.27\text{kg/m}^3$；

Δt——温差（℃）。

计算得温差为 8.8℃，即空气由原来的 35.8℃降低到 27℃。由此可见，该区域的降温效果还是很可观的。

6.4　山水供冷的计算分析

如前计算可知，空气经 A 区冷却后温度降为 27℃，考虑到 B 区处于建筑内区，冷负荷主要是人员负荷，而人员在此区域的密度一般不是很大，舒适性要求也不是很高，故 27℃的空气再经 19℃的山水降温到 22℃，基本就可满足所需。现在主要的问题就是要合理地设计表冷器。表冷器计算如下（选用 JW10-4 型 6 排冷却器）。

1. 冷却器迎面风速 V_y 及水流速 ω 的确定

查 JW10-4 型表冷器迎风面积 $A_y = 0.944\text{m}^2$，通水断面 $A_w = 0.00407\text{m}^2$，风量 $G = 1.3\text{kg/s}$（每台新风机的风量），则表冷器的迎风面风速由下式计算

$$V_y = G/(A_y\rho) \tag{6-4}$$

$$W = 10^3\omega A_w \tag{6-5}$$

由式（6-4）得表冷器迎面风速为 1.15m/s，式（6-5）假设 $\omega = 0.51\text{m/s}$，得水量 W 为 2.07kg/s。

2. 求冷却器可提供的接触系数 ε_2

查《实用供热空调设计手册》第 2 版表 21.2-2，当 $V_y = 1.15\text{m/s}$，$N = 6$ 排时，$\varepsilon_2 = 0.841$。

3. 假定 t_2，确定空气终状态

假定空气终温 $t_2 = 22℃$，根据式

$$t_{s2} = t_2 - (t_1 - t_{s1})(1 - \varepsilon_2) \tag{6-6}$$

式中　t_{s2}——空气的终湿球温度（℃）；

　　　t_{s1}——空气的初湿球温度，为 28.1℃；

　　　t_1——空气的初温，为 27℃。

计算得 $t_{s2} = 20.8℃$，查 h-d 图得空气终状态的焓值为 $h_2 = 61.2\text{kJ/kg}$。

4. 求析湿系数 ζ

根据式

$$\zeta = (h_1 - h_2)/c_p(t_1 - t_2) \tag{6-7}$$

式中　h_1、h_2——空气初、终焓（kJ/kg）；

　　　t_1、t_2——空气的初、终温（℃）。

计算得 $\zeta = 4.18$。

5. 求传热系数

对于 JW 型 6 排冷却器，有式

$$K_s = \left[\frac{1}{41.5 V_y^{0.52} \xi^{1.02}} + \frac{1}{325.6 \omega^{0.8}} \right]^{-1} \tag{6-8}$$

得 $K_s = 95.41\text{W/(m}^2 \cdot ℃)$。

6. 求表冷器能达到的热交换效率 ε_1'

传热单元数 NTU 按式（6-9）计算

$$\text{NTU} = \frac{AK_s}{\xi G c_p} \tag{6-9}$$

水当量比按式（6-10）计算

$$C_r = \frac{\xi G c_p}{Wc} \tag{6-10}$$

表冷器的热交换效率按式（6-11）计算

$$\varepsilon_1' = \frac{1 - \exp[-\text{NTU}(1 - C_r)]}{1 - C_r \exp[-\text{NTU}(1 - C_r)]} \tag{6-11}$$

计算得 $\varepsilon_1' = 0.618$。

7. 求实际需要的换热效率 ε_1 并与上面得到的 ε_1' 比较

$$\varepsilon_1 = (t_1 - t_2)/(t_1 - t_{w1}) \tag{6-12}$$

式中　t_{w1}——冷水的初温，为 19℃。

得 $\varepsilon_1 = 0.625$。比较 $|\varepsilon_1 - \varepsilon_1'| = 0.007 \leqslant 0.01$ 时，证明所设 t_2 合适，表冷器选择也合适。

8. 求水的终温 t_{w2}

$$t_{w2} = t_{w1} + G(i_1 - i_2)/Wc \tag{6-13}$$

得水的终温 $t_{w2} = 22.15℃$。

经表冷器的设计计算可知，在将空气温度降为 22℃ 时，需要的总冷水量为 12（台）× 2.07kg/s = 24.84kg/s，山水的总供给量为 83.33kg/s。可见山水还有大量富余，可以给更多的房间提供冷源。

6.5　数值模拟

利用 CFD 模拟软件可以对室内空气气流分布情况进行数值模拟和预测，得到房间内的温度、湿度、空气流速等物理量的详细分布情况。下面通过 airpark 软件对该工程中庭内空气的分布情况进行模拟，通过模拟结果分析空调效果。

1. 建立物理模型

该中庭的物理模型如图 6-4 所示。

气流组织采用分层空调的气流组织形式，主要由两侧墙 4m 高处 32 个矩形风口送风，送风速度为 5m/s，房间下部和上部分别设出风口，下部设 32 个，上部设 16 个。为了模拟方便和减少软件计算处理的时间，实际的模拟计算作了如下处理：整个空间前后分别有 16 对送风口和出风口，上部有 16 个出风口，在空间中均匀分布，相当于将整个空间在 X 轴方向平均分成 16 段，实际的模拟只选择一段作为计算区域，实际模拟的模型如图 6-5 所示。

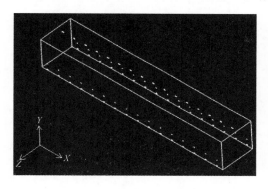

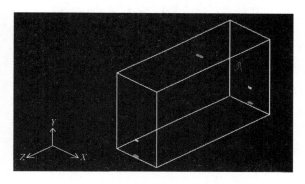

图 6-4　中庭空调物理模型　　　　　　　图 6-5　模拟选取的物理模型

2. 建立数学模型

为了得到室内气流的速度场和温度场的分布状况，采用有限体积法对流体的流动和传热问题进行数值求解。采用的湍流模型是由 Launder and Splading 提出的标准 $k\text{-}\varepsilon$ 湍流模型，其湍流黏度通过求解 k 方程和 ε 方程确定。边界条件的确定如下：①房间内内墙设置为绝热边界条件。②房间内人员和照明及办公设备的散热量，在数值模拟中以恒定热流的形式平均分布于房间下部地板上，即地面热流密度为 90W/m²。③送风口设置为速度入口，给定入口温度、送风速度等参数，送风方向垂直于送风口表面。出风口设置为出流边界条件。

3. 模拟结果分析

室内空气的温度场分布如图 6-6 ~ 图 6-7 所示。分布选取 OYZ 平面的 $X = 3$m 处和 OXY 平面的 $Z = 8$m 处的温度场。从这两个图的模拟结果看，整个空间的温度基本都在 25 ~ 27℃，特别是空间下部人员活动区温度基本满足舒适需求。

空间气流的速度场分布如图 6-8、图 6-9 所示，同样也选取 OYZ 平面的 $X = 3$m 处和 OXY 平面的 $Z = 8$m 处的速度场。从图中可以看到风口处的风速最高，气流在运动中不断衰减，在两侧射流交汇处风速衰减到 1m/s 左右，到达底部工作区的风速在 0.3m/s 左右，风速适中，不会形成吹风感，满足舒适度的要求。

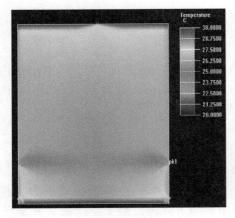

图 6-6　$X = 3$m 处的温度场

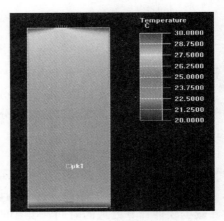

图 6-7　$Z = 8$m 处的温度场

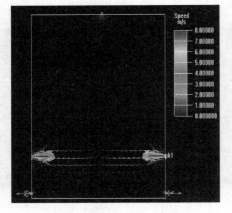

图 6-8　$X = 3$m 处的速度场

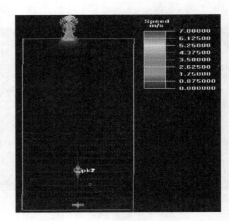

图 6-9　$Z = 8$m 处的速度场

6.6　结论

　　自然冷源作为一种新型节能环保的空调冷源形式，应该大力推广，为建设低碳社会做出应有的贡献。该工程中对自然冷源的利用主要需注意以下三点：①对冷源的能量贡献率和利用率要做好设计计算，也就是换热量的计算；②由于山体水的温度不同于传统空调冷冻水的温度，因此要对表冷器做详细的设计计算；③通过 CFD 软件进一步预测空调效果，验证该空调系统的可行性。

第7章

典型工程节能示范分析

7.1 湖北省某图书馆新馆建设工程

7.1.1 项目概况

湖北省某图书馆新馆地处武汉市洪山区沙湖余家湖村，建筑地下2层，地上8层，总建筑面积100523m²，建筑高度41.4m，设计阅览坐席6279个。其中中央空调面积约为67000m²，采用地源热泵与冰蓄冷系统相结合的方式作为空调系统冷热源。

7.1.2 项目能源消耗和能效水平评估

1. 湖北省某图书馆新馆 CEC 系数的计算

（1）全年空调负荷的计算 用 BIN 参数进行供暖和供冷负荷计算，结果见表7-1和表7-2。

表7-1 用 BIN 参数进行年供暖负荷计算

BIN/℃	−2	0	2	4	6	8	10
时间频率/h	8	76	138	182	214	264	162
湿球温度/℃	−3.6	−1.5	0.7	2.4	4.6	5.9	7.5
HL/(W/m²)	72.69	65.21	57.73	50.26	42.78	35.30	27.83
热量/(W·h/m²)	581.52	4955.96	7966.74	9147.32	9154.92	9319.2	4508.46
总和/(kW·h/m²)	45.63						

表7-2 用 BIN 参数进行年供冷负荷计算

BIN/℃	22	24	26	28	30	32	34	36	38	40
时间频率/h	235	265	272	259	224	199	108	34	4	2
湿球温度/℃	18.7	20.6	23.0	24.4	25.5	26.8	27.1	27.3	28.7	30.4
CL/(W/m²)	27.7	36.0	44.4	52.7	61.1	69.5	77.8	86.2	94.5	102.9
冷量/(kW·h/m²)	6.51	9.54	12.1	13.6	13.7	13.8	8.40	2.93	0.378	0.206
总和/(kW·h/m²)	81.16									

空调年总负荷为 $(45.63+81.16)\text{kW}\cdot\text{h/m}^2 = 126.79\text{kW}\cdot\text{h/m}^2$，转化为一次能形式为 30.58TJ（$1\text{TJ}=10^{12}\text{J}$）。

（2）新建馆年能耗量的计算　热泵机组的供暖年能耗量和制冷年能耗量计算结果分别见表7-3和表7-4。

表7-3　热泵机组的供暖年能耗量计算

BIN/℃	-2	0	2	4	6	8	10
时间频率/h	8	76	138	182	214	264	162
HL/（W/m²）	72.69	65.21	57.73	50.26	42.78	35.30	27.83
室内负荷 Q/kW	4870	4369	3868	3367	2866	2365	1865
负荷率 ε	1	0.9	0.8	0.7	0.6	0.5	0.4
运行台数/台	3	3	3	3	2	2	2
热泵供暖负荷率（%）	98	88	78	68	86	71	56
功率比（%）	98	85	73	65	75	62	54
输入轴功率/kW	970.2	841.5	722.7	643.5	495	409.2	356.4
耗电量/kW·h	7761.6	63954	99732.6	117117	105930	108028.8	57736.8
期间耗电量/kW·h	560260.8						

表7-4　热泵机组的制冷年能耗量计算

BIN/℃	22	24	26	28	30	32	34	36	38	40	制冰
时间频率/h	235	265	272	259	224	199	108	34	4	2	347
CL/（W/m²）	27.7	36.0	44.4	52.7	61.1	69.5	77.8	86.2	94.5	102.9	—
室内负荷 Q/kW	1856	2412	2975	3531	4094	897	1453	2015	2572	3134	3760
负荷率 ε	0.27	0.35	0.43	0.51	0.59	0.68	0.76	0.84	0.92	1	—
运行台数/台	2	2	3	3	3	1	2	2	2	3	4
热泵制冷负荷率（%）	64	83	68	81	94	62	50	69	89	72	99
功率比（%）	50	66	58	73	94	60	54	79	99	86	100
输入轴功率/kW	270	356.4	469.8	591.3	761	162	291.6	426.6	534.6	696.6	1080
耗电量/kW·h	63450	94446	127786	153147	170554	32238	31493	14504	2138	1393	374760
期间耗电量/kW·h	1065909										

从以上表格中的计算结果可以得出办公大楼的热泵机组年供热耗电量为560260.8kW·h，年供冷耗电量为1065909kW·h，热泵机组年耗电量总共为1626169kW·h。

辅助设备的耗电量计算见表7-5。

表7-5　辅助设备的耗电量计算

泵的类型	电动机功率/kW	台数	备注
空调水循环泵（低温）	45	4	变频冬夏共用
空调水循环泵（常温）	45	2	变频一台备用夏用
空调水循环泵（内区）	22	3	变频一台备用冬用
空调水循环泵（热回收）	15	2	变频一台备用冬夏共用
乙二醇循环泵	45	4	变频冬夏共用

（续）

泵的类型	电动机功率/kW	台数	备注
地源水循环泵（大）	55	4	台数控制冬夏共用
地源水循环泵（小）	15	2	一台备用冬夏共用
电刷式自动清洗过滤器	0.75	1	地源水系统
真空脱气机	0.6	2	地源水系统

冬季和夏季平均负荷率 ε_w 和 ε_s：

$$\varepsilon_w = \sum (\varepsilon n) / \sum n = 628/1044 = 0.6$$

$$\varepsilon_s = \sum (\varepsilon n) / \sum n = 789/1602 = 0.49$$

$$\alpha_w = (1 - \varepsilon_w)/n = (1 - 0.6)/11 = 0.036 \qquad \alpha_s = (1 - \varepsilon_s)/n = (1 - 0.49)/10 = 0.051$$

$$P_p = (45 \times 4 + 22 \times 2 + 15 \times 1 + 45 \times 4 + 55 \times 4 + 15 \times 1) \times (0.6 + 0.036) \times$$

$$1044 + (45 \times 4 + 45 \times 1 + 15 \times 1 + 45 \times 4 + 55 \times 4 + 15 \times 1) \times (0.49 + 0.051) \times$$

$$1602 + (45 \times 4 + 55 \times 4) \times 347 + (0.75 + 0.6 \times 2) \times (1044 + 1602) \text{kW} \cdot \text{h}$$

$$= 1145882 \text{kW} \cdot \text{h}$$

空气处理机组风机总功率见表 7-6。

表 7-6　空气处理机组风机总功率

楼层	空调机组风机总功率/kW	备注
一层	18.5	变风量系统
	149.4	定风量系统
二层	197	定风量系统
三层	143	定风量系统
四层	131.5	定风量系统
五层	110	定风量系统
六层	128	定风量系统
七层	27	定风量系统
八层	20	定风量系统
地下一层	30.1	定风量系统
地下二层	22	定风量系统

设空调机组累计运行时间 $T_F = 10 \times 25 \times 11 \text{h/a} = 2750 \text{h/a}$

风机盘管机组的风机功率与台数见表 7-7。

表 7-7　风机盘管机组的风机功率与台数

风机功率/kW	台数
0.18	29
0.154	2
0.105	2
0.165	77
0.140	71
0.098	50
0.145	1
0.110	24

新风换气机：

$$N = 1.5\text{kW} \times 2 \quad 2\text{台} \quad N = 2.2\text{kW} \times 2 \quad 15\text{台} \quad N = 2.2\text{kW} \times 2 \quad 7\text{台}$$

纳米光子空气净化装置：

$$N = 0.024\text{kW} \quad 5\text{台} \quad N = 0.021\text{kW} \quad 5\text{台} \quad N = 0.017\text{kW} \quad 15\text{台} \quad N = 0.012\text{kW} \quad 15\text{台}$$

$$\varepsilon' = (\varepsilon_s T_s + \varepsilon_w T_w)/(T_s + T_w) = (0.49 \times 1602 + 0.6 \times 1044)/(1602 + 1044) = 0.54$$

$$\alpha' = (1 - 0.54)/6 = 0.08$$

则空气处理机组年耗电量为

$$P_1 = 18.5 \times 2750 \times 0.62\text{kW} \cdot \text{h} + (149.4 + 197 + 143 + 131.5 + 110$$
$$+ 128 + 27 + 20 + 30.1 + 22) \times 2750\text{kW} \cdot \text{h} = 2666043\text{kW} \cdot \text{h}$$

风机盘管机组年耗电量为

$$P_2 = (0.18 \times 29 + 0.154 \times 2 + 0.105 \times 2 + 0.165 \times 77 + 0.140 \times 71 + 0.098 \times$$
$$50 + 0.145 \times 1 + 0.110 \times 24) \times (1044 + 1602)\text{kW} \cdot \text{h} = 95436\text{kW} \cdot \text{h}$$

新风换气机及纳米光子空气净化装置的年耗电量：

$$P_3 = (1.5 \times 2 \times 2 + 2.2 \times 2 \times 15 + 2.2 \times 2 \times 7 + 0.024 \times 5 + 0.021 \times 5 + 0.017$$
$$\times 15 + 0.012 \times 15) \times (1044 + 1602)\text{kW} \cdot \text{h} = 273755\text{kW} \cdot \text{h}$$

中央空调系统的年总耗电量为

$$(1626169 + 1145882 + 2666043 + 95436 + 273755)\text{kW} \cdot \text{h} = 5807285\text{kW} \cdot \text{h}$$

由于我国目前实际条件的限制，如发电站效率低等，我国每 1kW·h 电实际耗费一次能较大。2011 年我国火电厂平均供电标煤耗量为 330g（标准煤）/（kW·h），即电能转化为一次能的换算率为 9671.5kJ/（kW·h）。

故这座办公楼中央空调系统的总耗电量转化为一次能形式为 56.165TJ。

（3）综合楼空调能耗系数 CEC 的计算

$$\text{CEC} = \frac{\text{空调系统年能耗（一次能）}}{\text{空调负荷}} = \frac{56.165 \times 10^{12}}{30.58 \times 10^{12}} = 1.837$$

2. 省图书馆新馆 CEC 系数的评价

日本空调系统能耗系数（CEC）的判断基准，见表 7-8。

表 7-8　日本空调系统能耗系数判断基准

用途	办公楼	商场、饭店	宾馆	医院	学校
CEC 判断基准	1.5	1.7	2.5	2.5	1.5

通过对该图书馆的 CEC 计算，对照表 7-8 的判断基准可知图书馆类建筑的能耗介于宾馆、医院和商场、饭店类建筑之间，由于日本的能源利用效率一直处于世界领先地位，结合中国国情，该图书馆的 CEC 反映该中央空调系统的节能效果显著。

7.1.3　各分项用能分析

1. 冰蓄冷技术产生的经济效益

该系统将部分白天的冷负荷转移到夜间存储，充分利用了夜间的低谷电价，产生明显的经济效益。由上面的计算可知全年冷负荷中有 347h 的由冰蓄冷提供，即可产生的经济效益为

$$1080 \times 347 \times (1.16 - 0.332) 元/a = 31 \ 万元/a$$

2. 地源热泵用能效果分析

地源热泵系统既可以供暖又可以制冷，取代了常规空调系统中的制冷机和锅炉两套装置或系统，省去了锅炉房和冷却塔，既有利于节省建筑空间，又有利于节能。

(1) 地源热泵供暖与锅炉供暖的节能比较　地源热泵供暖消耗的是电能，而锅炉供暖则是直接燃烧的一次能源，两者消耗的能源品质不同，所以在此利用一次能利用率的概念来评价地源热泵的供暖节能效应。一次能利用率计算公式为

$$E = \frac{T_Q}{T_P/\beta} \tag{7-1}$$

式中　E——一次能利用率；

T_Q——供暖季总的制热量（kW·h）；

T_P——供暖季总的电能消耗（kW·h）；

β——发电厂的发配电效率。

按国家的有关标准规定，全国的平均发配电效率 $\beta = 0.3488$。则该工程地源热泵供暖季

$$E = \frac{3057210}{560260.9/0.3499} = 1.9033$$

目前国内的大型锅炉房取暖的 E 值为 $0.7 \sim 0.8$。有的锅炉房取暖能源利用系数更低，按 0.8 计算，则地源热泵节能 57.97%，即节能量为 772740kW·h。

(2) 地源热泵蓄冰系统与冷水机组的用能比较　前面已经计算出地源热泵的年供冷耗电量为 1065909kW·h。下面计算采用电制冷冷水机组 + 冷却塔时的全年耗电量。

按照该工程的需要设选用的电制冷冷水机组的参数为：制冷量 2683kW　3 台，总输入功率 $448 \times 3\text{kW} = 1344\text{kW}$；配备的冷却塔参数为总水量 1608m³/h，温差 5℃，湿球温度 28℃，电动机功率 $18.5 \times 3\text{kW}$。

电制冷冷水机组满负荷运行时间为

$$\frac{5437720}{8050}\text{h} = 675\text{h}$$

则电制冷冷水机组 + 冷却塔的全年耗电量为

$$(1344 \times 675 + 18.5 \times 3 \times 675)\text{kW·h} = 944663\text{kW·h}$$

则地源热泵蓄冰系统多用能 $(1065909 - 944663)\text{kW·h} = 121246\text{kW·h}$，即多用能 12%。

3. 水输送系统的节能效果分析

该空调系统的水输送系统所用水泵采用变频调节或台数调节的方式来适应负荷的变化，前面已经计算出该空调系统的水泵年耗电量为 1145882kW·h。下面与定频水泵年耗电量进行比较。

若不加变频器则耗电量为

$$(45 \times 4 + 22 \times 2 + 15 \times 1 + 45 \times 4 + 55 \times 4 + 15 \times 1) \times 1044\text{kW·h}$$
$$+ (45 \times 4 + 45 \times 1 + 15 \times 1 + 45 \times 4 + 55 \times 4 + 15 \times 1) \times$$
$$1602\text{kW·h} + (45 \times 4 + 55 \times 4) \times 347\text{kW·h} + (0.75 + 0.6 \times 2) \times$$
$$(1044 + 1602)\text{kW·h} = 1876045\text{kW·h}$$

则水输送系统节能量为 $(1876045 - 1145882)\text{kW} \cdot \text{h} = 730163\text{kW} \cdot \text{h}$，即节能 39%。

4. 风输送系统的耗能分析

该工程中绝大部分的空调区域都采用低温送风定风量空调系统，前面已经算出风系统年耗电量为 $2666043\text{kW} \cdot \text{h}$，下面将与安装 VAV box 时的年耗电量进行比较。

安装 VAV box 时的年耗电量为

$$P = (149.4 + 197 + 143 + 131.5 + 110 + 128 + 27 + 20 + 30.1$$
$$+ 22 + 18.5) \times (0.54 + 0.08) \times 2750\text{kW} \cdot \text{h} = 1664933\text{kW} \cdot \text{h}$$

则变风量系统时可节能量为 $(2666043 - 1664933)\text{kW} \cdot \text{h} = 1001110\text{kW} \cdot \text{h}$，说明该风系统若采用变风量则可在原有的基础上节能 38%。

7.1.4 结论

将该空调工程所用各分项技术中的新技术与用常规空调技术时的用能情况进行对比分析得出其节能率，将所用到的常规空调分项技术与应用新技术时的用能情况进行对比分析得出其节能潜力，最后得出该工程综合各分项技术时的实际总用能相比于应用常规空调技术时的节能率，并分析用新技术改善该工程中应用常规空调技术部分时的总节能潜力，具体结论见表 7-9。

表 7-9 用新技术改善该工程中应用常规空调技术部分时的总节能潜力

空调子/总系统	所用技术	年耗能量/kW·h	节能率/节能潜力	备注
冷源	地源热泵 + 蓄冰	1065909	12%/—	蓄冰技术每年可节约运行费用 31 万元
	电制冷冷水机组	944663		
热源	地源热泵	560261	57.97%/—	
	燃煤锅炉	1085310		
液态输送系统	变频	1145882	39%/—	
	定频	1876045		
风输送系统	变风量	1664933	—/38%	
	定风量	2666043		
空调总系统	实际耗能	5438095	17%/18%	
	常规技术时耗能	6572061		
	改善后耗能	4436985		

7.2 湖北省某勘察设计院生产科研综合楼

7.2.1 项目概况

某勘察设计院科研综合楼地处湖北省武汉市武昌杨园和平大道，地上 29 层，地下 2 层，总建筑面积 54832m²，建筑主体高度 99.6m，为一类高层建筑。其中中央空调面积约为 32790m²，采用水源热泵冰蓄冷系统作为空调系统冷热源，夏季采用主机上游串联流程、分量蓄冰模式的冰蓄冷系统作为冷源，冬季采用水源热泵机组提供空调热水。液态输送系统的各类水泵均采用台数调节和变频调节相结合以适应冬夏季不同工况的运行要求。空调冷冻水系统为一次泵大温差变水量双管制系统，风系统均采用全空气空调系统，并根据需要分别采用低温送风变风量空调系统和常温送风定风量空调系统，其中以低温送风变风量空调系统为主。

7.2.2 能源供应情况评估

该项目采用了水源热泵作为空调系统的冷热源，直接利用地下可再生能源，根据《测试报告》数据显示，热源井水温为 18℃，单井稳定出水量为 90m³/h，静水位埋深约 8.6m，水位降深约 3.8m。该工程水源热泵系统为直流式，采用双井余压回灌方式，共设三口取水井和六口回灌井，取水井和回灌井井深均为 50m，井径为 600mm，设计取水量为 85m³/h。夏季制冷工况，空调主机冷凝器的进出口水温为 18℃/30℃，冬季制热工况，板式换热器热源井侧进出口水温为 18℃/8℃，则冬夏季利用地下水能源情况见表 7-10。

表 7-10 冬夏季利用地下水能源情况

季节	流量/（m³/h）	温差/℃	单井换热量/kW	合计换热量/kW
冬季	85	10	991.67	2975
夏季	85	12	1190	3570

随着武汉市 16 项迎峰度夏电网工程的竣工并陆续投产，这些工程可以很好地解决困扰多年的诸多供电"卡点"问题，在来水、来煤正常的情况下，预计夏季高峰期武汉电网电力供应可以满足全市用电需求，并有一定的盈余。在此背景下，武汉市的分时电价政策成为该工程采用冰蓄冷系统产生经济效益的有力保障，武汉地区分时电价见表 7-11。

表 7-11 武汉地区分时电价

时段	时间	电价/[元/（kW·h）]
峰时段	7:00—11:00 19:00—22:00	1.16
平时段	11:00—19:00 22:00—00:00	0.83
谷时段	0:00—次日 7:00	0.332

7.2.3 项目建设方案节能分析

根据我国 GB/T 50378—2014《绿色建筑评价标准》中对空调系统部分的各项要求做出相应的评估。

1. 对建筑围护结构热工性能指标的分析

在我国的气候分区中，武汉属于夏热冬冷地区，GB 50189—2015《公共建筑节能设计标准》中夏热冬冷地区围护结构传热系数和遮阳系数限值，见表 7-12。该建筑的围护结构热工值见表 7-13。

对照各项性能指标均符合 GB 50189—2015《公共建筑节能设计标准》。

2. 对空调系统冷热源机组能效比的分析

该建筑空调系统的冷热源机组选用 3 台型号为 LWP2800 的三工况水源热泵机组。

表 7-12　夏热冬冷地区围护结构传热系数和遮阳系数限值

围护结构部位	传热系数 $K/[W/(m^2 \cdot K)]$	
屋面	$K \leqslant 0.70 W/(m^2 \cdot K)$	
外墙(包括非透明幕墙)	$K \leqslant 1.0 W/(m^2 \cdot K)$	
底面接触室外空气的架空或外挑楼板	$K \leqslant 1.0 W/(m^2 \cdot K)$	
外窗(包括透明幕墙)	传热系数 K $[W/(m^2 \cdot K)]$	遮阳系数 S_c (东、南、西向/北向)
单一朝向外窗 (包括透明幕墙) 窗墙面积比≤0.2	≤4.7	—
0.2<窗墙面积比≤0.3	≤3.5	≤0.55/—
0.3<窗墙面积比≤0.4	≤3.0	≤0.50/0.6
0.4<窗墙面积比≤0.5	≤2.8	≤0.45/0.55
0.5<窗墙面积比≤0.7	≤2.5	≤0.40/0.50
屋顶透明部分	≤3.0	≤0.40

表 7-13　某勘察设计院新建科研综合楼围护结构热工值

维护结构	形式	传热系数/$[W/(m^2 \cdot K)]$	遮挡系数
外墙	加气混凝土 250mm	0.579	
内墙	加气混凝土 200mm	1.5	
玻璃幕墙	LOW-E 玻璃	2.44	0.66
点窗	铝合金中空玻璃	3.20	0.74
天窗	普通玻璃	5.66	
屋面	上人屋面	0.494	
屋面	不上人屋面	0.791	

制冰工况下其能效比为　$\dfrac{594kW}{141.2kW} = 4.21$

热工况下其能效比为　$\dfrac{1054kW}{214.4kW} = 4.92$

制冷工况一的能效比为　$\dfrac{844kW}{154.2kW} = 5.47$

制冷工况二的能效比为　$\dfrac{798kW}{150.8kW} = 5.29$

　　GB 50189—2015《公共建筑节能设计标准》中规定电动机驱动压缩机的蒸气压缩循环冷水(热泵)机组,在额定制冷工况和规定条件下,性能系数(COP)不应低于表 7-14 的规定。

　　该空调系统所选机组为水冷螺杆式,在制冷工况下均符合规定。

3. 对风机单位风量耗功率和冷热水系统输送能效比的分析

　　空气调节风系统的作用半径不宜过大。风机的单位风量耗功率(W_s)应按下式计算,并不大于表 7-15 中的规定。

表 7-14　冷水（热泵）机组制冷性能系数

类　型		额定制冷量/kW	性能系数/（W/W）
水冷	活塞式/涡旋式	<528	3.8
		528～1163	4.0
		>1163	4.2
	螺杆式	<528	4.1
		528～1163	4.3
		>1163	4.6
	离心式	<528	4.4
		528～1163	4.7
		>1163	5.1
风冷或蒸发冷却	活塞式/涡旋式	≤50	2.4
		>50	2.6
	螺杆式	≤50	2.6
		>50	2.8

$$W_s = p/(3600\eta_1) \tag{7-2}$$

式中　W_s——单位风量耗功率 $[W/(m^3/h)]$；

　　　p——风机全压值（Pa）；

　　　η_1——包含风机、电动机及传动效率在内的总效率（%）。

表 7-15　风机的单位风量耗功率限值　　　　单位：$[W/(m^3/h)]$

系统形式	办公建筑		商业、旅馆建筑	
	粗效过滤	粗、中效过滤	粗效过滤	粗、中效过滤
两管制定风量系统	0.42	0.48	0.46	0.52
四管制定风量系统	0.47	0.53	0.51	0.58
两管制变风量系统	0.58	0.64	0.62	0.68
四管制变风量系统	0.63	0.69	0.67	0.74
普通机械通风系统	0.32			

该工程中选用的各组合式空调机组的单位风量耗功率计算值统计见表 7-16。

表 7-16　空调机组的单位风量耗功率计算值　　　　单位：$[W/(m^3/h)]$

设备名称	风机全压值/Pa	总效率（%）	单位风量耗功率 /$[W/(m^3/h)]$
组合式空调机组 DGD6.0	200	62	0.09
组合式空调机组 DZK30	465	70	0.18
组合式空调机组 DZK08	245	67	0.10
组合式空调机组 DZK30	483	70	0.19
组合式空调机组 DZK06	270	67	0.11
组合式空调机组 DZK15	320	70	0.13
组合式空调机组 DZK35	246	70	0.09
组合式空调机组 DZK18	366	70	0.15
组合式空调机组 DZK10	314	70	0.12
组合式空调机组 DZK15	368	70	0.15
组合式空调机组 DGL3.0	223	62	0.10

注：计算时风机内效率均取 0.85，机械传动效率均取 0.95，电动机的效率按相应的风机 K 值计算得出。

对照表 7-15 中的限值，表 7-16 中计算出的单位风量耗功率均在规定的范围之内，并且由表中数据可知该工程所选的组合式空调机组的单位风量耗功率远远小于标准中的限值，这也突出地体现了该工程较常规空调系统中风系统的节能优势。

空气调节冷热水系统的输送能效比（ER）应按下式计算：

$$ER = 0.002342H/(\Delta T \cdot \eta) \tag{7-3}$$

式中　H——水泵设计扬程（m）；

　　ΔT——供回水温差（℃）；

　　η——水泵在设计工作点的效率（%）。

该工程用户侧水泵的设计扬程 $H = 30\text{m}$，其效率在 70% 以上，夏季供回水温差为 8℃，故其冷水的

$$ER = 0.002342 \times 30/(8 \times 0.7) = 0.0125$$

GB 50189—2015《公共建筑节能设计标准》中的上限值为 0.0241，显然满足标准。由于冬季供回水温差较小（该工程只有 5℃），故两管制热水管道系统中的输送能效比值计算不适用于该工程空调热水系统。

4. 对其他技术方案的分析

合理利用能源、提高能源利用率、节约能源是我国的基本国策。虽然武汉地区近年来电力相对比较充足，但用高品位的电能直接转换为低品位的热能进行供暖或空调，热效率低，运行费用高，是不合适的。该建筑热源采用水源热泵，直接利用地下可再生能源，没有采用电热锅炉、电热水器作为直接供暖和空气调节系统的热源，这样不仅大大地节约了一次能源，而且在很大程度上减少了环境污染，属于典型的低碳能源，符合节能标准的要求。

该办公楼采用了冰蓄冷的蓄能技术，这项技术能为用户带来直接的经济效益：一是由于减少了制冷机组的装机容量从而减少投资，二是充分利用了武汉地区分时电价的政策从而降低了运行费用。空调系统根据建筑使用功能进行设计，各层均采用全空气空调系统，根据需要分别采用低温送风变风量空调系统和常温送风定风量空调系统，其中绝大部分的空调区域都采用低温送风变风量空调系统，这种新型的空气调节方式能够起到很好的节能效果。

采取切实有效的热回收技术也是中央空调系统实现节能的重要措施之一，该工程采用了吊式双向换气机和全热新风换气机，新风均直接由室外引入，在很好地满足了室内空气品质的同时也实现了节能。

该项目楼宇自控系统功能完善，各子系统均能实现自动检测与控制。所有空调机组和 VAV BOX 采用楼宇自动化控制手段集中控制。并对每个 VAV BOX 进行单独计费。所有机组设置一套冷热量计费系统进行冷热量计量。良好的自控系统也成了各项节能措施实现的有力保障。

5. 对室内环境质量的分析

该办公楼夏季空调室内设计温度：27℃；夏季空调室内设计相对湿度：≤60%；冬季空调室内设计温度：18℃，不控制湿度；室内风速≤0.3m/s。均满足 GB 50189—2015《公共建筑节能设计标准》中对房间内的温度、湿度、风速等参数的要求。该空调系统设计新风量：≥30m³/(h·人)，符合《公共建筑节能设计标准》规定的办公楼新风量 30m³/(h·人)。新风口均直接接至室外，周围无排风口和污染空气。该建筑还采用了经济有效的空气净化技术，空调全空气送风系统送风管上设纳米光子空气净化器，对空气进行杀菌消毒。室

内空气含尘量≤0.15mg/m³，满足 GB 50325—2010《民用建筑工程室内环境污染控制规范》的规定要求。空气处理机回风总管上安装 CO_2 传感器，根据 CO_2 浓度控制最小新风量，每个 VAV 配备控制器和温控器，根据室内温度调节送风阀开度。室内空气质量监测系统保证了健康舒适的室内环境。

7.2.4 项目能源消耗和能效水平分析

空调系统能耗系数（Coefficient of Energy Consumption for air conditioning，CEC）是判断中央空调系统中设备能源利用率的准绳。因此，该工程采用此方法评估其能源消耗和能效水平。中央空调系统的 CEC 定义为空调系统设备全年总能耗量与全年空调负荷累计值之比，因此可知 CEC 值越小，空调设备的能量利用效率越高。

1. 某勘察设计院新建科研综合楼 CEC 的计算

（1）全年空调负荷的计算 采用温频法（BIN）模拟计算该建筑的全年空调负荷，此处用到的武汉地区逐时气象数据来自张晴原研究的标准年气象数据。将武汉地区标准年气象数据按月划分，以 2℃ 为温频段，每天 24h 分为 6 个时段每个时段 4h，分别统计各温频段的小时数。图 7-1 所示为武汉市全年的日干球温度，图 7-2 所示为武汉地区全年温频数，表 7-17 为一班制的全年温频数（8：00～18：00）。

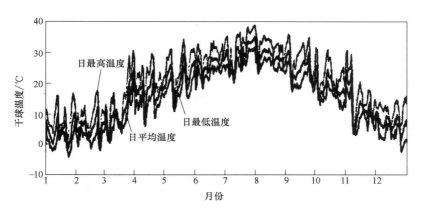

图 7-1 武汉市全年的日干球温度

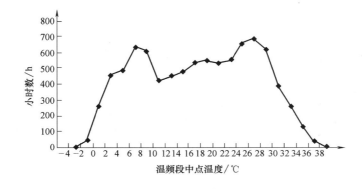

图 7-2 武汉地区全年温频数

表 7-17　武汉地区全年（8：00～18：00）BIN 参数

干球温度/℃	-2	0	2	4	6	8	10	12	14	16	18
湿球温度/℃	-3.6	-1.5	0.7	2.4	4.6	5.9	7.5	9.4	11.3	13.7	15.3
小时数	8	76	138	182	214	264	162	179	190	230	199
干球温度/℃	20	22	24	26	28	30	32	34	36	38	40
湿球温度/℃	17.2	18.7	20.6	23.0	24.4	25.5	26.8	27.1	27.3	28.7	30.4
小时数	208	235	265	272	259	224	199	108	34	4	2

有关研究结果表明，冷负荷、热负荷与干球温度 T 的关系式可归纳为

$$CL = 4.18T - 64.30 \qquad HL = 3.74T - 65.21$$

式中，CL 为单位面积空调冷负荷（W/m^2）；HL 为单位面积空调热负荷（W/m^2）；T 为室外空气干球温度（℃）。

设武汉地区在室外温度低于 10℃ 时开始供暖，室外温度高于 23℃ 时开始供冷，用 BIN 参数进行供暖和供冷负荷计算，结果见表 7-18、表 7-19。

表 7-18　用 BIN 参数进行年供暖负荷计算

BIN/℃	-2	0	2	4	6	8	10
时间频率/h	8	76	138	182	214	264	162
湿球温度/℃	-3.6	-1.5	0.7	2.4	4.6	5.9	7.5
HL/（W/m^3）	72.69	65.21	57.73	50.26	42.78	35.30	27.83
热量/（$W \cdot h/m^2$）	581.52	4955.96	7966.74	9147.32	9154.92	9319.2	4508.46
总和/（$kW \cdot h/m^2$）				45.63			

表 7-19　用 BIN 参数进行年供冷负荷计算

BIN/℃	22	24	26	28	30	32	34	36	38	40
时间频率/h	235	265	272	259	224	199	108	34	4	2
湿球温度/℃	18.7	20.6	23.0	24.4	25.5	26.8	27.1	27.3	28.7	30.4
CL/（W/m^2）	27.7	36.0	44.4	52.7	61.1	69.5	77.8	86.2	94.5	102.9
冷量/（$kW \cdot h/m^2$）	6.51	9.54	12.1	13.6	13.7	13.8	8.40	2.93	0.378	0.206
总和/（$kW \cdot h/m^2$）					81.16					

空调年总负荷为 $(45.63 + 81.16) kW \cdot h/m^2 = 126.79 kW \cdot h/m^2$，转化为一次能形式为 14.97TJ（$1TJ = 10^{12}J$）。

（2）综合楼年能耗量的计算　热泵机组的供暖年能耗量和制冷年能耗量计算结果分别见表 7-20 和表 7-21。

表 7-20　热泵机组的供暖年能耗量计算

BIN/℃	-2	0	2	4	6	8	10
时间频率/h	8	76	138	182	214	264	162
HL/（W/m^2）	72.69	65.21	57.73	50.26	42.78	35.30	27.83
室内负荷 Q/kW	2383.5	2138.2	1893.0	1648.0	1402.8	1157.5	912.5

（续）

负荷率 ε	1	0.90	0.79	0.69	0.59	0.49	0.38
运行台数/台	3	3	2	2	2	2	1
热泵供暖负荷率(%)	75.38	67.62	89.80	78.18	66.55	54.91	86.57
功率比(%)	75	67	82	70	62	53	73
输入轴功率/kW	482.4	430.9	351.6	300.2	265.9	227.3	156.5
耗电量/kW·h	3859.2	32748.4	48520.8	54636.4	56902.6	60007.2	25353
期间耗电量/kW·h	282027.6						

表 7-21　热泵机组的制冷年能耗量计算

BIN/℃	22	24	26	28	30	32	34	36	38	40	制冰
时间频率/h	235	265	272	259	224	199	108	34	4	2	347
CL/(W/m²)	27.7	36.0	44.4	52.7	61.1	69.5	77.8	86.2	94.5	102.9	—
室内负荷 Q/kW	908.3	1180.4	1455.9	1728.0	2003.5	496.9	777.6	1044.5	1316.7	1592.1	1782
负荷率 ε	0.27	0.35	0.43	0.51	0.59	0.68	0.76	0.84	0.92	1	—
运行台数/台	2	2	2	3	3	1	1	2	2	2	3
热泵制冷负荷率(%)	57	74	91	72	84	62	97	65	83	99	99
功率比(%)	44	58	78	63	80	60	100	72	95	100	100
输入轴功率/kW	132.7	174.9	235.2	285.0	361.9	90.5	150.8	217.2	286.5	301.6	423.6
耗电量/kW·h	31184.5	46348.5	63974.4	73815	81065.6	18009.5	16286.4	7384.8	1146	603.2	146989
期间耗电量/kW·h	486807										

从以上表格的计算可以得出办公大楼的热泵机组年供热耗电量为 282027kW·h，年供冷耗电量为 486807kW·h，热泵机组年耗电量总共为 768834kW·h。

辅助设备的耗电量计算：

乙二醇泵：$N=30$kW，3 台两用一备（两台变频），冬夏季共用。

用户侧水泵：$N=22$kW，3 台两用一备（两台变频），冬夏季共用。

深井水泵：$N=15$kW，4 台三用一备（三台变频），冬夏季共用。

乙二醇补液泵：$N=0.37$kW，2 台一用一备冬夏季共用。

冬季和夏季平均负荷率 ε_w 和 ε_s：

$$\varepsilon_w = \sum(\varepsilon n)/\sum n = 628/1044 = 0.6$$

$$\varepsilon_s = \sum(\varepsilon n)/\sum n = 789/1602 = 0.49$$

$$\alpha_w = (1-\varepsilon_w)/n = (1-0.6)/7 = 0.057$$

$$\alpha_s = (1-\varepsilon_s)/n = (1-0.49)/7 = 0.073$$

$$P_p = (30\times2+22\times2+15\times3)\times[(0.6+0.057)\times1044+$$
$$(0.49+0.073)\times1602]kW\cdot h + (30\times2+15\times3)\times347kW\cdot h = 273022kW\cdot h$$

组合式空调机组：

$N=1.1$kW，2 台；$N=15$kW，1 台；$N=4$kW，1 台；$N=15$kW，1 台；$N=4$kW，1 台；$N=7.5$kW，1 台；$N=18.5$kW，1 台；$N=11$kW，17 台；$N=5.5$kW，1 台；$N=5.5$kW，

1 台；$N = 7.5\text{kW}$，1 台；$N = 1.5\text{kW}$，4 台；设空调机组累计运行时间 $T_F = 10 \times 25 \times 11\text{h/a} =$ 2750h/a。

纳米光子空气净化装置：

$N = 0.008\text{kW}$，4 个；$N = 0.012\text{kW}$，4 个；$N = 0.017\text{kW}$，21 个；$N = 0.024\text{kW}$，3 个

$$\varepsilon' = (\varepsilon_s T_s + \varepsilon_w T_w)/(T_s + T_w) = (0.49 \times 1602 + 0.6 \times 1044)/(1602 + 1044) = 0.54$$

$$\alpha' = 0.014$$

$$P = (1.1 \times 2 + 15 \times 1 + 4 \times 1 + 15 \times 1 + 4 \times 1 + 7.5 \times 1 + 18.5 \times 1 + 11 \times 17 + 5.5 \times 2 +$$
$$7.5 \times 1 + 1.5 \times 4) \times 2750 \times (0.54 + 0.014)\text{kW} \cdot \text{h} + (0.008 \times 4 + 0.012 \times 4 +$$
$$0.017 \times 21 + 0.024 \times 3) \times 2750\text{kW} \cdot \text{h} = 424476\text{kW} \cdot \text{h}$$

中央空调系统的总耗电量为 $(768834 + 273022 + 424476)\text{kW} \cdot \text{h} = 1466332\text{kW} \cdot \text{h}$

由于我国目前实际条件的限制，如发电站效率低等，我国每 $1\text{kW} \cdot \text{h}$ 电实际耗费一次能较大。我国火电厂供电标煤耗量为 330g（标准煤）$/(\text{kW} \cdot \text{h})$，即电能转化为一次能的换算率为 $9671.5\text{kJ}/(\text{kW} \cdot \text{h})$。

故这座办公楼中央空调系统的总耗电量转化为一次能形式为 14.18TJ。

（3）综合楼空调能耗系数 CEC 的计算

$$\text{CEC} = \frac{\text{空调系统年能耗（一次能）}}{\text{空调负荷}} = \frac{14.18 \times 10^{12}}{14.97 \times 10^{12}} = 0.94$$

2. 某勘察设计院新建科研综合楼 CEC 的分析

日本空调系统能耗系数 CEC 的判断基准，见表 7-8。

由于日本的能源利用效率一直处于世界领先地位，结合中国国情，该办公楼的 CEC 能达到此标准，该办公楼的中央空调系统有很高的能源利用率，已经达到国际水准。

7.2.5 节能措施分析

1. 冰蓄冷技术产生的经济效益

该系统将部分白天的冷负荷转移到夜间存储，充分利用了夜间的低谷电价，产生明显的经济效益。由上面的计算可知全年冷负荷中有 347h 的由冰蓄冷提供，即可产生的经济效益为 $146989 \times (1.16 - 0.332)$ 元/a = 12 万元 /a。

2. 水源热泵节能效果分析

水源热泵系统既可以供暖又可以制冷，取代了常规空调系统中的制冷机和锅炉两套装置或系统，省去了锅炉房和冷却塔，既有利于节省建筑空间，又有利于节能。

（1）水源热泵供暖与锅炉供暖的节能比较 水源热泵供暖消耗的是电能，而锅炉供暖则是直接燃烧的一次能源，两者消耗的能源品质不同，所以在此利用一次能利用率的概念来评价水源热泵的供暖节能效应。一次能利用率计算公式见式（7-1）

按国家的有关标准规定，全国的平均发配电效率 $\beta = 0.3488$，则该工程水源热泵供暖季

$$E = \frac{1496207.7}{282927/0.3488} = 1.85$$

目前国内的大型锅炉房取暖的 E 值为 $0.7 \sim 0.8$。有的锅炉房取暖能源利用系数更低。若按 0.8 计算，则水源热泵节能 56.76%，即节能量为 $370209\text{kW} \cdot \text{h}$。

（2）水源热泵制冷与冷水机组的节能比较 前面已经计算出水源热泵的年供冷耗电量

为 486807kW·h。下面计算采用电制冷冷水机组 + 冷却塔时的全年耗电量。

按照该工程的需要设选用电制冷冷水机组的参数为：制冷量 3397kW，输入功率 666kW；配备的冷却塔参数为：水量 700m³/h，温差 5℃，湿球温度 28℃，电动机功率 18.5kW。

电制冷冷水机组满负荷运行时间为

$$\frac{2661236}{3397}h = 783h$$

则电制冷冷水机组 + 冷却塔的全年耗电量为：（666 × 783 + 18.5 × 783）kW·h = 535963kW·h

显然水源热泵节能（535963 - 486807）kW·h = 49156 kW·h，即节能 10%。

3. 水输送系统的节能效果分析

该空调系统的水输送系统所用水泵均采用台数调节和变频调节相结合的方式来适应负荷的变化，前面已经计算出该空调系统的水泵年耗电量为 273022kW·h。下面将与定频水泵年耗电量进行比较。

若不加变频器则耗电量为

（60 + 44 + 45）×（1602 + 1044）kW·h +（30 × 2 + 15 × 3）× 347kW·h = 430689kW·h

则水输送系统节能量为（430689 - 273022）kW·h = 157667kW·h，即节能 37%。

4. 风输送系统的节能效果分析

该工程中绝大部分的空调区域都采用低温送风变风量空调系统，且无动力变风量调节器（VAV box）占 97%，前面已经算出风系统年耗电量为 424476kW·h，下面将与不安装 VAV box 时的年耗电量进行比较。

不安装 VAV box 时的年耗电量为

$$
\begin{aligned}
P &= (1.1 \times 2 + 15 \times 1 + 4 \times 1 + 15 \times 1 + 4 \times 1 + 7.5 \times 1 + 18.5 \times 1 + 11 \times 17 + 5.5 \times 2 + 7.5 \\
&\quad \times 1 + 1.5 \times 4 + 0.008 \times 4 + 0.012 \times 4 + 0.017 \times 21 + 0.024 \times 3) \times 2750kW \cdot h \\
&= 765075kW \cdot h
\end{aligned}
$$

则风系统节能量为（765075 - 424476）kW·h = 340598kW·h，即节能 45%。

7.2.6　结论

将该空调工程所用各分项新技术与用常规空调技术时的用能情况进行对比分析得出其节能率，进而得出该工程综合各分项技术时的实际总用能相比于应用常规空调技术时的节能率，具体结论见表 7-22。

表 7-22　综合各分项技术实际总用能相比于应用常规空调技术时的节能率

空调子/总系统	所用技术	年耗能量/kW·h	节能率	备注
冷源	水源热泵 + 蓄冰	486807	10%	蓄冰技术每年可节约运行费用 12 万元
	电制冷冷水机组	535963		
热源	水源热泵	282027	56.76%	
	燃煤锅炉	531153		
液态输送系统	变频	273022	37%	
	定频	430689		

（续）

空调子/总系统	所用技术	年耗能量/kW·h	节能率	备注
风输送系统	变风量	424476	45%	
	定风量	765075		
空调总系统	实际耗能	1466332	35%	
	常规技术时耗能	2262880		

7.2.7 建议

该中央空调系统运用了多种比较前沿的节能技术，通过理论计算可以看出该系统具有良好的节能效果，但是这都是建立在较完善的自动控制系统和较健全的中央空调管理制度上，因此要实现该系统的节能，中央空调管理和操控人员必须进行专业技术培训，并持证上岗。建立操控人员每天值班、管理人员每天检查、每周巡查、半年检修、日常养护的工作责任制度，只有这样才能实现真正意义上的节能。

7.3 武汉市某医院门诊、住院大楼工程

7.3.1 项目概况

该建筑物地下室为汽车库、设备用房及部分医技用房，地上由两栋建筑组成，主楼为住院大楼，共20层，建筑高度为76.2m。附楼为门诊楼，共五层，建筑高度21m，总建筑面积约46100m²，其中地上建筑面积42200m²，中央空调面积约43090m²。

7.3.2 项目能源消耗和能效水平评估

1. 该医院 CEC 的计算

（1）全年空调负荷的计算　用 BIN 参数进行供暖和供冷负荷计算，结果见表7-23、表7-24。

表 7-23　用 BIN 参数进行年供暖负荷计算

BIN/℃	-2	0	2	4	6	8	10
时间频率/h	8	76	138	182	214	264	162
湿球温度/℃	-3.6	-1.5	0.7	2.4	4.6	5.9	7.5
HL/(W/m²)	72.69	65.21	57.73	50.26	42.78	35.30	27.83
热量/(W·h/m²)	581.52	4955.96	7966.74	9147.32	9154.92	9319.2	4508.46
总和/(kW·h/m²)				45.63			

表 7-24　用 BIN 参数进行年供冷负荷计算

BIN/℃	22	24	26	28	30	32	34	36	38	40
时间频率/h	235	265	272	259	224	199	108	34	4	2
湿球温度/℃	18.7	20.6	23.0	24.4	25.5	26.8	27.1	27.3	28.7	30.4
CL/(W/m²)	27.7	36.0	44.4	52.7	61.1	69.5	77.8	86.2	94.5	102.9
冷量/(kW·h/m²)	6.51	9.54	12.1	13.6	13.7	13.8	8.40	2.93	0.378	0.206
总和/(kW·h/m²)					81.16					

空调年总负荷为 $(45.63 + 81.16)\,\mathrm{kW \cdot h/m^2} = 126.79\,\mathrm{kW \cdot h/m^2}$，转化为一次能形式为 $20\mathrm{TJ}\,(1\mathrm{TJ} = 10^{12}\mathrm{J})$。

（2）该医院年能耗量的计算　热泵机组的供暖年能耗量和制冷年能耗量计算结果分别见表 7-25 和表 7-26。

表 7-25　热泵机组的供暖年能耗量计算

BIN/℃	−2	0	2	4	6	8	10
时间频率/h	8	76	138	182	214	264	162
HL/(W/m²)	72.69	65.21	57.73	50.26	42.78	35.30	27.83
室内负荷 Q/kW	3132	2810	2488	2166	1844	1521	1199
负荷率 ε	1	0.9	0.8	0.7	0.6	0.5	0.4
运行台数/台	4	4	3	3	3	3	2
热泵供暖负荷率(%)	84	75	97	84	72	60	86
功率比(%)	85	73	90	75	65	56	72
输入轴功率/kW	733	629	541	451	391	337	245
耗电量/kW·h	5864	47804	74658	82082	83674	88968	39690
期间耗电量/kW·h	422740						

表 7-26　热泵机组的制冷年能耗量计算

BIN/℃	22	24	26	28	30	32	34	36	38	40	制冰
时间频率/h	235	265	272	259	224	199	108	34	4	2	347
CL/(W/m²)	27.7	36.0	44.4	52.7	61.1	69.5	77.8	86.2	94.5	102.9	—
室内负荷 Q/kW	1194	1551	1913	2271	2633	1597	1954	2316	2674	3036	1398
负荷率 ε	0.27	0.35	0.43	0.51	0.59	0.68	0.76	0.84	0.92	1	—
运行台数/台	2	2	2	3	3	2	2	3	3	3	2
热泵制冷负荷率(%)	54	70	87	69	80	72	88	70	81	92	99
功率比(%)	42	55	73	62	75	71	91	77	93	98	100
输入轴功率/kW	156	205	272	346	419	264	339	430	519	547	340
耗电量/kW·h	36660	54325	73984	89614	93856	52536	36612	14620	2076	1094	117980
期间耗电量/kW·h	573357										

从以上表格的计算可以得出医院的热泵机组年供暖耗电量为 422740kW·h，年供冷耗电量为 573357kW·h，热泵机组年耗电量总共为 996097kW·h。

辅助设备的耗电量计算见表 7-27。

表 7-27　辅助设备的耗电量计算

泵的类型	电动机功率/kW	台数	备注
空调水循环泵	30	3	冬夏共用两用一备
空调水循环泵	40	2	冬夏共用
乙二醇循环泵	55	3	冬夏共用两用一备
地源水循环泵	20	16	冬夏共用

$$P_p = (60 + 80 + 320) \times 2646kW \cdot h + 110 \times 1405kW \cdot h + (110 + 320) \times 347kW \cdot h = 1520920kW \cdot h$$

空气处理机组：

$$(11 + 7.5 \times 5 + 4 \times 2 + 1.5 + 1.1 + 0.75 \times 3 + 0.18 \times 4 +$$
$$2.2 \times 16 + 4.2 \times 5 + 2.5 \times 2) \times 2750kW \cdot h = 338993kW \cdot h$$

风机盘管机组年耗电量为

$$P_2 = (0.037 \times 30 + 0.052 \times 102 + 0.062 \times 129 + 0.076 \times 78 + 0.096 \times 75 + 0.134 \times 36 +$$
$$0.062 \times 144 + 0.076 \times 304 + 2.2) \times (1044 + 1602)kW \cdot h = 176213kW \cdot h$$

中央空调系统的年总耗电量为：（996097 + 1520920 + 338993 + 176213）kW · h = 3032223kW · h

由于我国目前实际条件的限制，如发电站效率低等，我国每 1kW · h 电实际耗费一次能较大。我国火电厂供电标煤耗量为 330g（标准煤）/（kW · h），即电能转化为一次能的换算率为 9671.5kJ/（kW · h），故这座医院中央空调系统的总耗电量转化为一次能形式为 29.33TJ。

（3）医院空调能耗系数 CEC 的计算

$$CEC = \frac{空调系统年能耗（一次能）}{空调负荷} = \frac{29.33 \times 10^{12}}{19.67 \times 10^{12}} = 1.49$$

2. 某医院 CEC 的评价

根据日本空调系统能耗系数（CEC）的判断基准，见表 7-8。

通过对该医院的 CEC 计算，对照表 7-8 的判断基准可知该医院的中央空调系统节能效果明显。

7.3.3　各分项用能评估

1. 冰蓄冷和热回收技术产生的经济效益

该系统将部分白天的冷负荷转移到夜间存储，充分利用了夜间的低谷电价，产生明显的经济效益。由上面的计算可知全年冷负荷中有 347h 的由冰蓄冷提供，即可产生的经济效益为

$$117980 \times (1.16 - 0.332)元/a = 9.8万元/a$$

热回收机组可以每年节约电费（相对于用电加热来生产生活热水）：

$$1.806 \times 2646 \times 0.83元/a = 0.4万元/a$$

2. 水源热泵用能效果评估

水源热泵系统既可以供暖又可以制冷，取代了常规空调系统中的制冷机和锅炉两套装置或系统，省去了锅炉房和冷却塔，既有利于节省建筑空间，又有利于节能。

（1）水源热泵供暖与锅炉供暖的节能比较　水源热泵供暖消耗的是电能，而锅炉供暖则是直接燃烧的一次能源，两者消耗的能源品质不同，所以在此利用一次能利用率的概念来评价水源热泵的供暖节能效应。一次能利用率计算公式为式（7-1）。

按国家的有关标准规定，全国的平均发配电效率 $\beta = 0.3488$。

则该工程水源热泵供暖季：

$$E = \frac{1966197.6}{422740/0.3488} = 1.62$$

目前国内的大型锅炉房供暖的 E 值为 0.7 ~ 0.8。有的锅炉房供暖能源利用系数更低。

若按 0.8 计算，则水源热泵节能 50.6%，即节能量为 433008kW·h。

（2）水源热泵蓄冰系统与冷水机组的用能比较　前面已经计算出水源热泵的年供冷耗电量为 573357kW·h。下面计算采用电制冷冷水机组 + 冷却塔时的全年耗电量。

按照该工程的需要设选用电制冷冷水机组的参数为：制冷量 1660kW，3 台，总输入功率 305×3kW = 915KW；配备的冷却塔参数为：总水量 1050m³/h，温差 5℃，湿球温度 28℃，电机功率 11×3kW。

电制冷冷水机组满负荷运行时间为：3497184/4980h = 702h

则电制冷冷水机组 + 冷却塔的全年耗电量为：（915×702 + 11×3×702）kW·h = 665496kW·h

则水源热泵蓄冰系统少用能（665496 - 573357）kW·h = 92139 kW·h，即节能 13%。

3. 水输送系统的节能效果评估

该空调系统的水输送系统所用水泵均为定频，前面已经计算出该空调系统的水泵年耗电量为 1520920 kW·h，下面将与变频水泵年耗电量进行比较。

若加变频器则耗电量为

冬季和夏季平均负荷率 ε_w 和 ε_s：

$$\varepsilon_w = \sum(\varepsilon n)/\sum n = 628/1044 = 0.6$$
$$\varepsilon_s = \sum(\varepsilon n)/\sum n = 789/1602 = 0.49$$
$$\alpha_w = (1-\varepsilon_w)/n = (1-0.6)/4 = 0.1$$
$$\alpha_s = (1-\varepsilon_s)/n = (1-0.49)/4 = 0.13$$
$$(60+80+320)×0.7×1044kW·h + (140+320)×0.62×1602kW·h +$$
$$110×1405kW·h + (110+320)×347kW·h = 1096818 kW·h$$

则水输送系统节能潜力为 （1520920 - 1096818）kW·h = 424101kW·h，即 28%。

4. 风输送系统的耗能评估

该工程中的全空气系统部分为定风量空调系统，前面已经算出本风系统年耗电量为 515206kW·h，下面将与安装 VAV box 时的年耗电量进行比较。

安装 VAV box 时的年耗电量为

$$\varepsilon' = (\varepsilon_s T_s + \varepsilon_w T_w)/(T_s+T_w) = (0.49×1602+0.6×1044)/(1602+1044) = 0.54$$
$$\alpha' = (1-0.54)/4 = 0.12$$
$$(11+7.5×5+4×2+1.5+1.1+0.75×3+0.18×4+2.2×16 +$$
$$4.2×5+2.5×2)×0.66×2750kW·h = 223735kW·h$$
$$P = (223735+176213)kW·h = 399948kW·h$$

则变风量系统时可节能 （515206 - 399948）kW·h = 115258kW·h，说明该风系统中的全空气系统若采用变风量则可在原有的基础上节能 22%。

7.3.4　结论

将该空调工程所用各分项技术中的新技术与用常规空调技术时的用能情况进行对比分析得出其节能率，将所用到的常规空调分项技术与应用新技术时的用能情况进行对比分析得出其节能潜力，最后得出该工程综合各分项技术时的实际总用能相比于应用常规空调技术时的节能率，并分析出用新技术来改善该工程中应用常规空调技术部分时的总节能潜力，具体结论见表 7-28。

表 7-28　新技术应用常规空调技术部分时的总节能潜力

空调子/总系统	所用技术	年耗能量/kW·h	节能率/节能潜力	备注
冷源	水源热泵 + 蓄冰	573357	13%/—	蓄冰技术每年可节约运行费用 9.8 万元
	电制冷冷水机组	665496		
热源	水源热泵	422740	50.6%/—	热回收每年可节约费用 0.4 万元
	燃煤锅炉	697999		
液态输送系统	变频	1096818	—/28%	
	定频	1520920		
风输送系统	变风量	399948	—/22%	
	定风量	515206		
空调总系统	实际耗能	3032223	11%/18%	
	常规技术时耗能	3399621		
	改善后耗能	2492863		

7.4　武汉市某剧院工程

7.4.1　项目概况

武汉琴台艺术中心总建筑面积为 59000m²，其中空调面积约为 55667m²。

7.4.2　项目能源消耗情况

用 BIN 参数进行供暖和供冷负荷计算，结果见表 7-29、表 7-30。

表 7-29　用 BIN 参数进行年供暖负荷计算

BIN/℃	-2	0	2	4	6	8	10
时间频率/h	8	76	138	182	214	264	162
湿球温度/℃	-3.6	-1.5	0.7	2.4	4.6	5.9	7.5
HL/(W/m²)	72.69	65.21	57.73	50.26	42.78	35.30	27.83
热量/(W·h/m²)	581.52	4955.96	7966.74	9147.32	9154.92	9319.2	4508.46
总和/(kW·h/m²)	45.63						

表 7-30　用 BIN 参数进行年供冷负荷计算

BIN/℃	22	24	26	28	30	32	34	36	38	40
时间频率/h	235	265	272	259	224	199	108	34	4	2
湿球温度/℃	18.7	20.6	23.0	24.4	25.5	26.8	27.1	27.3	28.7	30.4
CL/(W/m²)	27.7	36.0	44.4	52.7	61.1	69.5	77.8	86.2	94.5	102.9
冷量/(kW·h/m²)	6.51	9.54	12.1	13.6	13.7	13.8	8.40	2.93	0.378	0.206
总和/(kW·h/m²)	81.16									

空调年总负荷为 $(45.63 + 81.16)$ kW·h/m² $= 126.79$ kW·h/m²，设全年制冷 1700h，制热 1044h，蓄冰时间 400h，则制冷时机组满负荷运行时间为：$(81.16 \times 55667 - 25200 \times 50)/(2565 \times 2)$ h $= 635$ h。

制冷机组全年用电量：$599 \times 2 \times 635$ kW·h $+ 599 \times 2 \times 400$ kW·h $= 1239930$ kW·h。

供暖锅炉全年满负荷运行时间：$45.63 \times 55667/(2100 \times 2)$ h $= 605$ h。

设燃气热水锅炉热效率为 85%，1m³ 天然气热量 $\times 10^6$ cal（1cal $= 4.1868$ J），1m³ 天然气（2.1 元）热量 $= 10$ kW·h 电（5.5 元）热量。

则每年因供暖需用天然气的体积：$45.63 \times 55667/(0.85 \times 10)$ m³ $= 298834$ m³ 锅炉耗电 5.5×605 kW·h $= 3328$ kW·h。

将供暖期间耗能折算成耗电量为 717197kW·h，如果采用常规的燃煤锅炉供暖，则折算后的耗电量为 1030573kW·h，故燃气可节能 30.4%。

辅助设备的耗电量计算见表 7-31。

表 7-31　辅助设备的耗电量计算

泵的类型	电动机功率/kW	台数	备注
初级乙二醇泵	75	3	两用一备
次级乙二醇泵	37	3	两用一备
冷冻水泵	75	3	两用一备
基载冷冻水泵	30	1	
冷却水泵	55	3	两用一备
基载冷却水泵	30	2	一用一备
热水锅炉循环泵	15	3	两用一备
空调热水泵	30	3	两用一备

空调水泵全年耗电量为：$75 \times 2 \times 400$ kW·h $+ (37 \times 2 + 75 \times 2 + 55 \times 2) \times 1700$ kW·h $+ (15 \times 2 + 30 \times 2) \times 1044$ kW·h $= 721760$ kW·h

若采用变频则水泵年耗电量为 557962kW·h，能节能 22.7%。

7.4.3　结论

1）蓄冰技术每年可为系统节约运行费用 60 万元。

2）将供暖期间耗能折算成耗电量后，燃气锅炉较燃煤锅炉节能 30.4%。

3）该工程液态输送系统的节能潜力为 23%。

7.5　武汉市某火车站工程

7.5.1　项目概况

武昌站改扩建工程总建筑面积约 39000m²，其中中央空调面积约为 34667m²，采用地源热泵冰蓄冷系统作为空调系统冷热源。

7.5.2 项目能源消耗情况

用 BIN 参数进行年供暖和供冷负荷计算，结果见表 7-32、表 7-33。

表 7-32　用 BIN 参数进行年供暖负荷计算

BIN/℃	-2	0	2	4	6	8	10
时间频率/h	8	76	138	182	214	264	162
湿球温度/℃	-3.6	-1.5	0.7	2.4	4.6	5.9	7.5
HL/(W/m²)	72.69	65.21	57.73	50.26	42.78	35.30	27.83
热量/(W·h/m²)	581.52	4955.96	7966.74	9147.32	9154.92	9319.2	4508.46
总和/(kW·h/m²)				45.63			

表 7-33　用 BIN 参数进行年供冷负荷计算

BIN/℃	22	24	26	28	30	32	34	36	38	40
时间频率/h	235	265	272	259	224	199	108	34	4	2
湿球温度/℃	18.7	20.6	23	24.4	25.5	26.8	27.1	27.3	28.7	30.4
CL/(W/m²)	55	72	89	105	122	139	155.6	180	189	205.8
冷量/(kW·h/m²)	12.9	19.1	24.2	27.2	27.4	27.6	16.8	6.12	0.756	0.42
总和/(kW·h/m²)					162.5					

热泵机组的供暖年能耗量和制冷年能耗量计算结果分别见表 7-34、表 7-35。

表 7-34　热泵机组的供暖年能耗量计算

BIN/℃	-2	0	2	4	6	8	10
时间频率/h	8	76	138	182	214	264	162
HL/(W/m²)	72.69	65.21	57.73	50.26	42.78	35.30	27.83
室内负荷 Q/kW	2522	2262	2003	1744	1484	1225	966
负荷率 ε	1	0.9	0.8	0.7	0.6	0.5	0.4
运行台数/台	2	2	2	2	1	1	1
热泵供暖负荷率(%)	86	77	68	60	99	83	66
功率比(%)	85	78	68	60	88	74	58
输入轴功率/kW	543	498	434	383	296	249	195
耗电量/kW·h	4344	37848	59892	69706	63344	65736	31590
期间耗电量/kW·h				332460			

表 7-35　热泵机组的制冷年能耗量计算

BIN/℃	22	24	26	28	30	32	34	36	38	40	制冰
时间频率/h	235	265	272	259	224	199	108	34	4	2	347
CL/(W/m²)	55	72	89	105	122	139	155.6	180	189	205.8	—
室内负荷 Q/kW	1909	2499	3088	3644	4233	2183	2759	3802	3918	4501	2640
负荷率 ε	0.27	0.35	0.43	0.51	0.59	0.68	0.76	0.84	0.92	1	—

（续）

BIN/℃	22	24	26	28	30	32	34	36	38	40	制冰
运行台数/台	2	2	3	3	4	2	3	3	3	4	3
热泵制冷负荷率(%)	73	95	78	92	81	83	70	96	99	86	99
功率比(%)	55	80	70	85	75	85	74	98	99	99	100
输入轴功率/kW	288	419	572	694	833	445	605	801	809	1099	791
耗电量/kW·h	67680	111035	155584	179746	186592	88555	65340	27234	3236	2198	274477
期间耗电量/kW·h	1161677										

从以上表格的计算可以得出办公大楼的热泵机组年供热耗电量为 332460kW·h，年供冷耗电量为 1161677kW·h，热泵机组年耗电量总共为 1494137kW·h。用常规空调时供暖耗能转换为耗电量为 561783kW·h，故采用地源热泵供暖可节能 40.8%；用常规空调时年制冷耗电量为 1071338kW·h，较地源热泵年供冷耗电量少 7.8%。

辅助设备的耗电量计算见表 7-36。

表 7-36 辅助设备的耗电量计算

泵的类型	电动机功率/kW	台数	备注
初级乙二醇泵	30	4	三用一备
次级乙二醇泵	18.5	3	变频
三工况机组用户侧水泵	45	3	变频
基载主机用户侧水泵	45	1	变频
地源水泵	45	5	变频四用一备
东站房二次泵	7.5	2	变频一用一备
全热回收循环泵	15	2	一台备用
部分热回收循环泵	1.5	2	一台备用
热水循环泵	0.18	2	一台备用

冬季和夏季平均负荷率 ε_w 和 ε_s：

$$\varepsilon_w = \sum(\varepsilon n)/\sum n = 628/1044 = 0.6$$

$$\varepsilon_s = \sum(\varepsilon n)/\sum n = 789/1602 = 0.49$$

$$\alpha_w = (1-\varepsilon_w)/n = (1-0.6)/4 = 0.1 \quad \alpha_s = (1-\varepsilon_s)/n = (1-0.49)/4 = 0.13$$

$P_p = 30 \times 3 \times 1044 \text{kW·h} + (45 \times 4 + 45 \times 4 + 7.5) \times (0.6 + 0.1) \times 1044 \text{kW·h} + 30 \times 3 \times 1602 \text{kW·h} + (18.5 \times 3 + 45 \times 4 + 45 \times 4 + 7.5) \times (0.49 + 0.13) \times 1602 \text{kW·h} + (30 \times 3 + 45 \times 4) \times 347 \text{kW·h} = 1020540 \text{kW·h}$

若液态输送系统水泵均为定频时，耗电量为 1393631kW·h，显然此时耗电量增加了 36.6%。

7.5.3 结论

1）蓄冰技术每年能为系统节约运行费用 23 万元。

2）地源热泵供暖较燃煤锅炉供暖节能 41%，常规空调年制冷耗电量较地源热泵少 7.8%，就冷热源整体耗能情况来看，地源热泵冰蓄冷较常规空调节能 10%。

3）该工程液态输送系统所用变频技术较定频技术节能37%。

7.6 宜昌创业大厦某广场

7.6.1 项目概况

该工程是一个大型的商场型建筑裙房空调系统，包括地下三层及地面上七层。总建筑面积为 48107m²，其中空调面积约为 32408 m²。采用离心式冷水机组 + 水蓄冷系统作为空调系统冷源。

7.6.2 用能情况

用 BIN 参数进行年供冷负荷计算见表 7-37。

表 7-37 用 BIN 参数进行年供冷负荷计算

BIN/℃	22	24	26	28	30	32	34	36	38	40
时间频率/h	235	265	272	259	224	199	108	34	4	2
湿球温度/℃	18.7	20.6	23.0	24.4	25.5	26.8	27.1	27.3	28.7	30.4
CL/(W/m²)	27.7	36.0	44.4	52.7	61.1	69.5	77.8	86.2	94.5	102.9
冷量/(kW·h/m²)	6.51	9.54	12.1	13.6	13.7	13.8	8.40	2.93	0.378	0.206
总和/(kW·h/m²)	81.16									

空调年供冷负荷为 81.16kW·h/m²，全年制冷 1602h，水蓄冷 400h，则制冷机满负荷运行时间为：$(81.16 \times 32408 - 400 \times 4358/8)/(2461 \times 2)h = 490h$。

冷水机组全年耗电量为：$(445 \times 2 \times 490 + 455 \times 400)kW·h = 618100kW·h$

辅助设备的耗电量计算见表 7-38。

表 7-38 辅助设备的耗电量计算

泵的类型	电动机功率/kW	台数	备注
冷却水泵	75	3	变频两用一备
冷冻水泵	95	3	变频两用一备
释冷泵	10	1	变频
蓄冷泵	37	1	
冷却塔	15	2	

则水泵年耗能 234395kW·h，如果水泵均为定频时耗能量为 318471kW·h，显然变频可节能 26.4%。

空气处理机组（变风量系统）：

$$(4 \times 6 + 3 \times 9 + 3 \times 13 + 3 \times 24 + 2.2 \times 7 + 1.5 \times 12 + 1.1 \times 6 + 0.55 \times$$
$$1 + 0.55 \times 1) \times (0.49 + 0.225) \times 1700kW·h = 246868 \ kW·h$$

若空气处理机组为定风量则耗能量为 345327kW·h，可见变风量空气处理机组可节能 28.5%。

风机盘管机组：

$$(0.228 \times 2 + 0.194 \times 2 + 0.154 \times 17 + 0.14 \times 32 + 0.123 \times 76 +$$
$$0.097 \times 64 + 0.076 \times 21 + 0.062 \times 79 + 0.04 \times 4) \times 1602 kW \cdot h = 48304\ kW \cdot h$$

中央空调系统的年总耗电量为

$$(618100 + 234395 + 246868 + 48304) kW \cdot h = 1147667 kW \cdot h$$

水蓄冷每年节约电费为

$$(400 \times 4358/8) \times (1.16 - 0.332) 元/a = 18 万元/a$$

7.6.3 结论

1）蓄冷技术每年可为该系统节约运行费用 18 万元。

2）该工程液态输送系统使用变频技术较定频时节能 26%。

3）该工程空气处理机组变风量较定风量节能 29%；该工程空调系统年总耗电量较常规空调时节能 14%。

7.7 武汉市某商业楼

7.7.1 项目概况

该工程为武汉市商业楼的空调系统，中央空调面积约 $75500 m^2$，空调冷热源采用 4 台水源热泵螺杆式机组和 2 台水冷螺杆式机组组合的方式，其中 1 台水源热泵机组带全热回收。

7.7.2 项目能源消耗和能效水平评估

1. 全年空调负荷的计算

用 BIN 参数进行供暖和供冷负荷计算，结果见表 7-39 和表 7-40。

表 7-39 用 BIN 参数进行供暖负荷计算

BIN/℃	−2	0	2	4	6	8	10
时间频率/h	8	76	138	182	214	264	162
湿球温度/℃	−3.6	−1.5	0.7	2.4	4.6	5.9	7.5
HL/(W/m²)	72.69	65.21	57.73	50.26	42.78	35.30	27.83
热量/(W·h/m²)	581.52	4955.96	7966.74	9147.32	9154.92	9319.2	4508.46
总和/(kW·h/m²)				45.63			

表 7-40 用 BIN 参数进行供冷负荷计算

BIN/℃	22	24	26	28	30	32	34	36	38	40
时间频率/h	235	265	272	259	224	199	108	34	4	2
湿球温度/℃	18.7	20.6	23.0	24.4	25.5	26.8	27.1	27.3	28.7	30.4
CL/(W/m²)	27.7	36.0	44.4	52.7	61.1	69.5	77.8	86.2	94.5	102.9
冷量/(kW·h/m²)	6.51	9.54	12.1	13.6	13.7	13.8	8.40	2.93	0.378	0.206
总和/(kW·h/m²)					81.16					

空调年总负荷为 $(45.63+81.16)kW \cdot h/m^2 = 126.79kW \cdot h/m^2$，转化为一次能形式为 34.46TJ。

2. 年耗量的计算

空调年供暖负荷为 $45.63kW \cdot h/m^2$，全年供暖 1044h，水源热泵满负荷运行的时间为

$$45.63 \times 75500 \div (3 \times 1358)h = 846h$$

热泵机组为供暖的全年耗电量为 $288 \times 846 \times 3kW \cdot h = 730944kW \cdot h$

其二氧化碳排放量为 573.78t

空调年供冷负荷为 $81.16kW \cdot h/m^2$，全年制冷 1602h。

制冷机组满负荷运行的时间为

$$81.16 \times 75500 \div (1170 \times 3 + 1231 \times 2 + 1033)h = 875h$$

1）热泵机组供冷全年耗电量为 $(235 \times 3 + 216 + 262 \times 2) \times 875kW \cdot h = 1264375kW \cdot h$

其二氧化碳排放量为 992.52t

热泵机组年耗电总量为 $1995319kW \cdot h$，二氧化碳排放量为 1566.3t。

辅助设备耗电量见表 7-41。

表 7-41 辅助设备耗电量

泵的类型	电动机功率/kW	台数	备注
负荷侧水泵	45	6	变频夏季 5 台冬季 3 台
负荷侧水泵	37	2	变频 1 台备用夏用
冷却水泵	15	6	变频 2 台备用夏用
冷却塔	15	2	
地源水循环泵	30	10	变频冬夏共用

冬季和夏季的平均负荷率分别为 0.6 和 0.49。

$$(1-0.6)/8 = 0.05$$
$$(1-0.49)/10 = 0.064$$

$$P_p = (30 + 60 + 37 + 225) \times (0.49 + 0.064) \times 1602kW \cdot h + 45 \times 3 \times (0.6 + 0.05) \times$$
$$1044kW \cdot h + 300 \times 2646kW \cdot h = 1196404kW \cdot h$$

其二氧化碳排放量为 939.17t。

2）空气处理机组年耗电量：

$$(0.37 \times 2 + 1.1 \times 14 + 1.1 \times 8 + 1.1 \times 77 + 1.1 \times 2 + 1.5 \times 16 + 2.2 \times 47)$$
$$\times 2646kW \cdot h = 633029kW \cdot h$$

其二氧化碳排放量为 496.92t。

3）风机盘管年耗电量：

$$(0.074 \times 431 + 0.083 \times 82 + 0.106 \times 854 + 0.15 \times 30 +$$
$$0.172 \times 8 + 0.21 \times 6 + 0.25 \times 10) \times 2646kW \cdot h = 367424kW \cdot h$$

其二氧化碳排放量为 288.42t。

4）中央空调系统的年总耗电量为

$$(730944 + 513000 + 1264375 + 1196404 + 633029 + 367424)kW \cdot h = 4705176kW \cdot h$$

年总能耗转化为一次能为 45.51TJ，二氧化碳排放总量为 3693.52t。

万国愿景的空调能耗系数：CEC = 45.51/34.46 = 1.32。

日本空调系统能耗系数判断基准见表7-8。

对照表7-8的判断基准可知万国愿景的中央空调系统节能效果明显。

7.7.3 各分项用能评估

1. 热回收技术产生的经济效益

$$1058 \times 875 \times 0.65元/年 = 60.17万元/年$$

2. 水源热泵用能效果评估

水源热泵系统既可以供暖又可以制冷，取代了常规空调系统中的制冷机和锅炉两套装置或系统，省去了锅炉房和冷却塔，既有利于节省建筑空间，又有利于节能。

（1）水源热泵供暖与锅炉供暖的节能比较　水源热泵供暖消耗的是电能，而锅炉供暖则是直接燃烧的一次能源，两者消耗的能源品质不同，所以在此利用一次能利用率的概念来评价水源热泵的供暖节能效应。一次能利用率计算公式为式（7-1）

按国家的有关标准规定，全国的平均发配电效率 $\beta = 0.3488$，则该工程水源热泵供暖季

$$E = \frac{3445065}{730944/0.3488} = 1.64$$

目前国内的大型锅炉房取暖的 E 值为 0.7 ~ 0.8。有的锅炉房取暖能源利用系数更低。若按 0.8 计算，则水源热泵节能 51.22%，即节能量为 767506kW·h。

（2）水源热泵制冷与冷水机组的节能比较　前面已经计算出水源热泵的年供冷耗电量为 1264375kW·h。下面计算采用电制冷冷水机组 + 冷却塔时的全年耗电量。

按照该工程的需要设选用电制冷冷水机组的参数为：制冷量 1231kW，输入功率 262kW；配备的冷却塔参数为：水量 700m³/h，温差 5℃，湿球温度 28℃，电动机功率 15kW。

电制冷冷水机组满负荷运行时间为：264375/1231h = 4978h

则电制冷冷水机组 + 冷却塔的全年耗电量为

$$(262 \times 4978 + 15 \times 4978)kW·h = 1378906 \ kW·h$$

显然水源热泵节能 $(1378906 - 1264375)kW·h = 114531 \ kW·h$，即节能9%。

3. 水输送系统的节能效果分析

该空调系统的水输送系统所用水泵均采用台数调节和变频调节相结合的方式来适应负荷的变化，前面已经计算出该空调系统的水泵年耗电量为 1196404kW·h。下面将与定频水泵年耗电量进行比较。

若不加变频器则耗电量为

$$P_p = 300 \times 2646kW·h + (30 + 60 + 37 + 225) \times 1602kW·h + 45 \times 3 \times 1044kW·h = 1546974kW·h$$

则水输送系统节能量为 $(1546974 - 1196404)kW·h = 350570 \ kW·h$ 即节能23%。

4. 风输送系统的耗能分析

该工程中绝大部分的空调区域都采用低温送风定风量空调系统，前面已经算出风系统年耗电量为 633029kW·h，下面将与安装 VAV box 时的年耗电量进行比较。

安装 VAV box 时的年耗电量为

$$(0.37 \times 2 + 1.1 \times 14 + 1.1 \times 8 + 1.1 \times 77 + 1.1 \times 2 + 1.5 \times 16 + 2.2 \times 47) \times$$

$$(0.54 + 0.08) \times 2646kW \cdot h = 392478kW \cdot h$$

则变风量系统时可节能量为$(633029 - 392478)kW \cdot h = 240551kW \cdot h$说明该风系统若采用变风量则可在原有的基础上节能38%。

7.7.4 结论

将该空调工程所用各分项新技术与用常规空调技术时的用能情况进行对比分析得出其节能率，进而得出该工程综合各分项技术时的实际总用能相比于应用常规空调技术时的节能率，具体结论见表7-42。

表7-42 该工程综合各分项技术时的实际总用能相比于应用常规空调技术时的节能率

空调子/总系统	所用技术	年耗能量/kW·h	节能率/节能潜力	备注
冷源	水源热泵	1264375	9%/—	
	电制冷冷水机组	1378906		
热源	水源热泵	1243944	51.22%/—	热回收每年可节约费用60.17万元
	燃煤锅炉	1884764		
液态输送系统	变频	1196404	23%/—	
	定频	1546974		
风输送系统	变风量	392478	—/38%	
	定风量	633029		
空调总系统	实际耗能	4705176	14%/15%	
	常规技术时耗能	5443673		

7.8 湖北省某医院工程

7.8.1 项目概况

该工程为湖北省某医院工程的空调系统，空调面积为$40000m^2$，空调冷热源采用2台中温型地源热泵和1台高温型全热回收地源热泵。

7.8.2 项目能源消耗和能效水平评估

1. 全年空调负荷的计算

用BIN参数进行供暖和供冷负荷计算，结果见表7-43和表7-44。

表7-43 用BIN参数进行供暖负荷计算

BIN/℃	-2	0	2	4	6	8	10
时间频率/h	8	76	138	182	214	264	162
湿球温度/℃	-3.6	-1.5	0.7	2.4	4.6	5.9	7.5
HL/(W/m²)	72.69	65.21	57.73	50.26	42.78	35.30	27.83
热量/(W·h/m²)	581.52	4955.96	7966.74	9147.32	9154.92	9319.2	4508.46
总和/(kW·h/m²)	45.63						

表 7-44 用 BIN 参数进行供冷负荷计算

BIN/℃	22	24	26	28	30	32	34	36	38	40
时间频率/h	235	265	272	259	224	199	108	34	4	2
湿球温度/℃	18.7	20.6	23.0	24.4	25.5	26.8	27.1	27.3	28.7	30.4
CL/(W/m²)	27.7	36.0	44.4	52.7	61.1	69.5	77.8	86.2	94.5	102.9
冷量/(kW·h/m²)	6.51	9.54	12.1	13.6	13.7	13.8	8.40	2.93	0.378	0.206
总和/(kW·h/m²)	81.16									

空调年总负荷为 $(45.63+81.16)$ kW·h/m² $=126.79$ kW·h/m²，转化为一次能形式为 18.26TJ。

2. 湖北省某医院工程年耗量的计算

1) 空调年供暖负荷为 45.63kW·h/m²，全年供暖 1044h。

水源热泵满负荷运行的时间为：$45.63 \times 40000 \div (2 \times 1553)$h $=588$h（冬季）。

热泵机组为空调区供热耗电量为 $304 \times 2 \times 588$kW·h $=357504$ kW·h。

其二氧化碳排放量为 280.6t。

2) 空调年供冷负荷为 81.16kW·h/m²，全年制冷 1602h。

热泵机组满负荷运行的时间为：$81.16 \times 40000 \div (1421 \times 2 + 315)$h $=1029$h（夏季）。

热泵机组为空调区供冷耗电量为：$(304 \times 2 + 91) \times 1029$kW·h $=719271$kW·h。

其二氧化碳排放量为 564.6t。

3) 生活用热泵机组耗电量为：$(41.95 \times 2 + 91) \times 1044$kW·h $=182596$kW·h。

其二氧化碳排放量为 143.3t。

辅助设备耗电量的计算见表 7-45。

表 7-45 辅助设备耗电量的计算

泵的类型	电动机功率/kW	台数	备注
负荷侧水泵	45	3	变频冬夏共用 1 台备用
负荷侧水泵	15	2	变频夏用
冷却水泵	55	2	变频夏用 1 台备用
冷却塔	15	1	
地源水循环泵	15	2	变频冬用
地源水循环泵	55	3	变频夏季一台冬季 2 台
生活热水泵	5.5	4	变频夏季 2 台冬季 4 台

冬季和夏季的平均负荷率分别为 0.6 和 0.49。

$$(1-0.6)/8 = 0.05$$
$$(1-0.49)/7 = 0.073$$

$P_p = (45 \times 2 + 15 \times 2 + 55 + 15 + 55 + 11) \times (0.49 + 0.073) \times 1602$kW·h $+ (45 \times 2 + 55 \times 2 + 30 + 22) \times (0.6 + 0.05) \times 1044$kW·h $= 401900$kW·h

其二氧化碳排放量为 315.5t。

空气处理机组年耗电量：

$$(0.37 \times 7 + 0.55 \times 3 + 0.64 \times 5 + 11 \times 1) \times 2646 kW \cdot h = 48792 \ kW \cdot h$$

其二氧化碳排放量为 38.3t。

风机盘管年耗电量：

$$(0.053 \times 177 + 0.046 \times 21 + 0.055 \times 23 + 0.105 \times 21 + 0.067 \times 121 +$$

$$0.048 \times 38 + 0.035 \times 105 + 0.06 \times 31 + 0.065 \times 32) \times 2646 kW \cdot h = 134205 \ kW \cdot h$$

其二氧化碳排放量为 105.4t。

中央空调系统的年总耗电量为

$$(357504 + 719271 + 182596 + 401900 + 48792 + 134205) kW \cdot h = 1844268 kW \cdot h$$

其二氧化碳排放量为 1447.7t。

年总能耗转化为一次能为 17.84TJ。

该医院工程的空调能耗系数：

$$CEC = 17.84/18.26 = 0.97$$

对照表 7-8 的判断基准可知该医院工程的中央空调系统节能效果明显，由于日本的能源利用效率一直处于世界领先地位，结合中国国情，该医院工程的 CEC 也能在一定程度上反映该中央空调系统的节能效果。

7.8.3 各分项用能评估

1. 热回收技术产生的经济效益

$$360 \times 1029 \times 0.65 元/年 = 24.7 万元/年$$

2. 水源热泵用能效果评估

水源热泵系统既可以供暖又可以制冷，取代了常规空调系统中的制冷机和锅炉两套装置或系统，省去了锅炉房和冷却塔，既有利于节省建筑空间，又有利于节能。

（1）水源热泵供暖与锅炉供暖的节能比较　水源热泵供暖消耗的是电能，而锅炉供暖则是直接燃烧的一次能源，两者消耗的能源品质不同，所以在此利用一次能利用率的概念来评价水源热泵的供暖节能效应。一次能利用率计算公式为式（7-1）。

按国家的有关标准规定，全国的平均发配电效率 $\beta = 0.3488$，则该工程水源热泵供暖季：

$$E = \frac{2939472}{540100/0.3488} = 1.9$$

目前国内的大型锅炉房供暖的 E 值为 0.7 ~ 0.8。有的锅炉房供暖能源利用系数更低。若按 0.8 计算，则水源热泵节能 57.9%，即节能量为 742797kW · h。

（2）水源热泵制冷与冷水机组的节能比较　前面已经计算出水源热泵的年供冷耗电量为 719271kW · h。下面计算采用电制冷冷水机组 + 冷却塔时的全年耗电量。

按照该工程的需要设选用电制冷冷水机组的参数为：制冷量 1095kW，输入功率 245kW；配备的冷却塔参数为：水量 600m³/h，温差 5℃，湿球温度 28℃，电动机功率 15kW。

电制冷冷水机组满负荷运行时间为：3246400/1095h = 2965h。

则电制冷冷水机组 + 冷却塔的全年耗电量为

$$(245 \times 2965 + 15 \times 2965) kW \cdot h = 770900 kW \cdot h$$

水源热泵比冷水机组少用能 $(770900 - 719271)kW \cdot h = 51629 kW \cdot h$，即节能 7%。

3. 水输送系统的节能效果分析

该空调系统的水输送系统所用水泵均采用台数调节和变频调节相结合的方式来适应负荷的变化，前面已计算出该空调系统的水泵年耗电量 $401900 kW \cdot h$。下面与定频水泵年耗电量进行比较。

若不加变频器则耗电量为

$$P_p = (45 \times 2 + 15 \times 2 + 55 + 15 + 55 + 11) \times 1602 kW \cdot h + (45 \times 2 + 55 \times 2 + 30 + 22) \times 1044 kW \cdot h = 673200 kW \cdot h$$

则水输送系统节能量为 $(673200 - 401900)kW \cdot h = 271300 \ kW \cdot h$，即节能 40%。

4. 风输送系统的耗能分析

该工程中绝大部分的空调区域都采用低温送风定风量空调系统，前面已经算出风系统年耗电量为 $633029 kW \cdot h$，下面与安装 VAV box 时的年耗电量进行比较。

安装 VAV box 时的年耗电量为

$$(0.37 \times 7 + 0.55 \times 3 + 0.64 \times 5 + 11 \times 1) \times (0.54 + 0.08) \times 2646 kW \cdot h = 30251 kW \cdot h$$

则变风量系统时可节能量为 $(48792 - 30251)kW \cdot h = 18541 kW \cdot h$，说明该风系统若采用变风量系统可在原有的基础上节能 38%。

7.8.4　结论

将该空调工程所用各分项新技术与用常规空调技术时的用能情况进行对比分析得出其节能率，进而得出该工程综合各分项技术时的实际总用能相比于应用常规空调技术时的节能率，具体结论见表 7-46。

表 7-46　该工程综合各分项技术时的实际总用能相比于应用常规空调技术时的节能率

空调子/总系统	所用技术	年耗能量/kW·h	节能率/节能潜力	备注
冷源	水源热泵	719271	7%/—	
	电制冷冷水机组	770900		
热源	水源热泵	540100	57.9%/—	热回收每年可节约费用 28.3 万元
	燃煤锅炉	1059069		
液态输送系统	变频	401900	40%/—	
	定频	673200		
风输送系统	定风量	48792	—/38%	
	变风量	30251		
空调总系统	实际耗能	1710063	33%/34%	
	常规技术时耗能	2551961		

7.9　某花园酒店工程

7.9.1　项目概况

该工程为中南花园的空调系统，建筑面积大约 $30000 m^2$，中央空调面积为 $20000 m^2$。采用地源热泵与水蓄冷系统相结合的方式作为空调系统冷热源。

7.9.2 项目能源消耗和能效水平评估

1. 全年空调负荷的计算

用 BIN 参数进行供暖和供冷负荷计算，结果见表 7-47 和表 7-48。

表 7-47 用 BIN 参数进行供暖负荷计算

BIN/℃	-2	0	2	4	6	8	10
时间频率/h	8	76	138	182	214	264	162
湿球温度/℃	-3.6	-1.5	0.7	2.4	4.6	5.9	7.5
HL/(W/m²)	72.69	65.21	57.73	50.26	42.78	35.30	27.83
热量/(W·h/m²)	581.52	4955.96	7966.74	9147.32	9154.92	9319.2	4508.46
总和/(kW·h/m²)	45.63						

表 7-48 用 BIN 参数进行供冷负荷计算

BIN/℃	22	24	26	28	30	32	34	36	38	40
时间频率/h	235	265	272	259	224	199	108	34	4	2
湿球温度/℃	18.7	20.6	23.0	24.4	25.5	26.8	27.1	27.3	28.7	30.4
CL/(W/m²)	27.7	36.0	44.4	52.7	61.1	69.5	77.8	86.2	94.5	102.9
冷量/(kW·h/m²)	6.51	9.54	12.1	13.6	13.7	13.8	8.40	2.93	0.378	0.206
总和/(kW·h/m²)	81.16									

空调年总负荷为 $(45.63 + 81.16)$kW·h/m² = 126.79kW·h/m²，转化为一次能形式为 9.13TJ。

2. 中南花园年耗量的计算

空调年供暖负荷为 45.63kW·h/m²，全年供暖时间为 1044h，满负荷运行时间为：

$$45.63 \times 20000/966h = 945h_o$$

地源热泵机组全年制热耗电量为 215×945kW·h = 203175kW·h，二氧化碳排放量为 159.5t。

空调年供冷负荷为 81.16kW·h/m²，全年制冷 1602h，水蓄冷 400h。

系统满负荷运行时间为：$(81.16 \times 20000 - 400 \times 1055)/(755 + 1970)h = 441h$

制冷机组和热泵机组全年制冷耗电量为

$(215 + 438) \times 441$kW·h $+ 235 \times 400$kW·h = 381973kW·h，二氧化碳排放量为 299.8t。

系统的年总耗电量为 585148kW·h，二氧化碳排放量为 459.3t。

辅助设备耗电量的计算见表 7-49。

表 7-49 辅助设备耗电量的计算

泵的类型	电动机功率/kW	台数	备注
冷冻水泵	44	2	变频 1 台备用夏用
冷冻水泵	26	2	变频 1 台备用夏用

（续）

泵的类型	电动机功率/kW	台数	备注
冷冻水泵	15	2	变频 1 台备用夏用
地源水循环泵	35	2	变频 1 台备用冬夏共用
蓄冷水泵	6.5	3	变频 1 台备用冬夏共用
冷却水泵	41	2	变频 1 台备用夏用
冷却水泵	24	2	变频 1 台备用夏用
地埋管循环水泵	33	2	变频 1 台备用冬夏共用
热回收循环水泵	3.4	2	变频 1 台备用冬夏共用

冬季和夏季的平均负荷率分别为 0.6 和 0.49。

$$(1 - 0.6)/5 = 0.08$$
$$(1 - 0.49)/11 = 0.046$$

$P_p = (35 \times 1 + 6.5 \times 2 + 33 \times 1 + 3.4 \times 1) \times (0.6 + 0.08) \times 1044 \text{kW} \cdot \text{h} + (44 \times 1 + 26 \times 1 + 26 \times 1 + 15 \times 1 + 35 \times 1 + 6.5 \times 2 + 33 \times 1 + 3.4 \times 1) \times (0.49 + 0.046) \times 1602 \text{kW} \cdot \text{h} + (0.75 + 0.6 \times 2) \times (1044 + 1602) \text{kW} \cdot \text{h} = 232861 \text{kW} \cdot \text{h}$，二氧化碳排放量为 159.5t。

中央空调系统的年总耗电量为

$(232861 + 585148) \text{kW} \cdot \text{h} = 818009 \text{kW} \cdot \text{h}$ ，二氧化碳排放量为 642.1t。

年总能耗转化为一次能为 7.91TJ。

中南花园的空调能耗系数：CEC $= 7.91/9.13 = 0.86$。

对照表 7-8 的判断基准可知中南花园的中央空调系统节能效果明显。

7.9.3 各分项用能评估

1. 地源热泵用能效果分析

地源热泵系统既可以供暖又可以制冷，取代了常规空调系统中的制冷机和锅炉两套装置或系统，省去了锅炉房和冷却塔，既有利于节省建筑空间，又有利于节能。

（1）地源热泵供暖与锅炉供暖的节能比较 地源热泵供暖消耗的是电能，锅炉供暖则是直接燃烧的一次能源，两者消耗的能源品质不同，所以在此利用一次能利用率的概念来评价地源热泵的供暖节能效应。一次能利用率计算公式为式（7-1）。

按国家的有关标准规定，全国的平均发配电效率 $\beta = 0.3488$。则该工程地源热泵供暖季

$$E = 912600/(203175/0.3488) = 1.567$$

目前国内的大型锅炉房供暖的 E 值为 0.7 ~ 0.8。有的锅炉房供暖能源利用系数更低。若按 0.8 计算，则地源热泵节能 48.9%，即节能量为 194427kW·h。

（2）地源热泵蓄冰系统与冷水机组的用能比较 前面已经计算出地源热泵的年供冷耗电量为 381973kW·h。下面计算采用电制冷冷水机组 + 冷却塔时的全年耗电量。

按照该工程的需要设选用电制冷冷水机组的参数为：制冷量 1970kW，总输入功率 438kW；配备的冷却塔参数为：总水量 500m³/h，温差 5℃，湿球温度 28℃，电动机功率 26kW。

电制冷冷水机组满负荷运行时间为：（1623200/1970）h = 823h。

则电制冷冷水机组 + 冷却塔的全年耗电量为：$(438 \times 823 + 26 \times 823) \mathrm{kW \cdot h} = 382317 \mathrm{kW \cdot h}$。则地源热泵蓄冰系统少用能 $(382317 - 381973) \mathrm{kW \cdot h} = 344 \mathrm{kW \cdot h}$，即节能 1%。

2. 热回收技术产生的经济效益

$$145 \times 441 \times 0.65 元/年 = 4.2 万元/年$$

3. 水蓄冷技术产生的经济效益

该系统将部分白天的冷负荷转移到夜间存储，充分利用了夜间的低谷电价，产生明显的经济效益。由上面的计算可知全年冷负荷中有 400h 的由水蓄冷提供，即可产生的经济效益为

$$1055 \times 400 \times (1.16 - 0.332) 元/年 = 34.9 万元/年$$

4. 水输送系统的节能效果分析

该空调系统的水输送系统所用水泵采用变频调节或台数调节的方式来适应负荷的变化，前面已经计算出该空调系统的水泵年耗电量为 232861kW·h。下面与定频水泵年耗电量进行比较。

若不加变频器则耗电量为

$$P_\mathrm{p} = (35 \times 1 + 6.5 \times 2 + 33 \times 1 + 3.4 \times 1) \times 1044 \mathrm{kW \cdot h} + (44 \times 1 + 26 \times 1 + 26 \times 1 + 15 \times 1 + 35 \times 1 + 6.5 \times 2 + 33 \times 1 + 3.4 \times 1) \times 1602 \mathrm{kW \cdot h} + (0.75 + 0.6 \times 2) \times (1044 + 1602) \mathrm{kW \cdot h} = 406304 \mathrm{kW \cdot h}$$

则水输送系统节能量为 $(406304 - 232861) \mathrm{kW \cdot h} = 173443 \mathrm{kW \cdot h}$ 即节能 42%。

7.9.4　结论

将该空调工程所用各分项新技术与用常规空调技术时的用能情况进行对比分析得出其节能率，进而得出该工程综合各分项技术时的实际总用能相比于应用常规空调技术时的节能率，具体结论见表 7-50。

表 7-50　该工程综合各分项技术时的实际总用能相比于应用常规空调技术时的节能率

空调子/总系统	所用技术	年耗能量/kW·h	节能率/节能潜力	备注
冷源	水源热泵 + 冷水机组	381973	1%/—	水蓄冷技术产生的经济效益 34.9 万元/年
	电制冷冷水机组	382317		
热源	地源热泵	203175	48.9%/—	热回收技术产生的经济效益 4.2 万元/年
	燃煤锅炉	322500		
液态输送系统	变频	232861	42%/—	
	定频	406304		
空调总系统	实际耗能	818009	26%/26%	
	常规技术时耗能	1111121		

7.10　武汉市某博览中心

7.10.1　项目概况

该工程为武汉市某博览中心有限公司展馆项目，空调区总建筑面积为 34.59 万 m^2，冷

热源采用4台离心式冷水机组和2台离心式地源热泵机组，在热泵机组冬季供暖时以蒸发器的低温出水为一次冷冻水，通过板式换热器交换的二次冷冻水为国际会议中心内区制冷提供冷源。

7.10.2　项目能源消耗和能效水平评估

1. 全年空调负荷的计算

用BIN参数进行供暖和供冷负荷计算，结果见表7-51和表7-52。

表7-51　用BIN参数进行供暖负荷计算

BIN/℃	-2	0	2	4	6	8	10
时间频率/h	8	76	138	182	214	264	162
湿球温度/℃	-3.6	-1.5	0.7	2.4	4.6	5.9	7.5
HL/(W/m²)	72.69	65.21	57.73	50.26	42.78	35.30	27.83
热量/(W·h/m²)	581.52	4955.96	7966.74	9147.32	9154.92	9319.2	4508.46
总和/(kW·h/m²)	45.63						

表7-52　用BIN参数进行供冷负荷计算

BIN/℃	22	24	26	28	30	32	34	36	38	40
时间频率/h	235	265	272	259	224	199	108	34	4	2
湿球温度/℃	18.7	20.6	23.0	24.4	25.5	26.8	27.1	27.3	28.7	30.4
CL/(W/m²)	27.7	36.0	44.4	52.7	61.1	69.5	77.8	86.2	94.5	102.9
冷量/(kW·h/m²)	6.51	9.54	12.1	13.6	13.7	13.8	8.40	2.93	0.378	0.206
总和/(kW·h/m²)	81.16									

空调年总负荷为（45.63 + 81.16）kW·h/m² = 126.79kW·h/m²，转化为一次能形式为118.95TJ。

2. 综合楼年能耗量的计算

空调年供暖负荷为45.63kW·h/m²，供暖面积10.89万m²，全年供暖1044h，地源热泵满负荷运行的时间为：$45.63 \times 108900 \div (2 \times 3080)$h = 807h。

热泵机组为供暖的全年耗电量为

$$589 \times 807 \times 2kW·h = 950646kW·h，二氧化碳排放量为746.25t$$

空调年供冷负荷为81.16kW·h/m²，空调面积34.59万m²，全年供冷1602h，冷水机组 + 地源热泵满负荷运行时间为

$$81.16 \times 345900 \div (2 \times 2989 + 4 \times 7384)h = 790h$$

冷水机组 + 热泵机组供冷的全年耗电量为

$$(4 \times 1390 + 2 \times 577) \times 790kW·h = 5304060kW·h，二氧化碳的排放量为4163.64t。$$

冷水机组 + 地源热泵年耗电总量为6254706kW·h，二氧化碳排放量为4909.89t。

辅助设备耗电量的计算见表 7-53。

表 7-53　辅助设备耗电量的计算

泵的类型	电动机功率/kW	台数	备注
冷冻水二次泵	90	4	夏用
冷冻水二次泵	110	2	夏用
冷冻水二次泵	55	2	夏用
冷冻水二次泵	75	4	夏用
冷冻水二次泵	55	6	冬夏共用
冷冻水一次泵	75	5	夏用,四用一备
冷却水泵	250	5	夏用,四用一备
冷冻水一次泵	37	3	冬季 3 台/夏季 2 台
地源侧水循环泵	90	3	冬季 2 台/夏季 3 台
冷却塔	22	14	夏用
真空脱气机	1.1	2	地源水系统
电刷式自清洗过滤器	0.75	1	地源水系统

冬季和夏季的平均负荷率分别为 0.6 和 0.49。

$$(1 - 0.49)/35 = 0.014$$
$$(1 - 0.6)/11 = 0.045$$

水输送系统年耗电量为

$(4 \times 90 + 2 \times 110 + 2 \times 55 + 4 \times 75 + 6 \times 55 + 4 \times 75 + 4 \times 250 + 2 \times 37 + 3 \times 90 + 14 \times 22) \times (0.49 + 0.014) \times 1602 \mathrm{kW \cdot h} + (6 \times 55 + 3 \times 37 + 2 \times 90) \times (0.6 + 0.045) \times 1044 \mathrm{kW \cdot h} + (0.75 + 2 \times 1.1) \times 2646 \mathrm{kW \cdot h} = 3558013 \mathrm{kW \cdot h}$,二氧化碳排放量为 2793.0t。

空气处理机组见表 7-54。

表 7-54　空气处理机组

空调机组功率/kW	数量	备注
3	56	定风量系统
11	208	定风量系统
7.5	56	定风量系统
15	30	定风量系统
1.6	12	定风量系统
0.8	10	定风量系统

空气处理机组年耗电量:

$(3 \times 56 + 11 \times 208 + 7.5 \times 56 + 15 \times 30 + 1.6 \times 12 + 0.8 \times 10) \times 2646 \mathrm{kW \cdot h} = 8872567 \mathrm{kW \cdot h}$,二氧化碳排放量为 6964.88t。

风机盘管机组年耗电量:

$(0.145 \times 122 + 0.214 \times 8 + 0.080 \times 14) \times 2646 \mathrm{kW \cdot h} = 54301 \mathrm{kW \cdot h}$,二氧化碳排放量为 42.6t。

中央空调系统的年总耗电量:

$(6254706 + 3558013 + 887256 + 54301) \mathrm{kW \cdot h} = 10754276 \mathrm{kW \cdot h}$,二氧化碳排放量

为 8442.0t。

由于我国目前实际条件的限制，如发电站效率低等，我国每 $1kW \cdot h$ 电实际耗费一次能较大。我国火电厂供电标煤耗量为 330g（标准煤）/（$kW \cdot h$），即电能转化为一次能的换算率为 $9671.5kJ/（kW \cdot h）$。

该项目中央空调系统的总耗电量转化为一次能形式为 104.01TJ。

3. 综合楼空调能耗系数 CEC 的计算

CEC = 空调系统年能耗/空调负荷 = 104.01/118.95 = 0.874

通过对该项目的 CEC 计算，对照表 7-8 的判断基准可知该类建筑的能耗低于办公楼，由于日本的能源利用效率一直处于世界领先地位，结合中国国情，该项目的 CEC 也能在一定程度上反映该中央空调系统的节能效果。

7.10.3 各分项节能分析

1. 地源热泵用能效果分析

地源热泵系统既可以供暖又可以制冷，取代了常规空调系统中的制冷机和锅炉两套装置或系统，省去了锅炉房和冷却塔，既有利于节省建筑空间，又有利于节能。

（1）地源热泵供暖与锅炉供暖的节能比较　地源热泵供暖消耗的是电能，锅炉供暖则是直接燃烧的一次能源，两者消耗的能源品质不同，所以在此利用一次能利用率的概念来评价地源热泵的供暖节能效应。一次能利用率计算公式为式（7-1）。

按国家的有关标准规定，全国的平均发配电效率 $\beta = 0.3488$。该工程地源热泵供暖季 $E = 4969107/（950646/0.3488）= 1.82$

目前国内的大型锅炉房供暖的 E 值为 0.7～0.8。有的锅炉房供暖能源利用系数更低。若按 0.8 计算，则地源热泵节能 56%，即节能量为 1209913kW · h。

（2）地源热泵系统与冷水机组的用能比较　前面已经计算出地源热泵 + 冷水机组的年供冷耗电量为 5304060kW · h。下面计算采用电制冷冷水机组 + 冷却塔时的全年耗电量。

按照该工程的需要设选用电制冷冷水机组的参数为：制冷量 7384kW，总输入功率 1395kW；配备的冷却塔参数为：总水量 650m³/h，温差 5℃，湿球温度 28.2℃，电动机功率 22×3kW。

电制冷冷水机组满负荷运行时间为：81.16×345900/7384h = 3797h。

则电制冷冷水机组 + 冷却塔的全年耗电量为：（1395×3797 + 22×3×3797）kW · h = 5547417kW · h。

则地源热泵 + 冷水机组系统多节能（5547417 - 5304060）kW · h = 243357kW · h，即节能 1%。

2. 水输送系统的节能效果分析

该空调系统的水输送系统所用水泵采用变频调节或台数调节的方式来适应负荷的变化，前面已经计算出该空调系统的水泵年耗电量为 3558013kW · h。下面与定频水泵年耗电量进行比较。

若不加变频器则耗电量为

（4×90 + 2×110 + 2×55 + 4×75 + 6×55 + 4×75 + 4×250 + 2×37 + 3×90 + 14×22）× 1602kW · h + （6×55 + 3×37 + 2×90）×1044kW · h + （0.75 + 2×1.1）×2646kW · h =

5897874kW · h

则水输送系统节能量为 $(5897876 - 3558013)$kW · h $= 2339863$kW · h，即节能40%。

3. 风输送系统的耗能分析

该工程中绝大部分的空调区域都采用低温送风定风量空调系统，前面已经算出风系统年耗电量为8872576kW · h，下面与安装 VAV box 时的年耗电量进行比较。

安装 VAV box 时的年耗电量为

$$(3 \times 56 + 11 \times 208 + 7.5 \times 56 + 15 \times 30 + 1.6 \times 12 + 0.8 \times 10) \times$$
$$(0.54 + 0.08) \times 2646 \text{kW} \cdot \text{h} = 5500992 \text{kW} \cdot \text{h}$$

则变风量系统时可节能量为 $(8872567 - 5500992)$kW · h $= 3371575$kW · h，说明该风系统若采用变风量则可在原有的基础上节能38%。

7.10.4 结论

将该空调工程所用各分项技术中的新技术与用常规空调技术时的用能情况进行对比分析得出其节能率，将所用到的常规空调分项技术与应用新技术时的用能情况进行对比分析得出其节能潜力，最后得出该工程综合各分项技术时的实际总用能相比于应用常规空调技术时的节能率，并分析用新技术改善该工程中应用常规空调技术部分时的总节能潜力，具体结论见表 7-55。

表 7-55　用新技术改善该工程中应用常规空调技术部分时的总节能潜力

空调子/总系统	所用技术	年耗能量/kW · h	节能率/节能潜力	备注
冷源	地源热泵 + 冷水机组	5304060	1%/—	
	电制冷冷水机组	5547417		
热源	地源热泵	950646	56%/—	
	燃煤锅炉	1793674		
液态输送系统	变频	3558013	39%/—	
	定频	5897874		
风输送系统	变风量	5500992	—/38%	
	定风量	8872567		
空调总系统	实际耗能	18685286	15%/30%	
	常规技术时耗能	22111532		

第8章

空调新技术对碳排放量影响的探讨

"低碳"一词近年来被全球人所熟知，并且根据不同的理解派生出了很多与之相关的新概念，如"低碳城市""低碳生活""低碳技术"等，这些都充分体现了人类对大气中 CO_2 浓度升高带来的全球气候变化问题的高度重视。并且随着城市化进程的不断加快和现代服务业的日趋发达，建筑能耗在总能耗中所占的比重越来越大，而空调又是能耗大户，约占建筑能耗的 65% 左右，同时，中国以煤为主的能源结构在较长时间内是不会改变的，在这样的背景下，将空调新技术与减碳结合起来意义重大。

由于不同的空调技术对碳排放量的影响不同，为了探讨这个问题，选取了武汉市六个实际工程，分别计算其全年空调负荷、空调能耗和碳排放量以及部分空调系统能耗系数，利用计算结果对空调工程在采用空调新技术和常规空调系统时的碳排放量进行对比分析。

8.1 空调工程性质及系统形式

表 8-1 所示为所选六个空调工程的性质和系统形式等基本情况。

表 8-1 空调工程性质和系统形式

工程序号	建筑类型	空调面积/m^2	冷热源	液态输送系统	风输送系统	备注
1	办公楼	32790	水源热泵 + 冰蓄冷	各类水泵均采用台数和变频调节	以低温送风变风量为主	—
2	图书馆	67000	地源热泵 + 冰蓄冷	各类水泵均采用台数和变频调节	以低温送风定风量为主	其中一台地源热泵机组带全热回收
3	医院	43090	水源热泵 + 冰蓄冷	各类水泵均为定频	定风量全空气系统 + 水-空气系统	其中两台水源热泵机组带全热回收
4	商场	32408	离心式冷水机组 + 水蓄冷	蓄冷泵为定频，其他泵均为变频	水-空气系统	新风机组为变风量
5	大剧院	55667	冷水机组 + 冰蓄冷；燃气热水锅炉	各类水泵均为定频	—	—
6	火车站站房	34667	地源热泵 + 冰蓄冷	初级乙二醇泵为定频，其他泵均为变频	—	其中两台地源热泵机组带热回收

8.2 空调系统的碳排放量

8.2.1 计算方法与过程

空调系统作为用户层面的用能终端有其特殊性，即受室外干球温度的影响，因此要想将能耗和需求降下来就必须从源头——负荷计算开始，下面以工程 1 为例介绍空调系统能耗与碳排放量的计算方法和过程。

1. 全年空调负荷

采用温频法（BIN）模拟计算该建筑的全年空调负荷，所用武汉地区逐时气象数据来自张晴原根据美国政府数据整理的 CTYW（Chinese Typical Year Weather）。将武汉地区典型年气象数据按月划分，以 2℃ 为温频段，每天 24h 分为 6 个时段每个时段 4h，分别统计各温频段的小时数。图 8-1 所示为武汉市全年的日干球温度，图 8-2 所示为武汉地区全年温频数，表 8-2 所示为一班制的全年温频数（8：00—18：00）。

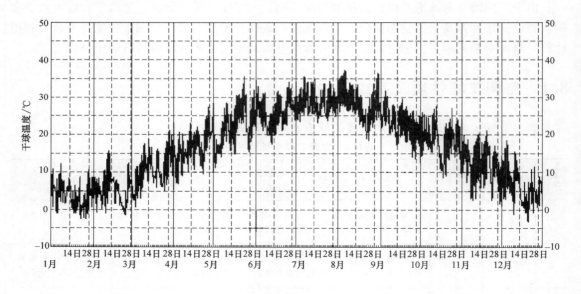

图 8-1　武汉市全年的日干球温度

表 8-2　武汉地区全年（8：00—18：00）BIN 参数

干球温度/℃	-2	0	2	4	6	8	10	12	14	16	18
湿球温度/℃	-3.6	-1.5	0.7	2.4	4.6	5.9	7.5	9.4	11.3	13.7	15.3
小时数	8	76	138	182	214	264	162	179	190	230	199
干球温度/℃	20	22	24	26	28	30	32	34	36	38	40
湿球温度/℃	17.2	18.7	20.6	23.0	24.4	25.5	26.8	27.1	27.3	28.7	30.4
小时数	208	235	265	272	259	224	199	108	34	4	2

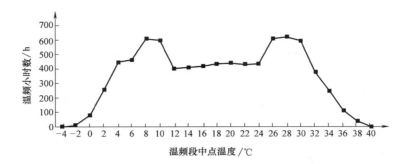

图 8-2　武汉地区全年温频数

文献［6］表明冷负荷、热负荷与室外干球温度 T 的关系式可归纳为

$$CL = 4.18T - 64.30 \tag{8-1}$$

$$HL = 3.74T - 65.21 \tag{8-2}$$

式中，CL 为单位面积空调冷负荷（W/m^2）；HL 为单位面积空调热负荷（W/m^2）；T 为室外空气干球温度（℃）。

设武汉地区在室外温度低于 10℃ 时开始供暖，室外温度高于 23℃ 时开始供冷，以供暖负荷为例用 BIN 参数进行计算，结果见表 8-3。

表 8-3　用 BIN 参数进行年供暖负荷计算

BIN/℃	-2	0	2	4	6	8	10
时间频率/h	8	76	138	182	214	264	162
湿球温度/℃	-3.6	-1.5	0.7	2.4	4.6	5.9	7.5
HL/（W/m^2）	72.69	65.21	57.73	50.26	42.78	35.30	27.83
热量/（$W \cdot h/m^2$）	581.52	4955.96	7966.74	9147.32	9154.92	9319.20	4508.46
总和/（$kW \cdot h/m^2$）	45.63						

同理可得年供冷负荷为 81.16kW·h/m^2，则空调年总负荷为 126.79kW·h/m^2，转化为一次能形式为 14.97TJ（1TJ = 10^{12}J）。

2. 空调系统年能耗与碳排放量

以热泵机组的制冷年能耗量为例进行计算，结果见表 8-4。

表 8-4　热泵机组制冷年能耗量计算

BIN/℃	22	24	26	28	30	32	34	36	38	40	制冰
时间频率/h	235	265	272	259	224	199	108	34	4	2	347
CL/（W/m^2）	27.7	36.0	44.4	52.7	61.1	69.5	77.8	86.2	94.5	102.9	—
室内负荷 Q/kW	908.3	1180.4	1455.9	1728.0	2003.5	496.9	777.6	1044.5	1316.7	1592.1	1782.0
负荷率 ε	0.27	0.35	0.43	0.51	0.59	0.68	0.76	0.84	0.92	1.00	—
运行台数/台	2	2	2	3	3	1	1	2	2	2	3
热泵制冷负荷率(%)	57	74	91	72	84	62	97	65	83	99	99
功率比(%)	44	58	78	63	80	60	100	72	95	100	100
输入轴功率/kW	132.7	174.9	235.2	285.0	361.9	90.5	150.8	217.2	286.5	301.6	423.6
耗电量/kW·h	31184	46348	63974	73815	81065	18009	16286	7384	1146	603	146989
期间耗电量/kW·h	486807										

同理可得热泵机组年供热耗电量为282027kW·h，则热泵机组年总耗电量为768834kW·h，其二氧化碳排放量为603.535t。在此说明本节所用二氧化碳计算标准来自BP及ALSTON，且符合中国国情。

结合文献［8］的计算方法，根据工程中辅助设备及空调末端设备的情况，并设空调机组累计运行时间为2750h/a，可以得到辅助设备年耗电量为338710kW·h，二氧化碳排放量为265.887t，空调末端设备年耗电量为424476kW·h，二氧化碳排放量为333.214t。则该工程中央空调系统的年总耗电量为1532020kW·h。由于我国目前实际条件的限制，如发电站效率低等，我国每1kW·h电实际耗费一次能较大。我国火电厂供电标煤耗量为330g（标准煤）/（kW·h），即电能转化为一次能的换算率为9671.5kJ/（kW·h），故该办公楼中央空调系统的年总耗电量转化为一次能形式为14.82TJ，二氧化碳排放总量为1202.636t。

空调系统能耗系数（CEC）：

$$CEC = \frac{空调系统年能耗（一次能）}{空调负荷} = \frac{14.82 \times 10^{12}}{14.97 \times 10^{12}} = 0.99$$

8.2.2　不同空调系统碳排放量比较

同理上述方法可以对其他空调系统的碳排放量进行计算，同时，也将每个空调系统的冷热源与应用常规空调系统（电制冷冷水机组＋锅炉）的碳排放量进行对比，液态输送系统的变频与定频对比，风系统的变风量与定风量对比，热回收技术与电加热对比，结果见表8-5。

表8-5　不同空调系统碳排放量对比汇总　　　　　　（单位：t/年）

工程序号	冷源		热源		液态输送系统		风输送系统		卫生热水系统	
	原有	常规	原有	常规	变频	定频	变风量	定风量	热回收	电加热
1	382	421	221	417	266	338	333	601	—	—
2	837	742	440	852	900	1473	1307	2093	−206	217
3	450	522	332	548	861	1194	314	404	−12229	12873
4	485	—	—	—	184	250	232	309		
5	973		563	809	438	567	—	—		
6	912	841	261	441	801	1094	—	—	−7745	8152

注：表中负值表示全年热回收量转化成当量碳排放量。

8.3　计算结果分析

8.3.1　空调新技术与常规空调冷热源碳排放量对比分析

从以上计算结果可以得到各空调工程冷热源与应用常规空调时冷热源碳排放量的对比分析柱状图，如图8-3、图8-4、图8-5所示。

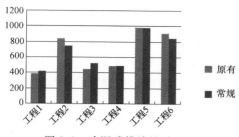

图 8-3　冷源碳排放量对比图

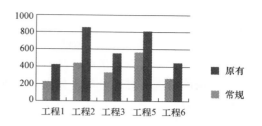

图 8-4　热源碳排放量对比图

从图 8-3 中可以看到除工程 4 和工程 5 的原有冷源与常规冷源相同而导致碳排放量相等外，其他各工程的冷源随着与常规空调的不同而碳排放量有所变化。工程 1 和工程 3 的冷源碳排放量较常规空调时的少，其减少幅度分别为 9.3% 和 13.8%，说明采用水源热泵加冰蓄冷系统作为空调冷源时能有效减少碳排放量，其平均减少幅度为 11.6%。工程 2 和工程 6 的冷源碳排放量较常规冷源时有所增加，增幅

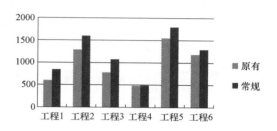

图 8-5　冷热源综合碳排放量对比图

分别为 12.8% 和 8.4%，说明采用地源热泵加冰蓄冷系统作为空调冷源时会导致碳排放量有所增加，其平均增幅为 10.6%。图 8-4 中除工程 4 没有设置热源外，从其他各工程可以看到空调新技术所用热源较常规热源的碳排放量明显减少，其最大减少幅度为 48.4%，最小减少幅度为 30.4%，平均减少幅度为 41.2%。从图 8-5 中可以看出由于工程 4 所用冷源即为常规冷源，无热源，故其碳排放量相等，其他各工程冷热源全年碳排放量较常规空调冷热源时明显减少，最大减幅为 28%，最小减幅 8.5%，平均减幅为 19.4%。充分说明采用空调新技术的冷热源能有效减少碳排放量。

8.3.2　输送系统碳排放量对比分析

将各工程中液态输送系统的变频与定频，风输送系统的变风量与定风量对碳排放量的影响进行对比分析，如图 8-6、图 8-7 所示。

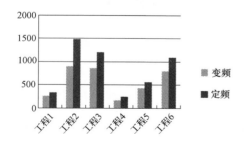

图 8-6　液态输送系统碳排放量对比图

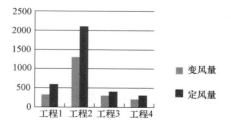

图 8-7　风输送系统碳排放量对比图

由图 8-6 和图 8-7 可知液态输送系统和风输送系统分别采用变频和变风量均能减少碳排放量，对于液态输送系统，最大减幅为 38.9%，最小减幅为 21.3%，平均减幅为 27.4%；

对于风输送系统，最大减幅为 44.6%，最小减幅为 22.3%，平均减幅为 32.4%。说明风输送系统采用变风量较液态输送系统采用变频对碳排放量的影响更为显著。结合图 8-6 和图 8-7，可以得出各工程输送系统总体减碳量的最大平均幅值为 31.6%。

下面就各工程实际输送系统的综合碳排放量与在假设条件下（均采用变频和变风量）的综合碳排放量进行对比分析，如图 8-8 所示。由图 8-8 可以看出，工程 1 和工程 4 的实际碳排放量与假设相等，是由于这两个工程均采用变频和变风量系统的结果。工程 2 和工程 3 的实际碳排放量均比假设条件下的高，这是由于工程 2 采用的是定风量系统，工程 3 采用的是定频和定风量系统，由此，可以分析出工程 2 和工程 3 减少输送系统综合碳排放量的潜力分别为 26.3% 和 26.5%。

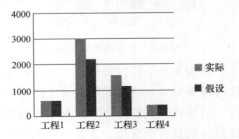

图 8-8　输送系统综合碳排放量对比图

8.3.3　空调系统综合碳排放量对比分析

将各空调工程子系统（冷热源、液态输送系统、风输送系统）均采用新技术时的综合碳排放量与常规空调系统的综合碳排放量进行对比分析，如图 8-9 所示。将各空调工程实际综合碳排放量与采用新技术改良后的假设综合碳排放量进行对比分析，如图 8-10 所示。

图 8-9 所示，空调新技术较常规空调系统的综合碳排放量明显减少，最大减幅为 32.5%，最小减幅为 13.7%，平均减幅为 26.3%，这也反映了应用空调新技术较常规空调系统的最大减碳能力。由图 8-10 可以看出，工程 2 和工程 3 的实际综合碳排放量与假设不等，且都高出假设值，这是由于工程 2 所用风系统为定风量，工程 3 的液态输送系统和风系统分别是定频和定风量。因此，可以计算出工程 2 和工程 3 的减碳潜力分别为 18.4% 和 17.8%。

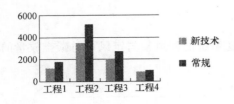

图 8-9　空调新技术与常
规技术综合碳排放量对比图

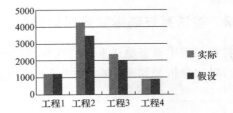

图 8-10　空调系统改良前
后综合碳排放量对比图

8.3.4　蓄能和热回收技术对碳排放量的影响

该六项空调工程中均用到了冰蓄冷或水蓄冷技术，一方面，利用当地的分时电价政策，其移峰填谷作用能为用户带来直接的经济效益，此六项工程平均每年可节约电费 23 万元；另一方面，蓄冷技术减少了电力系统的高峰负荷，按建设火力发电厂每 1kW 容量 4000 元计算，如能移峰 1 万 kW，即可减少电厂投资 4000 万元，少建火力发电厂也就意味着减少碳排放量。同时，该项技术在两方面所体现出的经济效益能够降低单位 GDP 的碳排放量。由此可以看出蓄能技术表现出的环境效益也是十分显著的。

热回收技术通过回收冷凝热免费为卫生热水系统提供热量，该项技术可实现零碳排放，就上述应用热回收技术的工程平均每年比使用电加热少排放二氧化碳7080t，同时，它还能减缓因冷凝热的大量排放而造成的环境热污染，从而缓解城市热岛效应。

8.4 经验关系式及减少空调系统碳排放量的措施

通过对多个工程的空调系统能耗系数 CEC 及各工程单位空调面积碳排放量的计算，用最小二乘法求出其线性拟合方程，拟合直线如图 8-11 所示。

由拟合方程 $y = 27.76x + 2.122$

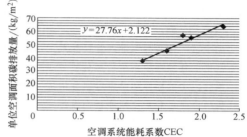

图 8-11 单位空调面积碳排放量与空调系统能耗系数的相关性

可以看出要减小单位空调面积的碳排放量，就必须减小空调系统能耗系数 CEC。在此，提出几条减小 CEC 的措施：

第一：从设计源头开始，做好空调负荷计算及负荷预测，选择合理的空调系统，充分利用各种空调新技术。

第二：在设备采购、施工、系统调试等方面执行严格的节能标准，优化输配管网和设备配置。

第三：建立科学的管理机制，优化运行策略和运行控制。

第四：每个人自身建立起科学、理性和负责任的能源消费观念。

只有落实好以上几点，才能真正地实现绿色空调，从而减少空调系统的碳排放量。·

8.5 结论

1) 与常规空调系统冷源相比，采用水源热泵加冰蓄冷作为空调系统冷源能有效减少碳排放量，平均减幅约为 11.6%；采用地源热泵加冰蓄冷作为空调系统冷源时碳排放量有所增加，平均增幅约为 10.6%；与常规空调系统热源相比，采用水源热泵或地源热泵都能在很大程度上减少碳排放量，平均减幅可达 41.2%；就全年冷热源碳排放量而言，与常规空调系统相比，采用热泵技术和蓄能技术可减少约 19.4% 的碳排放量。

2) 液态输送系统采用变频较定频可减少约 27.4% 的碳排放量，风输送系统采用变风量较定风量可减少约 32.4% 的碳排放量，风输送系统采用变风量较液态输送系统采用变频对碳排放量的影响更为显著，输送系统综合碳排放量的最大平均减幅可达 31.6%。

3) 应用空调新技术较常规空调技术的减碳能力平均幅值为 26.3%，若按武汉市每年新建公共建筑约 160 万 m^2 计算，则每年可减少碳排放量 25248t。如果再综合考虑大温差供回水，低温送风的耦合作用，加上热回收技术的综合运用，这个值还有提升空间。

4) 由单位空调面积碳排放量与空调系统能耗系数的拟合方程可知，从设计、施工、调试、管理、充分利用空调新技术等方面着手可有效减少单位空调面积碳排放量。

参 考 文 献

[1] 中国建筑科学研究院. GB 50366—2005 地源热泵系统工程技术规范（2009 年版）[S]. 北京：中国建筑工业出版社，2009.

[2] 雷建平，於仲义. 关于《地源热泵系统工程技术规范》地层热阻计算式的商榷及应用分析 [J]. 暖通空调，2009，39（6）：27-30，21.

[3] 中华人民共和国住房和城乡建设部 GB 50189—2015 公共建筑节能标准 [S]. 北京：中国建筑工业出版社，2015.

[4] 王志华，王沣浩，郑煜鑫，等. 一种新型无霜空气源热泵热水器实验研究 [J]. 制冷学报，2015（1）：52-58.

[5] 胡平放. 地源热泵地埋管换热系统热堆积分析 [J]. 华中科技大学学报，2008，25（1）：24-27.

[6] 江亿. 建筑环境系统模拟分析方法—DeST [M]. 北京：中国建筑工业出版社，2006.

[7] 徐伟. 中国地源热泵发展研究报告（2008）[M]. 北京：中国建筑工业出版社，2008.

[8] 魏琪，等. 热质交换原理与设备 [M]. 重庆：重庆大学出版社，2007.

[9] 厉美飞. 深圳地区高层办公建筑空调负荷与能耗特性的研究 [D]. 重庆：重庆大学，2006.

[10] 吕政. 建筑围护能耗模型的计算机仿真及实现技术 [D]. 武汉：华中科技大学，2006.

[11] 马最良，杨自强，姚杨，等. 空气源热泵冷热水机组在寒冷地区应用的分析 [J]. 暖通空调，2001，31（3）：28-31.

[12] 汤卫英. 冷凝热回收技术的应用研究 [J]. 制冷空调与电力机械，2008，29（2）：42-44.

[13] 宋孝春. 蓄冷空调设计及工程实践 [J]. 建设科技，2006（22）：36-37.

[14] 宋洁，施途，吴喜平. 水蓄冷系统中蓄水槽设计需注意的几个问题 [J]. 上海节能，2007（2）：25-29.

[15] 陆耀庆. 实用供热空调设计手册 [M]. 北京：中国建筑工业出版社，2008.

[16] 刘拴强. 溶液除湿空调系统模拟方法及应用 [J]. 空调专题，2006，8（5）：49-52.

[17] 张立志. 除湿技术 [M]. 北京：化学工业出版社，2005.

[18] Stevens W Y, Alizadeh S. An experimental study of a cross-flow type plate heat exchanger for dehumidification/cooling [J]. Solar Energy, 2002, 73（1）：59-71.

[19] P Oandhidasan, C F Kettleborough, M Rifat Ullah. Calculation of heat and mass transfer coefficients in a packed tower operating with a desiccant-air contact system [J]. Solar Energy Engineering, ASME, 1986：123-127.

[20] P Gandhidasan, U Rifat Ullah, C F Kettleborough. Analysis of heat and mass transfer between a desiccant-air system in a packet tower [J]. Journal of Solar Energy Engineering, 1978：89-93.

[21] 牟灵泉. 地道风降温计算与应用 [M]. 北京：中国建筑工业出版社，1982.

[22] 何璐瑶. 宜昌地面气温与 Arosa 臭氧总量的遥相关 [J]. 科技资讯，2008（15）：130-131.

[23] 连之伟. 热质交换原理与设备 [M]. 2 版. 北京：中国建筑工业出版社，2006.

[24] 章熙民，任泽霈. 传热学 [M]. 4 版. 北京：中国建筑工业出版社，2001.

[25] 张治. 地下大型建筑通风条件下壁面传热的理论分析 [J]. 水资源与水工程学报，2009，20（2）：49-51.

[26] 张永建，田冀锋. 高大厂房分层空调数值模拟 [J]. 建筑节能，2010，7（38）：24-26.

[27] 沈翔昊. 夏季空调房间气流组织的数值模拟 [J]. 山西建筑，2009，35（35）：149-150.

[28] 夏学鹰，王子介，夏道明. 地板辐射供冷与地板送风混合式空调系统应用分析 [J]. 南京师范大学

学报，2007（3）：41-45.

[29] 韩晓东. 地源水为冷源的地板辐射供冷方式设计问题的探讨［C］全国暖通空调制冷 2008 年学术年会论文集，2009.

[30] ZhangZhiLong. Temperature control strategies for radiant floor heating systems［D］. Montreal：Concordia University，2001.

[31] 孙桂平，戎卫国. 独立新风系统的设计计算分析［J］. 制冷与空调，2006（3）：45-48.

[32] Allan T Kirkpatrick，James S Elleson. 低温送风设计指南［M］. 汪训昌，译. 北京：中国建筑工业出版社，1999.

[33] 王洪成，李汛. 地板辐射与置换通风组合空调系统的模拟［J］. 煤气与热力，2006，26（11）：60-63.

[34] 王绍俊，赵加宁，刘京. 室内空气环境［M］. 北京：化学工业出版社，2006.

[35] 王腾飞. 关于空调冷负荷计算方法的讨论［J］. 甘肃科技，2009，25（13）：101-102.

[36] Shiping Hu，Qingyan Chen，Leon R Glicksman. Comparison of energy consumption between displacement and mixing ventilation systems for different U. S buildings and climates［J］. ASHRAE Transaction，1999，105（2）：453-464.

[37] 王利霞. 置换通风送风量的计算方法［J］. 建筑科技，2008（17）：82-83.

[38] 孙一坚. 工业通风［M］. 北京：中国建筑工业出版社，1994.

[39] 陶文铨. 数值传热学［M］. 西安：西安交通大学出版社，2001.

[40] Hays Steve M. Indoor Air Quality-solution and strategies［M］. New York：Mcgraw-Hill，1995.

[41] 李先中，王子介，刘传聚. 地板送风/置换通风复合空调系统的可行性探讨［J］. 建筑热能通风，2002（4）：4-6.

[42] 刘艳鹏，张如春，刘靖. 竖壁贴附射流空气池的数值模拟［J］. 西安航空技术高等专科学校学报，2007，25（1）：23-25.

[43] 凌继红，张于峰，涂光备，等. 低温热水地板辐射供暖系统的运行调节［J］. 暖通空调，2003，33（1）：125-127.

[44] 周恩泽，董华，涂爱民，等. 太阳能热泵地板辐射供暖系统的实验研究［J］. 流体机械，2006，34（4）：57-62.

[45] 蔡义汉. 地热直接利用［M］. 天津：天津大学出版社，2004：429-431.

[46] 苏夺，陆琼文. 辐射空调方式及其发展方向［J］. 制冷空调与电力机械，2003，24（5）：26-30.

[47] 陆亚俊. 暖通空调［M］. 北京：中国建筑工业出版社，2002.

[48] 张立志. 除湿技术［M］. 北京：化学工业出版社，2004：4-8.

[49] 李先中，王子介，刘传聚. 地板供冷/置换通风复合空调系统的可行性探讨［J］. 建筑热能通风空调，2002，21（4）：4-6.

[50] 亢燕铭，沈恒根，徐惠英，等. 地板辐射供暖的节能效应分析［J］. 暖通空调，2001，31（4）：4-6.

[51] 龙惟定，白玮，梁浩，等. 低碳城市的能源系统［J］. 暖通空调，2009，39（8）：79-84，127.

[52] 张坤民. 低碳世界中的中国：地位、挑战与战略［J］. 中国人口·资源与环境，2008，18（3）：1-7.

[53] 龙惟定. 试论建筑节能的新观念［J］. 暖通空调，1999，29（1）：119-123.

[54] 张江红. 武汉地区建设的可持续发展与建筑节能的应用［J］. 建筑节能，2007，35（12）：28-32.

[55] 胡欣，龙惟定，马九贤. CEC——一种有效的空调系统能耗评价方法［J］. 暖通空调，1999，29（3）：16-18.

[56] 赵峰，文远高. 热泵空调系统能耗的温频法模拟与分析［J］. 建筑节能，2007，35（6）：39-43.

[57] 陆耀庆. 实用供热空调设计手册 [M]. 2 版. 北京：中国建筑工业出版社，2008.

[58] 住房和城乡建设部工程质量安全监管司，中国建筑标准设计研究院. 2009 JSCS 4 全国民用建筑工程设计技术措施——暖通空调·动力 [S]. 北京：中国计划出版社，2009.

[59] 金刚善. 太阳能半导体制冷/制热系统的实验研究 [D]. 北京：清华大学，2004.

[60] 吴业正，韩宝琦. 制冷器 [M]. 北京：机械工业出版社，1990：59-67.

[61] 张芸芸，李茂德，徐纪华. 半导体制冷空调器的应用前景 [J]. 应用能源技术，2007（114）：32-34.

[62] 王怀光，范红波，李国璋. 太阳能半导体制冷装置设计与性能分析 [J]. 低温工程，2013（1）：51-55.

[63] 戴源德，雷强萍，古宗敏. 太阳能半导体空调技术应用分析及前景展望 [J]. 太阳能，2011（11）：34-37.

[64] 吕光昭，李勇，代彦军，等. 太阳能光伏制冷技术（上）[J]. 太阳能，2011（3）：14-16.

[65] 施军锞，祁影霞. 太阳能技术在汽车空调上的应用 [J]. 低温与超导，2012，40（8）：64-68.

[66] 谭军毅，余国保，舒水明. 国内外太阳能空调研究现状及展望 [J]. 制冷与空调，2013，27（4）：393-399.

[67] 王玉晨. 太阳能空调制冷技术 [J]. 包钢科技，2013，39（6）：71-74.

[68] 季杰. 太阳能光热低温利用发展与研究 [J]. 新能源进展，2013，1（1）：11-31.

[69] 吕送. 太阳能半导体制冷技术在汽车上的应用 [J]. 汽车零部件，2013（6）：80-82.

[70] 余祯琦. 太阳能半导体制冷系统的实验研究 [D]. 武汉：武汉理工大学，2012.

[71] 卢春萍. 太阳能＋空气源热泵的热水供应系统设计 [J]. 河北建筑工程学院学报，2015（4）：54-57.

[72] 曲云霞. 地源热泵系统模型与仿真 [D]. 西安：西安建筑科技大学，2004.

[73] 肖向阳. 地源热泵中央空调节能控制系统研究 [D]. 长沙：湖南师范大学，2010.

[74] 叶水泉. 蓄冰盘管传热性能及低温送风空调系统研究 [D]. 杭州：浙江大学，2004.

[75] 叶英兰. 冰蓄冷低温送风空调系统技术经济性分析 [D]. 衡阳：南华大学，2012.

[76] 何晓英. 冰蓄冷低温送风空调系统的优化设计研究 [D]. 西安：西安建筑科技大学，2005.

[77] 欧阳夏林. 冰蓄冷空调低温送风系统的研究 [D]. 厦门：集美大学，2015.

[78] 尹燕林. 低温送风系统的射流特性研究 [D]. 长沙：湖南大学，2004.

[79] 李兴，柴建军，尹卫国. "冰蓄冷系统" 在医院工程中的应用 [J]. 中国医院建筑与装备，2015（11）：92-95.

[80] 赵磊，肖武. 地源热泵＋冰蓄冷系统在某项目中的应用 [J]. 供热制冷，2015（12）：50-53.

[81] 王修岩，高冲，李宗帅. 冰蓄冷空调系统的多目标优化控制策略研究 [J]. 计算机测量与控制，2015（12）：4057-4059.

[82] 张瑞，柳建华，张良. 低温送风室内气流组织的实验研究 [J]. 制冷技术，2015（5）：25-30，35.

[83] 夏燚，张小松，张如意. 双层相变蓄能地板辐射供冷暖末端系统实验对比研究 [J]. 低温与超导，2015（10）：79-84.

[84] 夏燚，汪峰，张跃，等. 过渡季节冷却塔供冷系统的优化研究 [J]. 低温与超导，2015（11）：66-72.

[85] 赵丽博，饶政华，戴文婷，等. 地板辐射供暖结合混合通风系统下室内换热实验研究 [J]. 中南大学学报：自然科学版，2015（11）：4348-4354.

[86] 何曼. 辐射供暖供冷技术之地板辐射采暖 [J]. 供热制冷，2015（12）：32.

[87] 张竞予，强天伟，孙婧. 温湿度独立控制空调系统中三种高温冷源的分析研究 [J]. 江西建材，2015（24）：103-104.

[88] 谭超毅，胡海华，张超，等. 地源热泵＋多联机温湿度独立调节系统能效分析 [J]. 湖南工业大学学报，2015（5）：1-4.

[89] 路朋，谢丽蓉，常一峰，等. 中央空调温湿度独立控制研究现状 [J]. 洁净与空调技术，2015（4）：15-18.

[90] 孙婧，强天伟，张竞予，等. 蒸发冷却技术在温湿度独立控制系统中的应用研究 [J]. 洁净与空调技术，2015（4）：27-30.

[91] 张颖. 全热回收热泵机组作为酒店生活热水热源在酒店的设计实例分析 [J]. 工程建设与设计，2015（12）：72-74.

[92] 刘刚，安普光. 水冷螺杆式冷水机组部分热回收技术研究 [J]. 制冷与空调，2015（2）：19-21.

[93] 张鹏. 热泵式排风热回收式新风机在工程中的应用 [J]. 山西建筑，2015（6）：123-124.

[94] 朱明聪. 螺杆冷水机组部分热回收预加热生活热水设计探讨 [J]. 江西建材，2015（22）：32.